电子技术

主 编 陈 海 张 颖

北京理工大学出版社
BEIJING INSTITUTE OF TECHNOLOGY PRESS

内 容 简 介

本书共分为五个项目，由长期工作在理论和实践教学一线的有经验教师精心编写而成。教材严格按照电气自动化专业教学大纲要求以及高职高专院校的教学实际情况，同时结合了编写教师们多年的教学经验与部分参考资料。

在内容编排上，每个项目知识体系遵循科学的结构，依次为项目描述、项目流程、任务描述、学习导航、知识储备、任务实施、评估检查以及小结反思。项目描述帮助读者了解本部分知识的实际应用场景，从而激发学习兴趣；任务流程清晰呈现完成任务所需掌握的基本电路组成；任务描述明确学生在本次任务中需要完成的任务和目标。学习导航将本任务的学习内容细分为专业知识、专业技能和职业素养三个方面。知识储备部分对本任务中包含的基本知识进行逐一讲解。任务实施环节主要讲解本任务中需要完成的技能内容，并列出相关项目的器材规格、原理图、PCB 板图和调试过程，极大地增加了训练的实用性和可行性。评估检查和小结反思环节则促使读者对本任务实施过程进行自我总结和反思。

本书以理论技术够用为原则，注重概念和方法，在原理分析方面以定性为主、定量为辅，强调知识与实际应用以及基本技能训练的紧密结合。本书适用于高等院校和高职院校电气类专业的学生和从事电子技术应用的人员。

图书在版编目（CIP）数据

电子技术 / 陈海，张颖主编. -- 北京：北京理工
大学出版社，2025. 2（2025. 6 重印）.
ISBN 978-7-5763-5162-0

Ⅰ . TN

中国国家版本馆 CIP 数据核字第 202542WS50 号

责任编辑：张鑫星　　　**文案编辑：**张鑫星
责任校对：周瑞红　　　**责任印制：**李志强

出版发行 / 北京理工大学出版社有限责任公司
社　　址 / 北京市丰台区四合庄路 6 号
邮　　编 / 100070
电　　话 /（010）68914026（教材售后服务热线）
　　　　　　（010）63726648（课件资源服务热线）
网　　址 / http://www.bitpress.com.cn

版 印 次 / 2025 年 6 月第 1 版第 2 次印刷
印　　刷 / 涿州市新华印刷有限公司
开　　本 / 787 mm×1092 mm　1/16
印　　张 / 17.25
字　　数 / 433 千字
定　　价 / 85.00 元

图书出现印装质量问题，请拨打售后服务热线，负责调换

前　言

　　本教材按照电气自动化专业教学大纲的要求和高职高专院校的教学实际要求，结合编者多年从事高等职业教育工作的教学经验，综合了部分参考资料编写而成。参加编写的教师都是长期工作在理论和实践教学一线的教师。本教材可以作为高职高专电气类专业基础教材，也可以作为从事电子技术应用人员的参考用书。

　　高等职业教育的特点是注重学生的岗位能力，需要按照学生的需求进行教学，让学生学以致用，在课堂教学和实训实验中，强调培养学生实际解决问题的能力，从职业岗位群的需要出发，突出实践环节，培养生产、管理及服务一线的高等技术型人才。针对高职教育的特点，本教材编写过程中对理论技术以够用为主，注重概念和方法，对原理分析以定性为主、定量为辅，强调知识、实际应用和基本技能训练。本教材每个项目知识体系按照项目描述—项目流程—任务描述—学习导航—知识储备—任务实施—检查评估—小结反思进行编写。项目描述用于了解本部分知识的实际应用，激发学生学习兴趣。项目流程用于介绍完成本项目需要掌握的几个基本电路组成，让学生增强学习兴趣。在任务中通过任务描述让学生了解本次任务中需要完成的任务和目标。学习导航将本任务的学习内容分为专业知识、专业技能和职业素养。知识储备中将本任务中包含的基本知识逐一讲解。在任务实施过程中主要讲解本任务中需要完成的技能内容，列出了相关项目的器材规格、原理图、PCB 图和调试过程，增加了训练的实用性和可行性。检查评估和小结反思环节主要是对本任务实施过程中的自我总结和反思内容。

　　本教材由兵团兴新职业技术学院陈海、张颖主编，全书分为五个项目，陈海编写项目1、2、3，张颖编写项目4、5，全书由陈海统稿，本教材得到了北京理工大学出版社的大力支持，并且对本教材提出了宝贵意见，在此表示感谢。

　　由于编者水平有限，书中存在的一些不妥之处，望广大读者批评指正。

编　者

目 录

项目1 制作带功放的扩音器

项目描述

在日常生活中，随身扩音器（小蜜蜂）非常常见，它能将我们说话的声音或者手机播放的音乐声音放大到我们需要的音量。请根据工艺标准完成带功放的扩音器电路的制作。

项目流程

要完成这个电路的制作任务，需要掌握该电路的三个组成部分，即小信号放大电路、集成运算放大电路和功率放大电路。为了掌握这三部分电路的安装和工作原理，需要对以下内容进行学习：

1. 晶体二极管及应用。2. 晶体三极管及应用。3. 负反馈放大电路。4. 集成运算放大电路。5. 音频功率放大器电路。

为了完成电路设计和安装，可按照以下步骤进行学习。

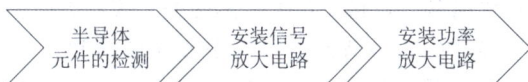

半导体元件的检测 → 安装信号放大电路 → 安装功率放大电路

任务1.1 半导体元件的检测

任务描述

现实的各种电路中离不开各种各样的半导体器件。对于半导体器件，二极管、三极管是非常普遍并且是非常基础的器件。为了保障电路正常运行，检测半导体器件是安装电路前最基本的操作。

本次任务：准确测试各种半导体器件的好坏。

任务提交：检测结论、任务问答、学习要点、思维导图、检查评估表。

学习导航

本任务参考学时：4学时。通过本任务学习可以收获：

专业知识

1. 掌握半导体器件的检测方法。
2. 掌握半导体的基本特性。
3. 掌握二极管常见电路的分析方法。

专业技能

1. 能够使用万用表检测二极管和三极管。
2. 能够判断半导体器件的好坏。
3. 能够检测二极管的极性。

职业素养

1. 通过检测元器件，提升思维能力。
2. 养成良好的安全作业意识。
3. 通过任务的完成，形成良好的团队意识。

知识储备

1.1.1 二极管的基础知识

世界上的物质根据导电能力的不同，可分为导体和绝缘体，如导体有金、银、铜、铁等，绝缘体有干燥的木头、玻璃等。还有一类物质，它的导电能力介于导体和绝缘体之间，称为半导体，常用的半导体材料有硅、锗和砷化镓等。

1. 半导体的主要特性

半导体既不是良好的导电材料，也不是可靠的绝缘材料，所以长期受到冷落，之所以后来得到广泛应用，是因为人们发现半导体具有以下三个特性：

1）光敏特性

半导体的导电能力对光照辐射很敏感。对半导体施加光线照射时，光照越强，等效电阻就越小，导电能力越强。利用半导体的光敏特性，可以制成光敏检测元件，如光敏电阻、光敏二极管、光敏三极管和光电池等，可用于路灯、航标灯的自动控制，或制成火灾报警装置、光电控制开关等。

2）热敏特性

半导体的导电能力对温度很敏感。温度升高，将使半导体的导电能力大大增强。例如，纯锗，温度每升高 10 ℃，它的导电能力增加 1 倍（电阻率会减少到原来的一半）。利用半导体对温度十分敏感的特性，可以制成自动控制中常用的热敏电阻（是负温度系数）及其他热敏元件。

3）掺杂特性

"杂质"可以显著改变（控制）半导体的导电能力。这里所说的"杂质"是指人为地、有目的地在纯净的半导体（通常称为本征半导体）中掺入的极其微量的三价或五价元素（如硼、磷）。在本征半导体中掺入微量的杂质元素，则它的导电能力将大大增强。如在纯硅中掺入一亿分之一的硼元素，其导电能力可以增加 2 万倍以上。利用掺杂半导体，可以制造出晶体二极管、晶体三极管、场效应管、晶闸管和集成电路等半导体器件。

2. 本征半导体

完全不含杂质且无晶格缺陷的纯净半导体称为本征半导体。用于制造半导体器件的纯硅和锗都是四价元素，其最外层原子轨道上有四个电子，称为价电子。

在本征半导体的晶体结构中，由于原子排列的有序性，价电子为相邻的原子所共有，形成图 1.1 所示的共价键结构，图中+4 代表四价元素原子核和内层电子所具有的净电荷。共价键中的价电子，将受共价键的束缚。在室温或光照下，少数价电子可以获得足够的能量摆脱共价键的束缚成为自由电子，同时在共价键中留下一个空位，如图 1.2 所示，这种现象称为本征激发，这个空位称为空穴，可见本征激发产生的自由电子和空穴是成对出现的。原子失去价电子后带正电，可等效地看成有了带正电的空穴。空穴很容易吸引邻近共价键中的价电子去填补，使空位发生转移，这种价电子填补空位的运动可以看成空穴在运动，但其运动方向与价电子运动方向相反。自由电子和空穴在运动中相遇时会重新结合而成对消失，这种现象称为复合。温度一定时，自由电子和空穴的产生与复合将达到动态平衡，这时自由电子和空穴的浓度一定。

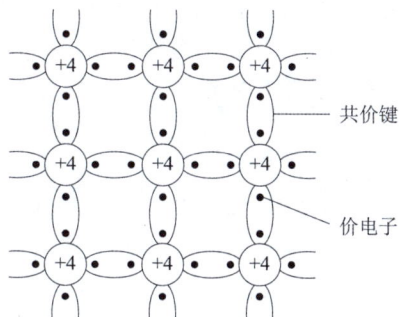

图 1.1　单晶硅的共价键结构　　图 1.2　本征激发产生的空穴电子对

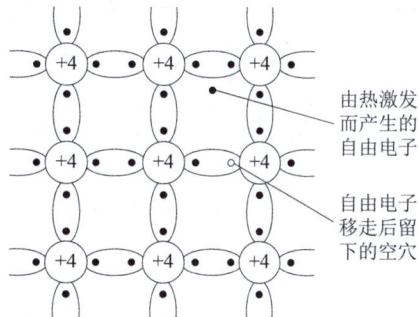

共价键

价电子

由热激发而产生的自由电子

自由电子移走后留下的空穴

在电场作用下，自由电子和空穴将做定向运动，这种运动称为漂移，所形成的电流称为漂移电流。因为半导体中有自由电子和空穴两种载流子（载有电荷，并能参与导电过程的粒子称为载流子）参与导电，分别形成电子电流和空穴电流，这一点与金属导体的导电机理不同。在常温下本征半导体载流子浓度很低，因此导电能力很弱。但是，当本征半导体受到光或热的作用时，由于外界能量的激发，就有较多的共价键破裂成电子空穴对，从而涌现出大量的载流子，使半导体的导电能力明显上升，呈现出半导体的光敏特性和热敏特性。

3. 掺杂半导体

本征半导体导电能力差，本身用处不大，但是在本征半导体中掺入某种微量的杂质，却可以大大改善它的导电性能。按照掺入杂质的不同，可分为 N 型和 P 型两种掺杂半导体，这两种半导体是制造各种半导体器件的基础材料。

1）N 型（电子型）半导体

如果在本征半导体中掺入微量的五价元素，如磷（P），这种掺入磷杂质的硅半导体中就具有了相当数量的自由电子，这种半导体主要靠自由电子导电，所以称为电子型半导体，简称 N 型半导体。在 N 型半导体中，不但有数量很多的自由电子，而且有少量的空穴存在，自由电子是多数载流子（简称多子），空穴是少数载流子（简称少子），自由电子主要是由五价杂质产生的，而空穴是原半导体由于热或光的激发产生的。

2）P 型（空穴型）半导体

如果在本征硅中掺入微量的三价元素，如百万分之几的硼（B）和镓（Ga）等，掺入硼杂质的硅半导体中就具有相当数量的空穴载流子，这种半导体主要靠空穴导电，所以称为空穴型半导体，简称 P 型半导体。

总之，不管是 N 型半导体还是 P 型半导体，内部都有大量的载流子，导电能力都较强。

4. PN 结的形成

如果通过一定的工艺把 P 型半导体和 N 型半导体结合在一起，则在它们的交界面处就会形成一个具有特殊性能的导电薄层，称为 PN 结。它是构成二极管、三极管、晶闸管以及半导体集成电路等众多半导体器件的核心部分。

1.1.2　半导体二极管

1. 半导体二极管的结构和符号

半导体二极管简称二极管，是由一个 PN 结加上相应的电极引线和管壳构成的。它有两个电极，由 P 型半导体引出的电极是正极（也称阳极），由 N 型半导体引出的电极是负极（也称阴极），如图 1.3（a）所示。二极管的外形有多种，如图 1.3（c）所示，在电路图中并不需要画出二极管的结构，而是用约定的电路符号和文字符号来表示，二极管的电路符号如图 1.3（b）所示，通常用字母 D（或 VD）表示二极管。许多二极管的管壳上标有符号，其极性是不难识别的，对于极性不明的二极管，可以用万用表的电阻挡测量它的正、反向电阻值，判别它的正、负电极。

普通二极管有点接触型和面接触型两类结构，如图 1.3（d）和图 1.3（e）所示。点接触型由于结面积小，因而结电容也小，适用于高频工作，但允许通过的电流很小（几十毫安以下）。国产锗检波二极管 2AP 系列和开关二极管 2AK 系列都属于点接触型二极管。面接触型二极管，由于结面积大，因而能通过较大的电流，主要用于整流电路中。国产硅二极管 2CP 和 2CZ 系列都属于面接触型二极管。

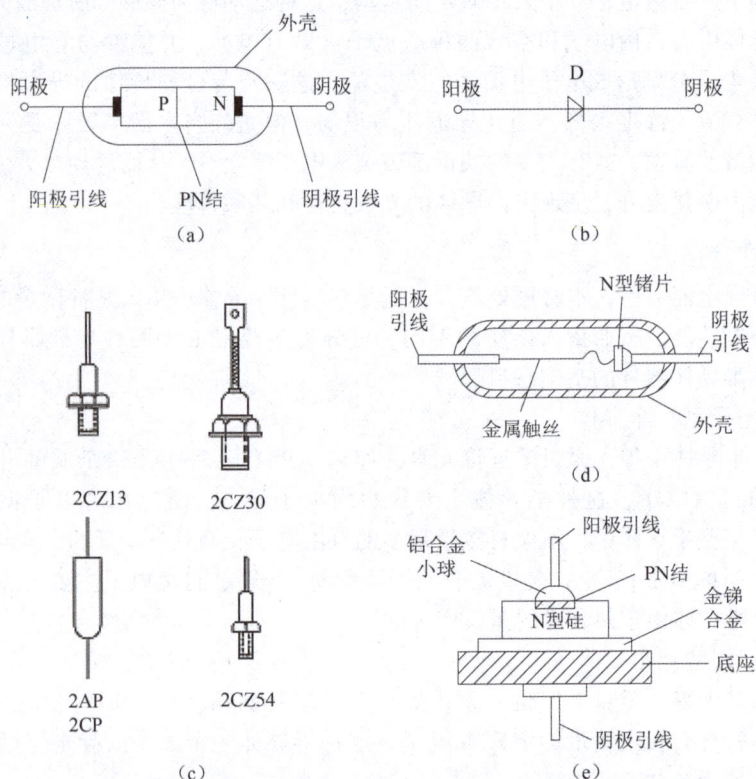

图 1.3　二极管的结构、电路符号、外形和类型
（a）结构；（b）电路符号；（c）外形；（d）点接触型二极管；（e）面接触型二极管

2. 二极管的主要特性——单向导电性

所谓二极管单向导电，就是说二极管只能一个方向导电，另一个方向不导电；也就是说按二极管符号中箭头的方向，由阳极（P区）往阴极（N区）电流可以顺利地流过，而反方向就不导电。

二极管的单向导电性，只有在其两端外加不同极性的电压时才能表现出来。

1）二极管的正向导通

在二极管的两电极加上电压，称为给二极管以偏置，并规定：当外加电压使二极管的阳极电位高于阴极电位时，称为二极管的正向偏置，简称正偏。在正向偏置的情况下，二极管的等效电阻很小，近似为开关的接通状态，这就是二极管的正向导通（状态）。这时通过二极管的电流称为正向电流，用 I_F 表示，其大小由外部电路的参数决定。

2）二极管的反向截止（截止即不导通）

规定：当外加电压使二极管的阳极电位低于阴极电位时，称为二极管的反向偏置，简称反偏。在反向偏置的情况下，二极管的等效电阻很大，通过二极管的电流很小，约为0，近似为开关的断开状态，这就是二极管的反向截止（状态）。这时通过二极管的电流称为反向电流，用 I_R 表示，随着反向电压的升高，反向电流几乎保持不变，故称为反向饱和电流，用 I_{sat} 表示。I_{sat} 虽然很小，但受温度影响很大。

总之，二极管具有单向导电性，即正向导通、反向截止。单向导电性是二极管最重要的特性。

3. 二极管的伏安特性

二极管的主要特性是单向导电性，但更准确、更全面的（静态）特性，反映在它的伏安特性上。二极管的伏安特性是指通过二极管的电流随其两端电压对应变化的关系。伏安特性是外特性，是内部载流子运动的外在表现形式，对使用者来说，掌握外特性比掌握其内部机理更加重要。伏安特性可以用表达式来表示，也可以在 $u-i$ 坐标平面上以曲线的形式描绘出来，称为伏安特性曲线。

1）二极管的伏安特性曲线

利用晶体管图示仪能十分方便地测出二极管的正、反向伏安特性曲线，如图1.4所示。

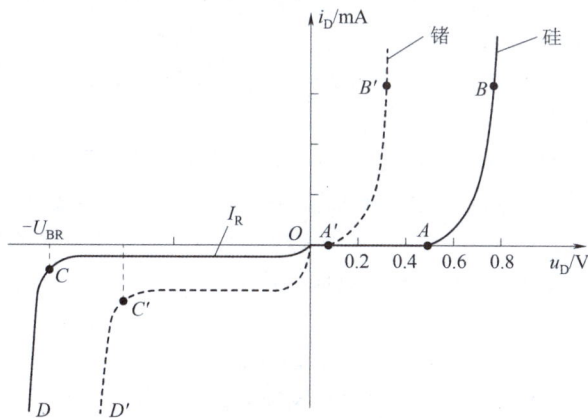

图1.4　二极管的伏安特性曲线

（1）正向特性。

正向伏安特性曲线指第一象限部分，它的两个主要特点是：

①外加电压较小时，二极管呈现的电阻较大，正向电流几乎为0，曲线 OA 段称为不导通区或者死区。一般硅二极管的死区电压约为0.5 V，锗二极管的死区电压约为0.1 V。

②正向电压 u_D 超过死区电压时，二极管正向导通。AB 段特性曲线很陡，几乎与横轴垂直，说明这时通过二极管的电流在很大范围内变化，而其两端的电压却基本保持不变。AB 段称为导通区。二极管导通后两端的正向电压称为管压降（或导通压降），管压降基本不变。一般硅二极管的管压降约为 0.7 V，锗二极管的管压降约为 0.2 V。

（2）反向特性。

反向伏安特性曲线指第三象限部分，它的两个主要特点是：

①反向截止区。当二极管承受反向电压时，二极管截止，如曲线 OC 段称为反向截止区。此时仅有很小的反向电流 I_R，而且反向电流几乎不随反向电压的增大而变化，所以反向电流也称反向饱和电流（或反向漏电流）。反向饱和电流值越小越好。一般小功率硅二极管的反向电流较小，约在 1 μA 以下，锗二极管的则达几十微安以上，大功率二极管会稍大些；反向电流虽然较小，但会随温度升高而明显增大。

②反向击穿区。当反向电压增大超过某一个值时（图 1.4 中 C 点），反向电流随反向电压的增加会突然急剧地加大，这种现象称为反向击穿。CD 段称为反向击穿区，发生击穿时的电压（图 1.4 中 C 点）称为反向击穿电压 U_{BR}，击穿后容易造成二极管损坏，因此在实际使用过程中，加在二极管上的反向电压不允许超过击穿电压（除稳压管外）。

二极管的伏安特性曲线不是直线，所以二极管是一个非线性器件。

4. 二极管的主要参数

任何器件都有几个主要参数，器件的参数是指国标或者制造厂家对生产的半导体器件应达到的技术指标所提供的数据要求，反映了器件的技术特性和质量好坏，是选择和使用器件的重要依据。器件的参数可以通过查半导体手册来获得，也可以通过实际测量来获得。在实际应用中二极管的主要参数有以下四个：

1）最大整流电流 I_{FM}

通常称为额定工作电流，是指在规定的环境温度（通常是 25 ℃）和散热条件下，二极管长期运行时所允许通过的最大正向平均电流。如果通过二极管的实际工作电流超过了 I_{FM}，就会导致二极管因过热而损坏。锗二极管的允许温度为 75～100 ℃，硅二极管的允许温度为 75～125 ℃（塑封管）或 125～200 ℃（金属封装管）。

当环境温度过高或大功率二极管安装的散热装置不符合要求时，二极管必须降额使用。

2）最高反向工作电压 U_{RM}

通常称为耐压值或额定工作电压，是指为了保证二极管不至于反向击穿的条件下，而允许加在二极管上的反向电压的峰值。为了确保二极管安全工作，二极管手册中给出的最高反向工作电压 U_{RM} 约为反向击穿电压 U_{BR} 的一半。在实际运用时二极管所承受的最大反向电压不应超过 U_{RM}，否则二极管就有可能发生反向击穿而造成损坏。

3）反向电流 I_R

也称反向饱和电流或反向漏电流，是指常温下二极管未反向击穿时的反向电流，其值越小越好。通常 $I_R = 0$，但温度增加，反向电流会急剧增大，所以使用二极管时要注意温度的影响。

4）最高工作频率 f_M

二极管的 PN 结具有结电容，随着工作频率的升高，结电容的容抗减小，当工作频率超过 f_M 时，二极管将失去它的单向导电特性（正反向都导通），所以，f_M 是保持二极管单向导电特性的最高频率。一般小电流二极管的 f_M 高达几百 MHz，而大电流的整流管仅几 kHz。

5. 理想二极管

所谓理想二极管，粗略地说就是最好的二极管。它具有正向导通时，死区电压和导通压降均为 0，I_{FM} 为 ∞；反向截止时，反向电流 I_R 为 0，反向击穿电压 U_{BR} 为 ∞（并且 $f_M = ∞$）的特性。理想二极管可用一理想开关来等效，二极管正向导通时相当于理想开关闭合，反向截止时相当于理想开关断开。在实际应用中，当二极管的导通压降远小于电路中的电源电压，并且反向不击穿时，可认为二极管是理想的，否则应考虑二极管的导通压降。

学习笔记

6. 二极管的应用

构成限幅电路，限幅电路也称削波器，主要是限制输出电压的幅度。为讨论方便，假设二极管 D 为理想二极管。

【例 1.1】 电路如图 1.5（a）所示，输入电压 u_i 的波形如图 1.5（b）所示。试画出输出电压 u_o 的波形。

解： 当 $u_i > +5$ V 时，$u_o = +5$ V（D 正向导通）；当 $u_i \leqslant +5$ V 时，$u_o = u_i$（D 反向截止）。故可画出输出电压 u_o 的波形，如图 1.5（b）所示。

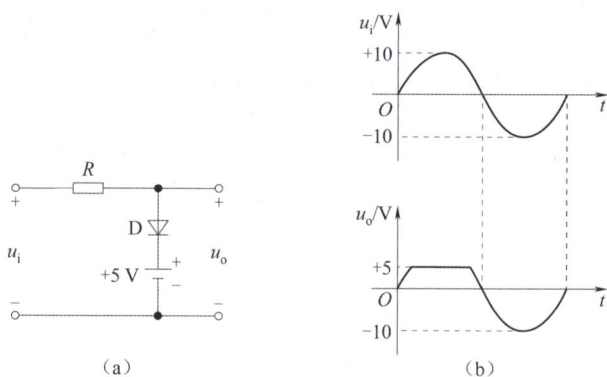

图 1.5 例 1.1 用图
（a）电路；（b）波形图

二极管除用于整流和限幅外，还有很多应用，如延长灯泡寿命。如图 1.6 所示，其实就是一个半波整流电路，由于加在灯泡上的电压是 220 V 交流电压的半个周期，因此通过灯泡的电流是半波电流，虽然亮度略有降低，但寿命能大大延长且省电，特别适用于楼梯、走廊和厕所等对照明要求不高的场合，用于调光。如图 1.7 所示，用电器可以是灯泡、电烙铁、电热毯、电火锅、电熨斗和电吹风等，其中 S_1 为用电器的开关；S_2 为调光或调温开关。以电热毯为例进行说明，当 S_1 闭合，S_2 闭合时，电热毯得到的是完整的交流电压，可用于电热毯的加热或使电热毯处于较高温度状态；当 S_1 闭合，S_2 断开时，电热毯得到的是交流电压的半个周期，温度较低，可用于电热毯的低温（或保温）状态。

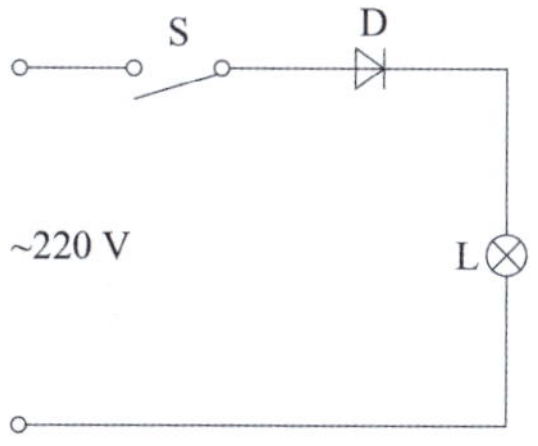

图 1.6 延长灯泡寿命的电路图

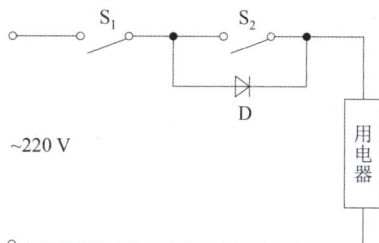

图 1.7 调光、调温电路图

二极管还可组成续流、检波和过压保护电路等。学得越多，就会发现二极管的应用很广泛，但不管用在什么地方，二极管单向导电的特性保持不变。

1.1.3 特殊二极管

除普通二极管外，还有若干种特殊二极管，它们具有特殊的功能，在某些电路中应用也很广泛。特殊二极管有稳压二极管、变容二极管、光电二极管、发光二极管等，下面分别加以介绍。

1. 稳压二极管

稳压二极管简称稳压管，它是用特殊工艺制造的面接触型硅半导体二极管，由于它具有稳定电压的特点，在稳压设备和一些电子电路中经常用到。

1）稳压管的电路符号、伏安特性及其稳压电路

稳压管的电路符号、伏安特性及其稳压电路如图 1.8 所示。当二极管两端的反向电压超过反向击穿电压 U_{BR} 时，流过二极管的电流急剧增加，二极管处于反向击穿状态，只要采取限流措施，就能保证二极管不会发生热击穿而损坏。稳压管就是利用二极管的反向击穿特性并用特殊工艺制造的面接触型硅半导体二极管，具有低压击穿特性，而且击穿后允许流过的电流较大，由图 1.8（b）可知，它和普通二极管的伏安特性基本相似，但反向击穿部分（图 1.8 中 AB 段）更陡峭，稳压管在反向击穿状态下，流过稳压管的电流在较大范围内变化，而稳压管两端电压却变化很小，这是稳压管的主要特性。显然，AB 段越陡峭，同样大的电流变化引起稳压管两端电压的变化越小，稳压效果越好。在利用二极管的单向导电性的一般电路中，应避免出现反向击穿，但在稳压管电路中可以利用它的反向击穿特性实现稳压作用。

稳压管通常工作在反向击穿状态，因此，外接的电源电压的极性应保证稳压管反偏，且其大小应不低于反向击穿电压。此外，稳压管的电流变化范围有一定的限制，如果电流太小，则稳压效果差或不稳压。例如，当稳压管电流 I_z 小于图 1.8（b）中的电流 I_{zmin} 时，稳压管将失去稳压作用。如果电流太大，超过图 1.8（b）中 B 点的电流 I_{zmax}，稳压管将发生热击穿而烧坏。因此，稳压管电流的变化应控制在 $I_{zmin} \sim I_{zmax}$。综上所述，稳压管在电路中的接法应如图 1.8（c）所示，其中与稳压管串联的限流电阻 R 的大小要保证稳压管电流 I_z 在 $I_{zmin} \sim I_{zmax}$，显然，稳压管在正偏时相当于一个正偏的硅二极管。

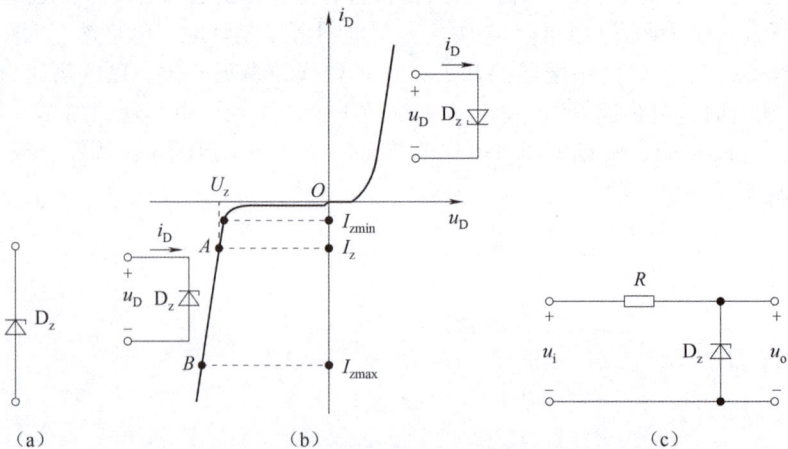

图 1.8　稳压管的电路符号、伏安特性及其稳压电路
（a）电路符号；（b）伏安特性；（c）稳压电路

2）稳压管的主要参数

（1）稳定电压 U_z。

U_z 是指稳压管中的电流为规定电流（即稳定电流 I_z）时，稳压管两端的电压值。粗略地看，U_z 近似等于反向击穿电压 U_{BR}。由于制造工艺的原因，即使是同一型号的稳压管，U_z 的分散性也较大，因此半导体手册中给出的 U_z 是一个范围值，但对一个具体的稳压管来说，U_z 是范围值中的一个确定值。

（2）稳定电流 I_z。

I_z 是指稳压管正常工作时的电流参考值，或其两端电压等于稳定电压 U_z 时的工作电流值。实际电流低于此值时，稳压效果略差；高于此值时，只要不超过最大稳定电流 I_{zmax}，就可以正常工作，且电流越大，稳压效果越好，但稳压管的功耗将增加。

（3）动态电阻 r_z。

r_z 是指在反向击穿状态下，稳压管两端电压变化量和相应的通过稳压管电流变化量之比，即 $r_z = \Delta U_z / \Delta I_z$。显然，反向击穿特性越陡峭，$r_z$ 越小，稳压管两端电压变化也越小，稳压效果就越好，r_z 的大小反映了稳压管性能的优劣。此外，r_z 随工作电流的增加而减小。小功率稳压管的 r_z 为几欧至几十欧。

（4）最小稳定电流 I_{zmin} 和最大稳定电流 I_{zmax}。

其意义已在前面做了阐述，分别指稳压管具有正常稳压作用时的最小工作电流和最大工作电流。

（5）额定功耗 P_{ZM}。

P_{ZM} 是指稳压管不产生热击穿的最大功率损耗，是由稳压管温升所决定的参数，$P_{ZM} = U_z I_{zmax}$。

（6）电压温度系数 a_z。

a_z 是反映稳定电压值受温度影响的参数，它表示温度变化 1 ℃时稳定电压值的变化量。显然，a_z 越小，稳定电压受温度影响越小，稳压管的性能也越好。硅稳压管 U_z 低于 4 V 时具有负温度系数，高于 7 V 时具有正温度系数，U_z 在 4~7 V 时 a_z 很小。因此，稳定性要求高的场合，一般采用 U_z 为 4~7 V 的稳压管；在要求更高的场合，可采用具有温度补偿的稳压管，即将正温度系数和负温度系数的两个稳压管串联使用，如 2DW7 系列的稳压管。

2. 变容二极管

由于反偏时二极管的结电容（主要是势垒电容）作用显著，故可将二极管看成一个比较理想的电容器件，其电容大小与反向电压的大小有关。变容二极管简称变容管，就是利用 PN 结的电容效应，并采用特殊工艺使结电容随反向电压变化比较灵敏的一种特殊二极管，其电路符号如图 1.9（a）所示。显然，变容二极管应工作在反偏状态。

变容二极管的压控特性曲线如图 1.9（b）所示，它的最大电容的范围为 5~300 pF。通常最大电容与最小电容之比（称为电容比）约为 5 : 1。变容二极管常用于调频电路、电调谐电路和自动频率控制电路。

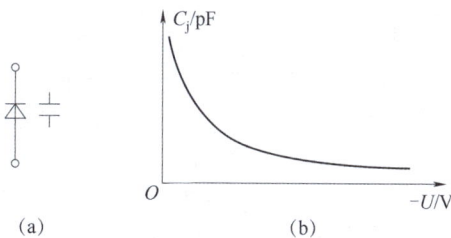

图 1.9 变容二极管的电路符号和压控特性曲线

（a）电路符号；（b）压控特性曲线

3. 光电二极管

光电二极管也称光敏二极管，是利用半导体的光敏特性制造的光接收器件。当光照强度增加时，PN 结两侧的 P 区和 N 区因本征激发产生的少子浓度增多，如果二极管加反偏电压，则反向电流增大。因此，光电二极管的反向电流随光照强度的增加而增大。为了便于接收光照，光电二极管的管壳上有一个玻璃窗口，让光线透过窗口照射到 PN 结的光敏区。光电二极管的电路符号如图 1.10 所示，显然它工作在反向偏置状态。

图 1.10　光电二极管的电路符号

当给光电二极管加上一定的反偏电压时，其反向电流与照度成正比。当没有光线照射时，流过光电二极管的反向电流很小，称为暗电流。当有光线照射时，流过光电二极管的反向电流较大，称为光电流。注意：光电流不仅随入射光照强度的增加而增大，还与入射光的波长有关，其中使光电流达到最大的波长称为峰值波长。

光电二极管可用于光的检测和光电转换。当制成大面积的光电二极管时，可当作一种能源，称为光电池，其正极为二极管的阳极，负极为二极管的阴极，短路电流与光照强度基本上成正比。

4. 发光二极管

发光二极管简称 LED，是一种光发射元件，能把电能转变成光能。它工作在正偏状态，在正向电流达到一定值时能发光。

发光二极管的电路符号如图 1.11 所示，其伏安特性曲线的形状与普通二极管的一样，只不过它的管压降较高，为 1.5~3.2 V。正常发光时流过发光二极管的电流称为正向工作电流，一般为几毫安至十几毫安，发光二极管的发光强度基本上与正向电流呈线性关系。但是，如果流过发光二极管的正向电流太大，就会烧坏发光二极管，因此工作电流就存在一个最大值，称为极限工作电流。

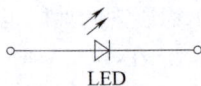

LED

图 1.11　发光二极管的电路符号

发光二极管的发光颜色有红外光单色、红、绿、黄、白和可变色等，光的颜色取决于制造时所用的材料（如磷化镓、砷化镓、磷砷化镓等）。通过特殊的设计，发光二极管可制成单色光的激光二极管。

与普通二极管一样，发光二极管也具有单向导电性，但通过一定的正向电流时才能发光，正向压降较大（死区电压也较大），反向击穿电压较小（通常只有几伏或几十伏）。

与普通小灯泡相比，发光二极管具有体积小、工作电压低、省电、寿命长、单色性好和响应速度快等特点，因此应用很广，如电平指示器、指示灯、七段数字显示器和十字路口车辆通行时间数字指示灯等，特别是近几年出现的白色发光二极管，在照明方面应用很广，前景很好，因为它的光电转换效率比电子镇流器的节能灯还高，并且寿命长，电路简单可靠。如图 1.12 所示发光二极管照明电路。

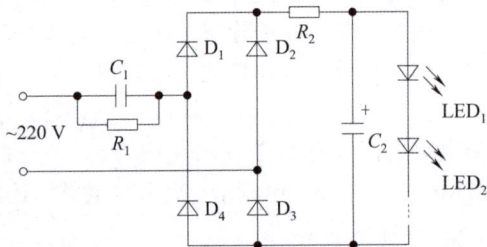

图 1.12　发光二极管照明电路

1.1.4　倍压整流电路

某些电子仪器和设备需要高电压、小电流的直流电源。如显像管、静电喷塑、除尘设备、电子灭蚊器、"电猫"、臭氧发生器和高压实验装置等，需要几千伏到几十万伏的直流电压，而电流只有微安或毫安数量级。这种高压小功率直流电源的获得，通常有两种方法：一种是采用升压变压器，把交流电压先升压后整流；另一种是采用倍压整流，简单又经济。倍压整流是利用二极管的单向导电性，分别向多个电容器充电，然后串联叠加起来接向负载（高阻抗），从而获得比交流电源电压峰值高许多倍的直流高压。

1. 二倍压整流电路

对于半波或全波整流滤波电路，当负载电阻 R_L 较大（或 $R_L = \infty$）时，电容器两端的电压约为 U_{2m}，就是一倍压整流电路。下面讨论二倍压整流电路。

1）普通二倍压整流电路

（1）电路组成。

如图 1.13 虚线圈出部分所示（有多种画法，其实质一样），主要由两个二极管和两个电容组成。

（2）工作原理。

u_2 正半周时，a 端为 +，b 端为 −，D_1 因正偏而导通，向 C_1 充电，D_2 反偏截止，C_2 不能充电。经过几个正半周后，C_1 两端电压可充到 U_{2m}。

u_2 负半周时，a 端为 −，b 端为 +，D_1 因反偏而截止，此时 C_1 两端电压和 u_2 同极性串联相加，使 D_2 正偏而导通，向 C_2 充电，由于负载电阻 R_L 很大，可近似看作开路，因此经过几个负半周的充电后，C_2 两端的电压（即输出电压或负载电压）最终可达到 $2U_{2m}$，从而实现了二倍压整流。

2）桥式二倍压整流电路

（1）电路组成。

如图 1.14 所示，也是由两个二极管和两个电容组成的。

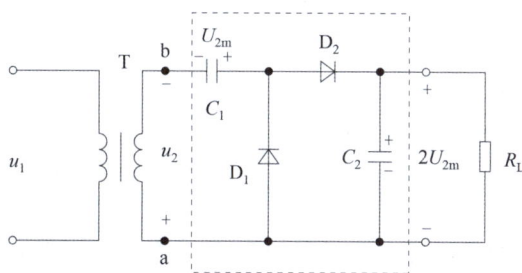

图 1.13　二倍压整流电路　　　　图 1.14　桥式二倍压整流电路

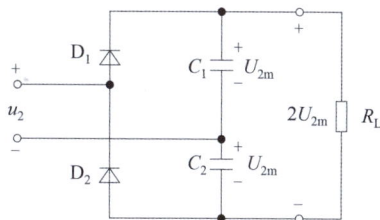

（2）工作原理。

因为 C_1、C_2 两端的电压直接通过电源充电，而上面介绍的普通二倍压整流电路中，C_2 充电是靠 u_2 和 C_1 的放电来完成的，因此，这种桥式二倍压整流电路的外特性比普通二倍压整流电路的外特性硬，带负载能力强，而所用元件与普通二倍压整流电路完全相同。

2. 多倍压整流电路

1）普通多倍压整流电路

如图 1.15 所示，原理可自行分析。

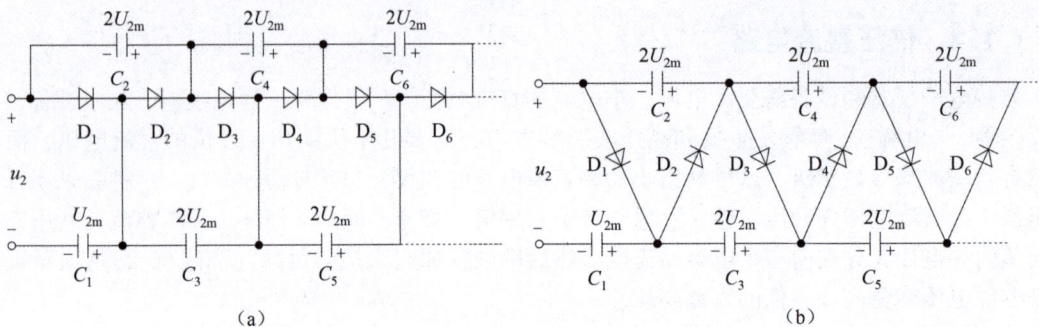

图 1.15　多倍压整流电路的两种画法

（a）画法一；（b）画法二

2）实用的多倍压整流电路

如图 1.16 所示，该电路实际上是两个不同极性的普通多倍压整流电路串联叠加的结果，其带负载能力比普通多倍压整流电路强。

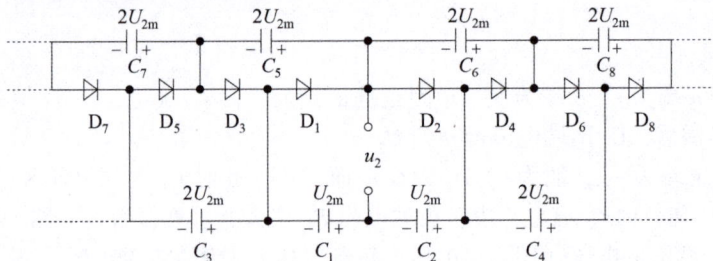

图 1.16　实用的多倍压整流电路

任务实施

实施设备与器材

指针式万用表一块，数字式万用表一块，各种二极管若干。

实施内容与步骤

1. 测定直流电路中二极管的特性

1）二极管极性的目测

常见的二极管有玻璃封装、塑料封装和金属封装等几种。二极管有两个电极，分别为阴极和阳极。对其两个引脚的极性标注，有的直接在二极管的外壳上标注"$\rightarrowtail$"号，符号的阴阳极所对应的引脚即二极管的阴阳极，也有的在二极管外壳的一端标注一个不同颜色的色环，来表示阴极。大功率二极管多采用金属封装，并且有个螺母以便固定在散热器上。图 1.17 所示为常用小功率二极管的极性标注。

图 1.17　常用小功率二极管的极性标注

（a）IN4000 系列二极管；（b）国产小功率二极管

2）用指针式万用表测试二极管

指针式万用表电阻挡等效电路如图 1.18 所示，其中 R_0 为表内电路等效电阻；E_0 为表内电池。当万用表处于 $R×1$、$R×10$、$R×100$ 挡时，$E_0 = 1.5$ V，当万用表处于 $R×1k$、$R×10k$ 挡时，E_0 为 9 V 或 10.5 V。测试时，将红表笔接标"+"的表笔插孔，黑表笔分别接标"–""COM"的表笔插孔。注意：此时红表笔接的是表内电池负极，而黑表笔接的是表内电池正极，即黑表笔是高电位，红表笔是低电位。

测试前，要先对万用表进行机械调零和欧姆调零，以保证测试数据的准确。测试晶体管时，应选用电阻挡的 $R×100$ 或 $R×1k$ 量程。若用 $R×1$ 或 $R×10$ 挡测试，则可能会因其内阻较小，导致晶体管导通时电流较大以至烧坏晶体管；若用 $R×10k$ 挡测试，则可能因表内电池电压较高，以至击穿晶体管。

测试时，把二极管的两只引脚分别接到万用表的两根表笔上（图 1.19），调换表笔，对二极管进行两次测试。一个好的二极管，正、反两次测得的电阻值应相差很大，差别越大，其性能就越好。如果两次测试都有阻值，且阻值都较小，说明二极管质量差，不能使用；如果双向阻值都为无穷大，则说明该二极管已经断路；如双向阻值均为零，说明二极管已被击穿。

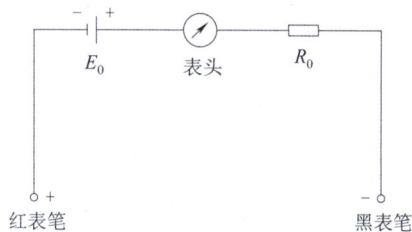

图 1.18　指针式万用表电阻挡等效电路

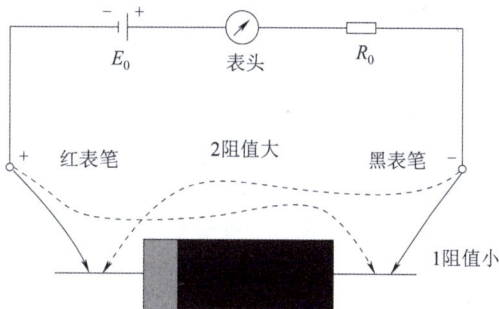

图 1.19　二极管测试图

二极管阴极和阳极判别，是以其正向导通为判断依据的。当测得二极管阻值较小时（几百欧），则说明二极管处于正向导通状态，此时，与万用表黑表笔相接的一端是阳极，与红表笔相接的一端是阴极。

对于发光二极管，因其正向导通压降较高，一般在 1.6 V 以上，所以在测试时应选用 $R×1k$、$R×10k$ 挡量程，在这两个挡位时，两表笔间电压较高，能使发光二极管导通。

3）用数字式万用表测试二极管

用数字式万用表测试二极管时，操作步骤和指针式万用表是一样的，具体的区别有以下几方面：

（1）有专门的测试挡位，标有"⊶⊢"符号，因此测试时应选用该挡位，不能用电阻挡。

（2）数字式万用表的红表笔接标"VΩ"的插孔，为高电位，黑表笔接标"COM"的插孔，为低电位，表笔的高低电位正好和指针式万用表的相反。

（3）数字式万用表所显示的参数与指针式万用表不同，二极管正向导通时，显示的为其正向导通压降（锗二极管 0.2 V 左右，硅二极管 0.7 V 左右），反向截止时，显示溢出符号"1"，表明二极管处于截止状态。

（4）若出现其他数值则说明二极管已损坏。

二极管阴极和阳极判别，是以其正向导通为判断依据的。当测得二极管阻值较小时（几百欧），则说明二极管处于正向导通状态，此时，与万用表黑表笔相接的一端是阳极，与红表笔相接的一端是阴极。

对于发光二极管，因其正向导通压降较高，一般在 1.6 V 以上，所以在测量时应选用 20k、200k 挡测量，在这两个挡位时，两表笔间电压较高，能使发光二极管导通。

4）测试

选择几个二极管，先用指针式万用表测量各个二极管的正向电阻，然后用数字式万用表测量每一个二极管的正向导通电压，进一步判断二极管的材料以及好坏。设计二极管检测电路和检测记录表，如表 1.1 所示。

表 1.1　检测记录

序号	型号	正向电阻 $R \times 1k$ 挡	正向导通电压	硅管还是锗管	性能好坏
1	IN4001				
2	IN4002				
3	IN4003				
4	IN4004				
5	IN4005				
6	IN4006				
7	IN4735				
8	IN4738				

2. 测定交流电路中二极管的输出波形

搭建如图 1.20 所示的测量电路，在 U_i 电源端输入幅度为 5 V、频率为 50 Hz 的交流信号，通过示波器观察 U_o 端的输出电压波形。

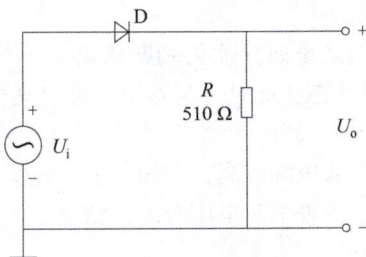

图 1.20　测量电路

如图 1.21 所示，调节直流稳压源的电压，通过电压表检测二极管两端的电压并填入表 1.2 中。设计二极管检测电路和检测记录表。

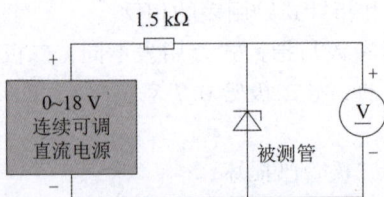

图 1.21　直流稳压源的电路

表 1.2　测量并分析判断二极管

二极管编号	万用表类型	测试数据		分析结果	
		1接红、2接黑	2接红、1接黑	好坏	阴阳极
1	指针式万用表				
	数字式万用表				
2	指针式万用表				
	数字式万用表				
3	指针式万用表				
	数字式万用表				

检查评估

1. 任务问答

（1）什么是理想二极管？

（2）什么是反向饱和电流？

（3）温度对二极管反向饱和电流的影响有哪些？

2. 任务评估

任务评估如表 1.3 所示。

表 1.3　任务评估

工作任务			
小组号		工作组成员	
工作时间		完成总时长	
工作任务描述			
小组分工	姓名	工作任务	

任务实施步骤			
序号	工作内容	计划时间	操作员
验收评定		验收人签名	

小结反思

1. 绘制思维导图。

2. 在任务实施中遇到哪些问题？是否解决？如何解决？填入表 1.4 中。

表 1.4　总结反思

遇到的问题	
解决方法	
问题反思	

任务1.2　安装信号放大电路

任务描述

　　三极管是放大电路的核心元件，通过对基本放大电路的学习及电路设计与制作，掌握基本放大电路的功能及电路设计方法，掌握常用元器件（如三极管、电容等）的检测和选用，熟练使用万用表、示波器和信号发生器，熟练掌握焊接工艺，提升排除三极管放大电路故障的能力。

　　本次任务：准确安装放大电路。

　　任务提交：检测结论、任务问答、学习要点、思维导图、检查评估表。

学习导航

　　本任务参考学时：4学时。通过本任务学习可以收获：

📝专业知识

　　1. 掌握三极管的特性。

　　2. 掌握三极管常见电路的构成。

　　3. 掌握三极管特性分析。

　　4. 掌握放大电路静态工作点分析方法。

📝专业技能

　　1. 能够使用万用表检测三极管。

　　2. 能够分析放大电路静态工作点。

　　3. 能够分析放大电路特性。

🎤职业素养

　　1. 通过检测元器件，提升思维能力。

　　2. 养成良好的安全作业意识。

　　3. 能够团结同学、积极协作。

知识储备

1.2.1　半导体三极管

　　双极型三极管也称晶体三极管、半导体三极管，简称三极管（或晶体管），是用半导体工艺制成的具有两个PN结的半导体器件。三极管是放大电路的核心元件，其主要特性是电流放大作用。

1. 三极管的结构、分类和符号

　　三极管的内部是由三层半导体形成的两个互相联系着的PN结组成的，根据三层半导体排列方式的不同，可分为NPN型和PNP型两大类。

　　三极管的结构示意图如图1.22所示，整个三极管是两个背靠背的PN结，三层半导体，中间的一层称为基区，两边分别称为发射区和集电区，从这三个区引出的电极分别称为基极B、发射极E和集电极C。发射区和基区之间的PN结称为发射结J_e，基区和集电区之间的PN结称为集电结J_c。图1.22中还画出了NPN型和PNP型三极管的电路符号，其中箭头方向表示发射结正偏时发射极电流的实际方向（即由P区指向N区），三极管的字母符号通常用V表示（也有的

教科书用 T 或 VT 表示）。

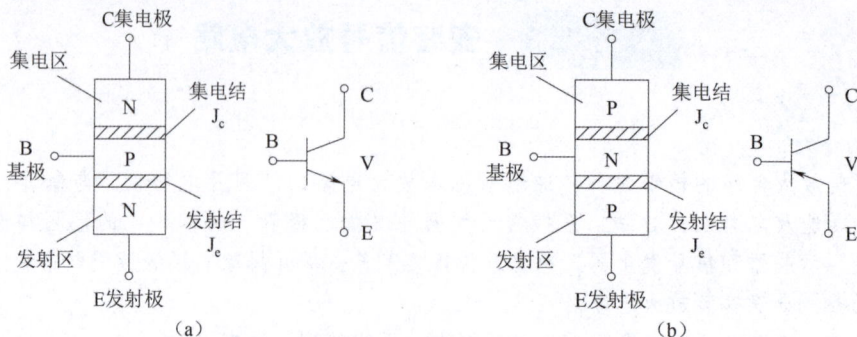

图 1.22 晶体三极管的结构示意图和电路符号

（a）NPN 型；（b）PNP 型

应当指出，三极管绝不是两 PN 结的简单连接，它在制造工艺上必须具备以下三个特点：基区很薄（比其他两个区薄得多，一般只有 1 μm 到几十微米），发射区的杂质浓度比其他两区高得多，集电结面积比发射结面积大。这些特点保证了三极管具有合适的电流放大系数，是质量较好的三极管，同时也决定了三极管的 C、E 极不可互换使用。

这种类型的同一个半导体三极管内有两种不同的载流子（自由电子和空穴）参与导电，故称为双极型三极管（缩写为 BJT）。

三极管的分类有多种方式。除上述的按结构分为 NPN 型和 PNP 型外，还可按工作频率分为低频管和高频管；按耗散功率分为小功率管和大功率管；按所用的半导体材料分为硅管和锗管；按用途分为放大管、开关管和功率管等；根据封装形式的不同，可分为金属管和塑封管等。目前我国生产的硅三极管多为 NPN 型，锗三极管多为 PNP 型。

2. 三极管的电流放大作用

1）电流放大作用

三极管与二极管的最大不同之处，就是它具有电流放大作用。三极管若具有电流放大作用，必须同时具备内部条件和外部条件，内部条件就是内部结构上的三个特点（质量好的三极管），而外部条件就是给三极管加合适的偏置，即发射结正偏、集电结反偏。也就是对 NPN 型三极管来说，基极（P 区）电位高于发射极（N 区）电位，称为发射结正偏；集电极电位高于基极电位，称为集电结反偏，即 $U_C > U_B > U_E$。对 PNP 型管的情况则与上述相反，即 $U_C < U_B < U_E$。图 1.23 所示为三极管直流电源的接法。

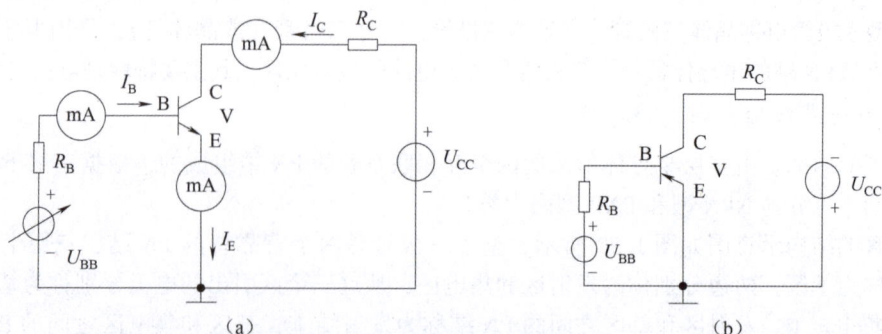

图 1.23 三极管直流电源的接法

（a）NPN 型；（b）PNP 型

下面以 NPN 型三极管的实验数据为例介绍三极管的电流放大作用，其所得结论同样适用于 PNP 型管。

根据图 1.23（a）所示电路，只要改变 U_{BB}，则 I_B、I_C 和 I_E 将会同时产生变化，测试结果列于表 1.5 中。

表 1.5 实验测试数据

电流	次数					
	1	2	3	4	5	6
$I_B/\mu A$	0	20	40	60	80	100
I_C/mA	0	1.00	2.10	3.19	4.22	5.31
I_E/mA	0	1.02	2.14	3.25	4.30	5.41

2）电流分配关系

根据表 1.5 中实验测试数据分析，可得三极管的电流分配关系：

$$I_E = I_B + I_C \tag{1-1}$$

这是由基尔霍夫电流定律确定的，三个电极电流 I_B 最小，I_E 最大，即 $I_C \approx I_E \gg I_B$，I_C 与 I_B 的比值近似为一个常数

$$I_C = \bar{\beta} I_B \tag{1-2}$$

或

$$\frac{I_C}{I_B} \approx \bar{\beta}(h_{FE}) \tag{1-3}$$

I_C 与 I_B 变化量的比值近似为同一个常数

$$\frac{\Delta I_C}{\Delta I_B} = \beta \approx \bar{\beta} \tag{1-4}$$

以上两式中的 β 和 $\bar{\beta}$ 分别称为三极管共发射极直流电流放大系数和交流电流放大系数，它反映了三极管电流放大能力的大小，半导体手册上用 h_{FE} 和 h_{fe} 表示。从表 1.5 可以算出，在很大范围内，β 和 $\bar{\beta}$ 在工程上不必严格区分，都用 β 表示。β 通常在 20～200，太大或太小都不好。

三极管的电流放大作用，体现在 $I_C = \beta I_B$，即在基极回路输入一个小电流 I_B，通过三极管电路就能够在集电极回路得到一个大电流 I_C，而大电流 I_C 是小电流 I_B 放大 β 倍的结果；从受控源的角度来看，三极管电路是一种电流控制电流源，即用基极回路的小电流，通过三极管电路就能够对集电极回路的大电流进行控制（即若 I_B 增大，则 I_C 就跟着增大，或反之；若 I_B 不变，则 I_C 就不变；若 $I_B = 0$，则 $I_C \approx 0$），而 β 反映了 I_B 对 I_C 控制能力的大小。

注意：若式 $I_C = \beta I_B$ 成立，三极管必须同时满足发射结正偏和集电结反偏的外部条件以及内部条件（内部结构上的三个特点都是为了让三极管有一个合适的 β 值）。

另外，PNP 型的各极电流方向与 NPN 管相反，但电流分配关系完全相同。

【例 1.2】测试工作在放大状态的三极管的两个电极电流，如图 1.24（a）所示。

（1）求另一个电极电流，并在图中标出实际方向；

（2）标出 E、B、C 极，判断该三极管是 NPN 型还是 PNP 型；

（3）估算其 β。

解：（1）由于三极管各电极电流满足节点电流定律，即流进管内和流出管外的电流大小相等，而在图 1.24（a）中，①脚和②脚的电流均为流进管内，因此③脚电流必然为流出管外，大小为 $0.1 + 4 = 4.1(mA)$。③脚电流的大小和方向如图 1.24（b）所示。

图 1.24　例 1.2 图

（2）由于③脚电流最大，①脚电流最小，故③脚为 E 极，①脚为 B 极，则②脚为 C 极，该三极管的发射极电流流出管外，故它是 NPN 型三极管。E、B、C 极标在图 1.24（b）上。

（3）由于 $I_B = 0.1$ mA，$I_C = 4$ mA，$I_E = 4.1$ mA，故

$$\beta = \frac{I_C}{I_B} = \frac{4}{0.1} = 40$$

3. 三极管的共射特性曲线

为了较全面地反映三极管的特性，可以用它的外部各电极电压和电流之间的关系曲线来表示，这种曲线称为三极管特性曲线或伏安特性曲线，简称伏安特性。三极管的特性曲线是外特性，是内部载流子运动的外在表现形式。根据特性曲线可以确定三极管的某些参数和判断三极管质量的好坏，还可以借助特性曲线对放大电路进行分析，因此，对使用者来说，掌握三极管的外部特性比了解它内部载流子运动的规律更为重要，因为在使用三极管和分析三极管电路时，主要是用它的外部特性而不用管它的内部机理。

三极管有三个电极，所以它的特性曲线不像二极管那样简单，常用的是输入特性曲线和输出特性曲线。输入特性曲线反映了三极管输入端的电流和电压的关系，输出特性曲线则反映了三极管输出端的电流和电压的关系。

1）三极管的三种基本组态

组态就是连接方式或接法或电路。三极管有三个电极（E、B、C），哪一个电极与输入输出回路的公共端相接，就称为共什么组态。共有三种组态，如图 1.25 所示。在图 1.25（a）中，由于发射极与输入回路和输出回路的公共端相接，所以称为共发射极组态，简称共射组态。在图 1.25（b）中，由于基极与输入回路和输出回路的公共端相接，故称为共基极组态，简称共基组态。同理，图 1.25（c）为共集组态。

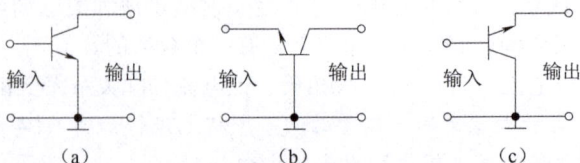

图 1.25　三极管的三种基本组态
（a）共射组态；（b）共基组态；（c）共集组态

三种组态各有特点、各有所用，但共射组态应用最多。不同组态的三极管，其特性曲线也不同。下面以 NPN 型管为例，讨论应用最广的共射特性曲线。由于三极管特性的分散性，同型号

三极管的特性也会有很大差异。在实际运用中，通常是利用专用的图示仪对输入特性曲线和输出特性曲线进行测量，或通过实验进行测量。

共射伏安特性曲线的测量电路如图 1.26 所示。

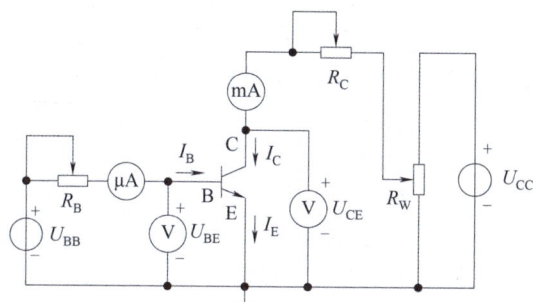

图 1.26　共射伏安特性曲线的测量电路

2）共射输入特性曲线

三极管的共射输入特性曲线表示当三极管的输出电压 u_{CE} 为某一常数时，输入电流 i_B 与输入电压 u_{BE} 之间的关系曲线，即

$$i_B = f(u_{BE}) \big|_{u_{CE}=常数} \tag{1-5}$$

图 1.27 所示为某硅 NPN 管的共射输入特性曲线，由图可以看出：

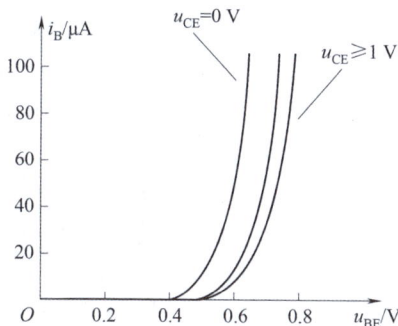

图 1.27　某硅 NPN 管的共射输入特性曲线

（1）各条输入特性曲线与二极管的正向伏安特性曲线相似，输入特性是非线性的。

（2）$u_{CE} = 0$ V 时，相当于 C、E 极短接，此时两个 PN 结并联，因此 $u_{CE} = 0$ V 的输入特性与二极管伏安特性相似，但正向特性更陡一些。

（3）u_{CE} 在 0~1 V，由小到大变化时，随着 u_{CE} 的增大，特性曲线明显右移。

（4）$u_{CE} \geq 1$ V 以后，u_{CE} 再增加，而各条输入特性曲线却不再明显右移，而基本重合，故只需画出 $u_{CE} = 1$ V 的输入特性曲线就可代表 $u_{CE} \geq 1$ V 后的各条输入特性。由于使用时 u_{CE} 总是大于 1 V 的，因此通常只画出常用的 $u_{CE} = 1$ V 的那条输入特性曲线。

（5）与二极管相似，发射结电压 u_{BE} 也存在一个死区电压 U_{on}，小功率硅三极管 $|U_{on}| \approx$ 0.5 V，锗三极管 $|U_{on}| \approx 0.1$ V。此外，三极管正常工作，小功率三极管的 i_B 一般为几十到几百微安，相应 u_{BE} 的变化不大，一般硅三极管的 $|U_{BE}| \approx 0.7$ V，锗三极管的 $|U_{BE}| \approx 0.2$ V。

（6）$u_{BE} < 0$ 时，i_B 为很小的反向饱和电流，当发射结反向电压增大到 $U_{(BR)BEO}$ 时，发射结击穿，$U_{(BR)BEO}$ 称为发射结反向击穿电压，使用时应避免击穿。

3）共射输出特性曲线

三极管的共射输出特性曲线表示当三极管的输入电流 i_B 为某一常数时，电流 i_C 与电压 u_{CE} 之间的关系曲线，即

$$i_C \approx f(u_{CE})|_{i_B=常数} \tag{1-6}$$

图 1.28 所示为某三极管的共射输出特性曲线。由图 1.28 可以看出：曲线起始部分较陡，且不同 i_B 曲线的上升部分几乎重合，这表明 u_{CE} 较小时，u_{CE} 略有增大，i_C 就很快增加，但 i_C 几乎不受 i_B 的影响；当 u_{CE} 较大（如大于 1 V）时，曲线比较平坦，但略有上翘。这表明 u_{CE} 较大时，i_C 主要取决于 i_B，而与 u_{CE} 关系不大；当 u_{CE} 增大到某一值时，三极管发生击穿。

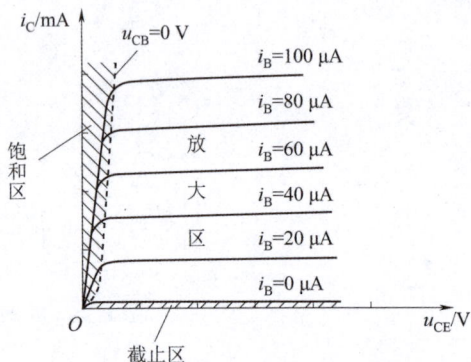

图 1.28　某三极管的共射输出特性曲线

可以把图 1.28 所示的共射输出特性曲线分为以下三个区域：

（1）截止区。

通常把 $i_B=0$ 时（此时 $i_C=i_E=I_{CEO}\approx 0$）的输出特性曲线与横轴所夹的区域称为截止区，如图 1.28 所示。截止区的特点是 $i_B=0$，$i_C=i_E=I_{CEO}\approx 0$；发射结 $u_{BE}<U_{on}$ 或反偏，集电结反偏；三极管失去电流放大作用，E、B、C 极之间呈高阻状态，E、C 极之间近似看作开关断开。

（2）放大区。

放大区粗略来看就是图 1.28 中曲线的平坦部分。在放大区，发射结正偏（且 $u_{BE}>U_{on}$），集电结反偏。这时 I_C 主要受 I_B 和 β 的控制，而与 u_{CE} 电压的大小几乎无关，并且有 $I_C=\beta I_B$ 的关系，表现出电流控电流源的特性。在模拟电路中，三极管主要工作在放大区。

（3）饱和区。

饱和区是指临界饱和线 $u_{CB}=0$（即 $u_{CE}=u_{BE}$）和纵轴所夹的区域，如图 1.28 所示。在饱和区，发射结和集电结均正偏，三极管也失去电流放大作用。这时 $I_C\neq\beta I_B$ 而是 $I_C<\beta I_B$，I_C 随 u_{CE} 而变化，却几乎不受 I_B 控制，即当 u_{CE} 一定时，即使 I_B 增加，I_C 却几乎不变，这就是饱和现象。由于三极管饱和时，各极之间电压很小，而电流却较大，呈现低阻状态，C、E 极之间可近似看作开关闭合。

饱和时的 u_{CE} 称为饱和管压降，用 $U_{CE(sat)}$ 表示。$U_{CE(sat)}$ 很小，小功率硅三极管 $|U_{CE(sat)}|\approx 0.3$ V，小功率锗三极管 $|U_{CE(sat)}|\approx 0.1$ V，大功率硅三极管 $|U_{CE(sat)}|>1$ V。$u_{CE}=u_{BE}$（即 $u_{CB}=0$，集电结零偏）时的状态称为临界饱和，如图 1.28 中的虚线所示，此虚线称为临界饱和线。临界饱和线是饱和区和放大区的分界线。

另外，放大区也称线性区，饱和区和截止区统称为非线性区，不管在哪个区，$I_E=I_B+I_C$ 的关系始终成立，这是由基尔霍夫电流定律所决定的。

4）理想输出特性曲线

如何根据输出特性曲线来判断三极管的好坏？为此首先要建立一个好的标准，与标准越接近的越好，这个好的标准称为理想输出特性曲线。理想输出特性曲线应当同时满足以下条件：

（1）非线性区的面积为零。

（2）放大区中的各条线与横轴平行（平行与否反映了三极管的恒流特性和 I_{CEO} 大小），线与线之间间隔均匀（均匀与否反映 β 的线性度），线与线之间间隔大小适中（i_B 阶梯一定的条件下，线与线之间间隔的大小反映了 β 的大小，β 太大或太小都不好，通常小功率三极管的 β 值在

20~200，大功率三极管的 β 值在 10~30 较好）。

在模拟电路中，三极管主要工作在线性区；在数字电路中，三极管主要工作在非线性区，线性区仅仅是一个短暂的过渡区。在实际工作中，常可利用测量三极管各电极之间的电压来判断它的工作状态。

4. 三极管的主要参数及其温度影响

三极管的参数是用来表征三极管的特性和性能优劣及适用范围的，它是合理选择和使用三极管的依据。由于制造工艺的关系，即使同一型号的三极管，其参数的分散性也很大，手册上给出的参数仅为一般的典型值，使用时应以实测值作为依据。三极管的参数很多，这里介绍主要的几个。

1）电流放大系（倍）数

这是表征三极管电流放大能力的参数，主要有共发射极直流电流放大系数 $\bar{\beta}$，由式（1-3）可知：

$$\bar{\beta}(h_{FE}) \approx \frac{I_C}{I_B} \tag{1-7}$$

共发射极交流电流放大系数 β 定义为

$$\beta(h_{fe}) = \frac{\Delta I_C}{\Delta I_B}\bigg|_{\Delta u_{CE}=0} = \frac{i_c}{i_b}\bigg|_{\Delta u_{CE}=0} \tag{1-8}$$

显然 β 和 $\bar{\beta}$ 是两个不同的概念，但在放大区范围内 $\beta \approx \bar{\beta}$ 且基本不变，因此以后不再严格区分，统称为共发射极电流放大系（倍）数，用 β 表示。

2）极间反向电流

这是表征三极管温度稳定性的参数。由于极间反向电流虽然较小，但受温度影响很大，故其值越小越好。极间反向电流主要有 I_{CBO} 和 I_{CEO} 两种。

集电极与基极间反向饱和电流 I_{CBO}，表示发射极开路（$I_E=0$）、集电极和基极间加上一定反向电压时的电流，如图 1.29（a）所示。I_{CBO} 的值很小，小功率硅三极管的 $I_{CBO}<1$ μA，小功率锗三极管的 $I_{CBO}<10$ μA。

穿透电流 I_{CEO}，表示基极开路（$I_B=0$）、集电极和发射极间加上一定电压时的电流，它从集电区穿过基区流至发射区，如图 1.29（b）所示。由于 $I_{CEO}=(1+\bar{\beta})I_{CBO}$，故 I_{CEO} 比 I_{CBO} 大得多。小功率硅三极管 I_{CEO} 小于几微安，小功率锗三极管 I_{CEO} 可达几十微安以上。显然，I_{CEO} 比 I_{CBO} 随温度变化更大，I_{CEO} 的三极管性能不稳定。

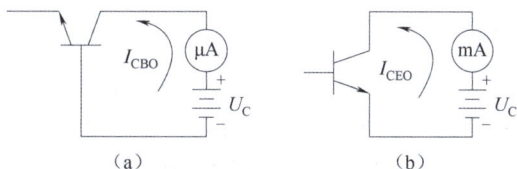

（a）　　　　　　　　　　（b）

图 1.29　测量极间反向电流的电路

（a）测 I_{CBO}；（b）测 I_{CEO}

3）极限参数

这是表征三极管能够安全工作的参数，即三极管工作时不应超过的限度。极限参数是选三极管的重要依据。

（1）集电极最大允许电流 I_{CM}。

在 I_C 的一个相当大的范围内，β 值基本不变，但当 I_C 较大时 β 值下降。I_{CM} 是指 β 值明显下降时的 I_C。当 $I_C>I_{CM}$ 时，三极管可能会损坏，放大性能显著下降。

（2）集电极最大允许功耗 P_{CM}。

三极管损耗的功率主要在集电结上，P_{CM} 是指集电结上允许损耗功率的最大值，超过此值将导致三极管性能变差或烧毁。集电结损耗的功率转化为热能，使其温度升高，再散发至外部环境，因此 P_{CM} 的大小与三极管集电结的允许温度、环境温度和散热条件有关。锗三极管的允许结温为 75 ℃，硅三极管的允许结温为 150 ℃。环境温度越高，P_{CM} 值越小，加散热装置即可提高 P_{CM}。应当指出，手册上给出的 P_{CM} 值是在常温（25 ℃）和一定的散热条件下测得的。

集电极实际损耗的功率等于 $i_C u_{CE}$，其乘积不允许超过 P_{CM}。若三极管的损耗功率为 P_{CM}，则应满足 $i_C u_{CE}<P_{CM}$。在一个三极管的 P_{CM} 已给定的情况下，利用上式可以在输出特性上画出三极管的最大功耗曲线，即 P_{CM} 线，如图 1.30 所示，曲线左侧的集电极功耗小于 P_{CM}，右侧则大于 P_{CM}（过损耗区）。

（3）反向击穿电压。

三极管的反向击穿电压除 $U_{(BR)EBO}$ 外，常用的有 $U_{(BR)CBO}$ 和 $U_{(BR)CEO}$。

$U_{(BR)CBO}$ 是指发射极开路时集-基极间的反向击穿电压，这是集电结所允许加的最高反向电压。$U_{(BR)CBO}$ 比较高，一般为几十伏到上千伏。

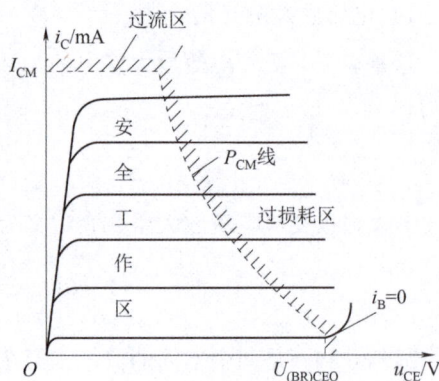

图 1.30　三极管的安全工作区

$U_{(BR)CEO}$ 是指基极开路时集-射极间的击穿电压，它比 $U_{(BR)CBO}$ 小。此外，当基-射极间接电阻 R_B 时，集-射极间的击穿电压将比 $U_{(BR)CEO}$ 高，R_B 越小，该击穿电压越高，但仍小于 $U_{(BR)CBO}$。

当三极管工作在共射组态时，在其输出特性曲线上画出 $i_C=I_{CM}$、$u_{CE}=U_{(BR)CEO}$ 和 P_{CM} 线，由这些曲线和两坐标轴围成的区域，称为安全工作区，如图 1.30 所示。

注意：在选三极管时，其极限参数 I_{CM}、$U_{(BR)CEO}$ 和 P_{CM} 应分别大于电路中三极管的集电极最大电流、集-射极间最大电压和集电极最大功耗的要求，以使三极管工作在安全工作区。

5. 温度对三极管的特性与参数的影响

温度升高对三极管有不利的影响，会使三极管的 I_{CM} 和 P_{CM} 均减小，u_{BE} 减小，I_{CEO} 和 β 增大，反之亦然。

1.2.2　放大电路基础

放大电路也称放大器，是一种用来放大电信号的电子线路装置，是电子设备中使用很广的一种电路，它有不同的形式，但基本工作原理都是相同的。一个实际的放大电路，常常由多个单级放大电路组成。本节主要讨论由一个三极管构成的共射、共集和共基三种基本放大电路，介绍它们的组成、工作原理、分析方法和性能指标。

1. 放大电路的基本概念

放大电路的作用就是将微弱的电信号不失真（即不走样）地加以放大，以便进行有效的观察、测量和利用（如推动负载工作等）。常见的扩音机就是一个典型的放大电路，如图 1.31（a）所示。话筒是一个声电转换器件，它把声音转换成微弱的电信号，并作为扩音机的输入信号；该信号经过扩音机中放大电路的放大，在其输出端得到被放大的电信号；扬声器（喇叭）是一个电声转换器件，它接在扩音机的输出端，把放大后的电信号转换成放大后的声音。如果把话筒输出的微弱信号直接接到扬声器上，扬声器根本不会发声，这说明微弱的电信号只有通过放大才能被利用（推动负载工作）；如果把扩音机的电源切断，扬声器将不再发声，可见扩音机还需要电源才能工作。

放大电路的种类很多，如小信号放大器和功率放大器，直流放大器和交流放大器等。无论哪一种放大电路，其基本框图和扩音机相似，如图 1.31（b）所示。

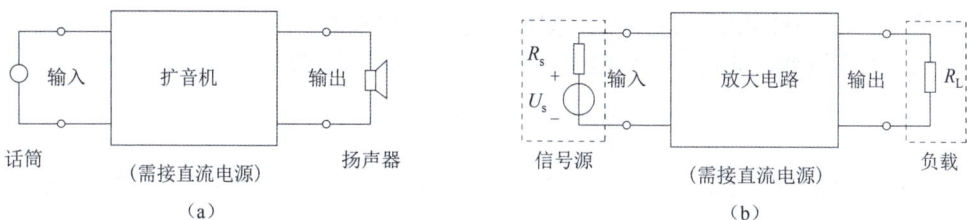

图 1.31　放大电路

（a）扩音机示意图；（b）放大电路的基本框图

在图 1.31（b）中，信号源给放大电路提供输入信号，它具有一定的内阻，放大电路由三极管等具有放大作用的有源器件组成；负载接在放大电路的输出端，接收被放大了的输出信号。放大电路的工作都需要直流电源，以提供电路所需要的能量。从能量的角度看：放大电路实质上是一种能量控制系统，即用输入信号的小能量，去控制放大电路中的放大器件，把直流电源的能量转化成随输入信号变化却又比输入信号强的输出信号的能量。

2. 放大电路的主要性能指标

放大电路的性能指标是为了衡量它的特性和性能优劣而引入的，是我们选择和使用放大器的依据。实际待放大的输入信号一般来说都是很复杂的，不便于测试和比较。为了分析和测试的方便，输入信号一般都采用正弦信号。

一个放大电路可以用一个有源双端口网络来模拟，如图 1.32 所示，图中正弦信号源（测试信号）的内阻为 R_s、电压为 $\dot{U}_s$；R_L 为接在放大电路输出端的负载电阻；放大电路输入端 1-1′ 的信号电压和电流分别为 $\dot{U}_i$ 和 $\dot{I}_i$，输出端 2-2′ 的信号电压和电流分别为 $\dot{U}_o$ 和 $\dot{I}_o$，各电压的参考极性和各电流的参考方向如图中所示。图 1.32 也可以作为放大电路的性能测试图。

放大电路的主要性能指标有放大倍数、输入电阻、输出电阻、通频带、最大输出功率、转化效率和最大输出幅值等，本节介绍前六种性能指标。

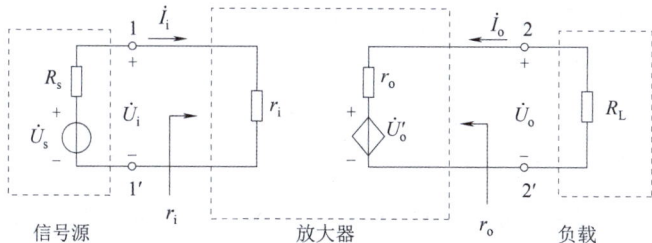

图 1.32　放大器的等效方框图（电压源形式）

1）放大倍数

放大倍数也称增益，是衡量放大电路放大能力的指标，它定义为输出信号与输入信号的比值。由于输入信号有输入电压 $\dot{U}_i$ 和输入电流 $\dot{I}_i$ 两种，输出信号也有输出电压 $\dot{U}_o$ 和输出电流 $\dot{I}_o$ 两种，所以存在四种形式的放大倍数（增益）——电压放大倍数 $\dot{A}_u$、电流放大倍数 $\dot{A}_i$、互阻放大倍数 $\dot{A}_r$ 和互导放大倍数 $\dot{A}_g$，即

$$\dot{A}_u = \frac{\dot{U}_o}{\dot{U}_i}, \quad \dot{A}_i = \frac{\dot{I}_o}{\dot{I}_i}, \quad \dot{A}_r = \frac{\dot{U}_o}{\dot{I}_i}, \quad \dot{A}_g = \frac{\dot{I}_o}{\dot{U}_i} \tag{1-9}$$

如果信号的频率既不很高又不很低，则放大电路的附加相移可以忽略，于是上述四种放大倍数（也包括其他某些性能指标）可用实数来表示，并写成交流瞬时值之比，即

$$A_u = \frac{u_o}{u_i}, \quad A_i = \frac{i_o}{i_i}, \quad A_r = \frac{u_o}{i_i}, \quad A_g = \frac{i_o}{u_i} \tag{1-10}$$

在后文中，如无特殊需要，均采用式（1-10）表示，其中 A_u 用得最多，某些情况下还要用到源电压放大倍数 A_{us}，定义为

$$A_{us} = \frac{u_o}{u_s} \tag{1-11}$$

此外，有时还要用到功率放大倍数（功率增益）A_P，对于纯阻负载，它等于输出功率 P_o 与输入功率 P_i 之比，即

$$A_P = \frac{P_o}{P_i} = \frac{U_o I_o}{U_i I_i} = |A_u A_i| \tag{1-12}$$

式中，加绝对值符号是由于 A_P 恒为正，而 A_u 或 A_i 可能为负。注意：各种放大倍数仅在输出波形没有明显失真时才有意义。工程上常用增益表示放大倍数的大小，单位为 dB（分贝），如：

$$A_u(\mathrm{dB}) = 20\lg|A_u|, A_i(\mathrm{dB}) = 20\lg|A_i|, A_P(\mathrm{dB}) = 10\lg A_P$$

采用增益表示放大倍数，可使表达简单，如 $A_u = 1\,000\,000$，用增益表示则 $A_u = 120$ dB。其次，由于人耳对声音的感受与声音功率的对数成正比，因此采用分贝表示可使它与人耳听觉感受相一致。另外，它可使运算方便，即化乘除为加减。

2）输入电阻 r_i

输入电阻 r_i 就是从放大电路输入端向放大器里看进去的等效交流电阻，定义为

$$r_i = \frac{u_i}{i_i} = \frac{U_i}{I_i} \tag{1-13}$$

由图 1.32 可以看出，r_i 相当于信号源的负载，而 i_i 则是放大电路向信号源索取的电流。

由图 1.32 可知 $i_i = \frac{u_s}{R_s + r_i}$，$u_i = \frac{r_i}{R_s + r_i} u_s$，因此 r_i 的大小反映了放大电路对信号源的影响程度。在 R_s 一定的条件下，r_i 越大 i_i 就越小，u_i 就越接近 u_s，则放大电路对信号源（电压源）的影响越小。因此，希望 r_i 大一些好。另外，不难得到

$$A_{us} = \frac{u_o}{u_s} = \frac{r_i}{R_s + r_i} A_u \tag{1-14}$$

3）输出电阻 r_o

输出电阻 r_o 就是从放大电路的输出端向放大器里看进去的等效交流电阻。下面介绍求输出电阻 r_o 的两种方法。

（1）实验法。

保持信号源不变，在放大电路空载（即 R_L 开路）时测出输出电压为 u_o'，接上负载 R_L 后测出输出电压为 u_o，这样从输出端看放大电路，它相当于一个带内阻的电压源，这个内阻就是放

大电路的 r_o，电压源的电动势就是 u'_o，如图 1.32 所示，显然，$u_o = u'_o R_L / (r_o + R_L)$，于是

$$r_o = \left(\frac{u'_o}{u_o} - 1 \right) R_L = \left(\frac{U'_o}{U_o} - 1 \right) R_L \tag{1-15}$$

显然，放大器输入信号一定时，r_o 越小，接上负载 R_L 后输出电压下降越少，说明放大电路带负载能力越强。因此，输出电阻 r_o 反映了放大电路带负载能力的强弱，希望输出电阻 r_o 小一些好。

（2）试探（分析）法。

在求 r_o 时可根据图 1.33 所示的电路，即设想 $u_s = 0$，但保留内阻 R_s，再将 R_L 开路，然后在输出端加一交流试探电压 u_p，将会产生一试探电流 i_p，则

$$r_o = \frac{u_p}{i_p} \mid u_s = 0, R_L = \infty \tag{1-16}$$

4）通频带 f_{bw}（或 BW）

同一个放大器对不同频率正弦信号的放大能力是不一样的，一般来说，频率太高或频率太低时放大倍数都要下降，只有对某一频率段放大倍数才较高且基本保持不变，设这时的放大倍数为 $|A_{um}|$，当放大倍数下降为 $0.707|A_{um}|$ 时，所对应的两个频率分别称为上限频率 f_H 和下限频率 f_L。上、下限频率之间的频率范围称为放大器的通频带 f_{bw}，如图 1.34 所示。通频带也称频响，它反映了一个放大器正常放大时，能够适应的输入信号的频率范围。例如，对一个好的音频功率放大器来说，频响应不低于 20 Hz ~ 20 kHz。

图 1.33　输出电阻的试探法求解电路

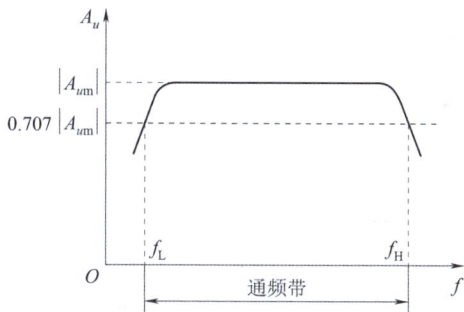

图 1.34　放大器的通频带

5）最大输出功率 P_{omax} 和转化效率 η

放大器的最大输出功率是指它能向负载提供的最大交流功率，用 P_{omax} 表示。在前面已经讨论过，放大器的输出功率是通过三极管的能量控制作用，把直流电能转化为交流电能输出的。这样就有一个转化效率的问题，规定放大器输出的功率 P_o 与所消耗的直流电的总功率 P_E 之比为放大器的转化效率 η，即

$$\eta = P_o / P_E \tag{1-17}$$

除以上性能指标，还有其他方面的性能指标，如最大输出电压幅值 U_{omax} 和最大输出电流幅值 I_{omax}，以及非线性失真、信噪比、抗干扰能力和防振性能等。

1.2.3　共射基本放大电路

由一个放大器件（如三极管）组成的简单放大电路，就是基本放大电路。这里先介绍共射基本放大电路的电路组成、各元器件的名称和作用。

1. 电路组成

共射基本放大的原理电路如图 1.35（a）所示，由于三极管的发射极与输入、输出回路的公

共端相接，所以称为共发射极电路，简称共射电路。

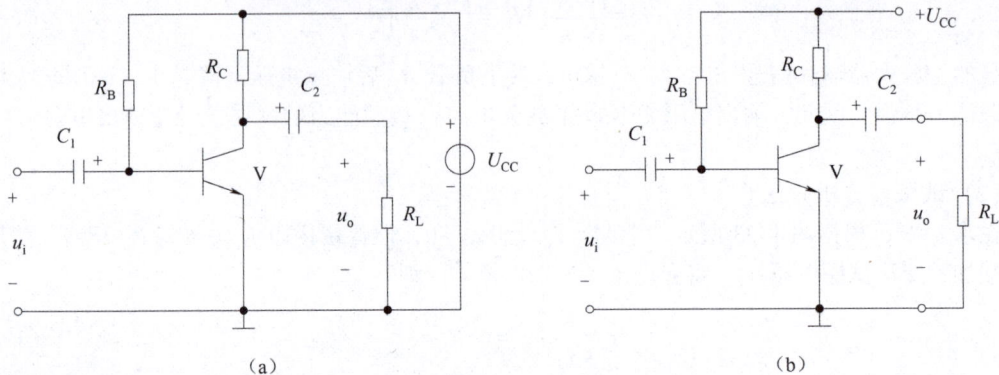

图 1.35 共射基本放大电路
（a）原理电路；（b）习惯画法

此外，在画电路图时，往往省略电源符号，因为 U_{CC} 一端总与地相连，因此只需标出不与地相连的那一端的电压数值和极性就行了。图 1.35（b）所示为该电路的习惯画法。

2. 电路中各元器件的名称和作用

1）三极管 V

它是放大电路的核心，起电流放大作用，即 $i_C = \beta i_B$，在放大电路中，应使其工作在放大区，这时它才有电流放大作用。

2）基极（偏置）电阻 R_B

它与 U_{CC} 配合，保证三极管的发射结为正偏，同时供给基极电路一合适的直流电流 I_B（称为偏置电流，简称偏流）。又保证在输入信号作用下，为电容 C_1 的充放电提供通路。同时，R_B 对集电极电流和集电极电压也有影响，R_B 太小或太大则电路都不能正常放大。

3）集电极电阻 R_C

它与直流电源 U_{CC} 配合使三极管集电结反偏，保证三极管工作在放大区。R_C 能把集电极电流 i_C 的变化转变为集电极电压 u_{CE} 的变化（$u_{CE} = U_{CC} - i_C R_C$，其中 U_{CC} 和 R_C 为常数，i_C 变化时，u_{CE} 就跟着呈反方向变化）。若 $R_C = 0$，则 u_{CE} 恒等于 U_{CC}，电路不能进行放大；若 $R_C = \infty$ 或太大，则集电结不能反偏，三极管不能工作在放大区，电路也不能放大。

4）直流电源 U_{CC}

它与 R_B、R_C 和三极管 β 配合，使电路中的三极管工作在放大区，为电路的放大创造条件、奠定基础；为放大电路的工作提供能量（源），同时也为输出信号提供能量。

5）基极耦合电容 C_1 和集电极耦合电容 C_2

电信号传递或连接的方式称为耦合，C_1 在信号源和放大电路的输入端之间传递信号，C_2 在放大电路的输出和负载之间传递信号，C_1、C_2 在电路中具有隔断直流、传递交流的作用，简称隔直传交。所谓隔断直流，是说电容不能传递直流信号，稳态时通过电容的直流电流为零，这时电容 C 可看成开路；所谓传递交流，是说电容可以顺利地传递交流信号，通常 C_1、C_2 选用容量大（几微法到几十微法）、体积小的电解电容。因此，C_1 和 C_2 对交流的容抗很小，近似短接，认为 $X_C \approx 0$。注意：电容的隔直是无条件的（只要是一个好的电容就行），但传交是有条件的，即要求电容器的容量要足够大，输入信号的频率不能很低，使电容器的容抗远小于电容回路的电阻。

6）负载电阻 R_L

它作为放大器的负载。

总之，放大电路是一个整体，需要各元器件（V、R_B、R_C、C_1、C_2 和 U_{CC}）之间合理搭配，要各负其责、互相配合，电路才能正常工作，将输入信号不失真地加以放大（缺了谁都不行，谁不合适，起不到应有的作用也不行）。

另外，虽然图 1.35 中画出了直流电源 U_{CC} 和负载 R_L，但若没有 U_{CC} 和 R_L，放大器仍然是一个放大器，但放大器工作时必须有合适的直流电源，且通常接有负载。

1.2.4 放大电路的分析方法

对放大电路的分析，包括静态分析和动态分析，静态分析可确定电路的静态工作点，以判断电路能否正常放大，有图解法和估算法两种方法；而动态分析包括图解法和微变等效电路法，图解法可分析放大电路中电流、电压的对应变化情况，分析失真、输出幅值以及电路参数对电流电压波形的影响等，微变等效电路法可用来估算放大电路的性能指标，如 A_u、r_i 和 r_o 等。本节以共射基本放大电路为例进行分析。

1. 共射极放大电路的静态分析

在分析放大电路以前，对有关电压电流符号的规定进行说明。

在三极管及其构成的放大电路中，同时存在着直流量和交流量，而正弦信号是最重要的交流量，正弦交流量也称变化量。某一时刻的电压或电流的数值，称为总瞬时值，显然，它可以表示为直流分量和交流分量的叠加。为了能简单明了地加以区分，每个量都用相应的符号表示。它们的符号由基本符号和下标符号两部分组成：基本符号一般为一个字母，下标符号一般为一个或一个以上的字母。在基本符号中，大写字母表示相应的直流量，小写字母表示变化的分量，还用几个字母表示其他有关的量。下面以基极电流为例，说明各种符号所代表的意义：

I_B：基极直流电流；　　　　　　　　i_b：基极电流交流分量的瞬时值；

i_B：基极电流总的瞬时值；　　　　　I_b：基极电流的有效值（均方根值）；

$I_{B(AV)}$：基极电流的平均值；　　　　I_{bm}：基极电流交流分量的最大值（幅值）；

ΔI_B：基极直流电流的变化量；　　　Δi_B：基极电流总的变化量。

1）静态及其特点

在放大电路中，未加输入信号（$u_i = 0$）时，电路的工作状态称为直流状态或静止工作状态，简称静态。静态时，电路中各处的电压、电流都是固定不变的直流。静态是放大电路的基础，静态时应使三极管工作在放大区，以便为电路的放大创造条件。

2）静态工作点 Q 及其求法

静态时电路中具有固定的 I_B、U_{BE} 和 I_C、U_{CE}。它们分别确定三极管输入和输出特性曲线上的一个点，称为静态工作点，常用 Q 来表示。对应的直流量也用下标 Q 表示，如 I_{BQ}、U_{BEQ}、I_{CQ} 和 U_{CEQ}。所谓求静态工作点，就是在已知电路元件参数和电源电压的条件下求 I_{BQ}、I_{CQ} 和 U_{CEQ}。由于小信号放大电路中，u_{BE} 变化不大，故可近似认为 U_{BEQ} 是已知的：硅三极管的 $|U_{BE}| = 0.6 \sim 0.8\ V$，通常取 $0.7\ V$；锗三极管的 $|U_{BE}| = 0.1 \sim 0.3\ V$，通常取 $0.2\ V$。下面介绍静态工作点的两种求法。

（1）估算法。

由于放大电路的一个重要特点是交、直流并存，静态分析的对象是直流量，动态分析的对象是交流量。我们把放大电路在静态时直流电流流通的路径称为直流通路。静态分析要采用直流通路。由于放大电路中存在电抗性元件，它们对直流量和交流量呈现不同的阻抗。对于直流，相当于频率$f=0$，电容的容抗为无穷大，电感的感抗为0，因此在直流通路中，电容可看成开路，电感可看成短接。据此，可画出共射极放大电路的直流通路，如图1.36所示。

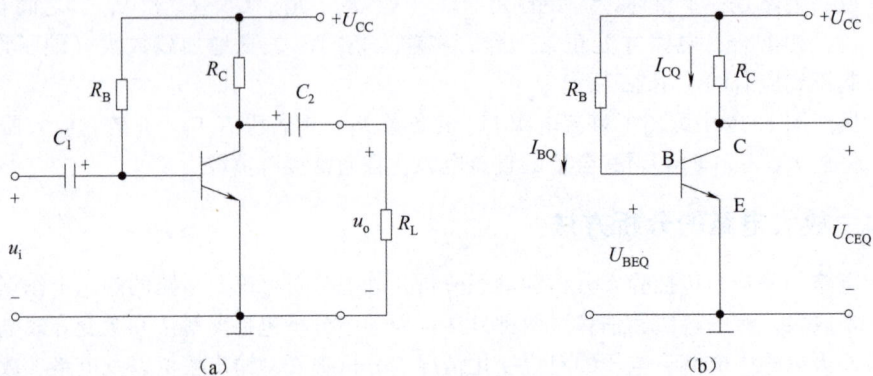

(a)

(b)

图1.36 共射极放大电路的直流通路

（a）基本电路；（b）直流通路

在已知电路参数时，根据直流通路可以求得

$$\begin{cases} I_{BQ} = \dfrac{U_{CC} - U_{BEQ}}{R_B} \\[2mm] I_{CQ} \approx \beta I_{BQ} \\[2mm] U_{CEQ} = U_{CC} - I_{CQ}R_C \end{cases} \qquad (1-18)$$

【例1.3】 在图1.36中，已知$U_{CC} = 20$ V，$R_B = 500$ kΩ，$R_C = 6.8$ kΩ，三极管为3DG12，$\beta = 40$，试求：（1）放大电路的静态工作点；（2）如果R_B由500 kΩ减小至250 kΩ，三极管的工作状态有何变化？

解：

（1）$I_{BQ} = \dfrac{U_{CC} - U_{BEQ}}{R_B} \approx \dfrac{U_{CC}}{R_B} = \dfrac{20}{500} = 40(\mu A)$

$\quad I_{CQ} \approx \beta I_{BQ} = 40 \times 0.04 = 1.6(mA)$

$\quad U_{CEQ} = U_{CC} - I_{CQ}R_C = 20 - 1.6 \times 6.8 = 9.12(V)$

（2）$I_{BQ} = \dfrac{U_{CC} - U_{BEQ}}{R_B} \approx \dfrac{U_{CC}}{R_B} = \dfrac{20}{250} = 80(\mu A)$

$\quad I_{CQ} \approx \beta I_{BQ} = 40 \times 0.08 = 3.2(mA)$

$\quad U_{CEQ} = U_{CC} - I_{CQ}R_C = 20 - 3.2 \times 6.8 = -1.76(V) \quad <0$

$U_{CEQ} < 0$，这是不合理的（$U_{CEQ} \geqslant 0$才对），I_{BQ}又大于零，这说明三极管处于饱和状态，这时的Q应按下式重新计算。

$$I_{BQ} = \dfrac{U_{CC} - U_{BEQ}}{R_B} \approx \dfrac{U_{CC}}{R_B} = \dfrac{20}{250} = 80(\mu A)$$

$$U_{CEQ} = U_{CES} \approx 0.3(V) \quad （若硅三极管取0.3 V，锗三极管取0.1 V）$$

$$I_{CQ} = I_{CS} = \dfrac{U_{CC} - U_{CES}}{R_C} \approx \dfrac{U_{CC}}{R_C} = \dfrac{20}{6.8} \approx 2.94(mA)$$

这也说明式（1-18）只有三极管工作在放大区时才成立。

（2）图解法。

在三极管的特性曲线上直接用作图的方法来分析放大电路的工作情况，这种分析方法称为特性曲线图解法，简称图解法。

利用图解法进行静态分析时，需要知道三极管的特性曲线和电路参数，I_{BQ}、U_{BEQ}、I_{CQ} 和 U_{CEQ} 都可以图解，但通常只图解 I_{CQ} 和 U_{CEQ}，I_{BQ} 仍按式（1-18）计算。下面仍以图 1.36 为例介绍图解法。

图 1.37（a）所示为静态时共射极放大电路的直流通路，它以虚线 AB 为界，将电路分为两个部分：左边为非线性部分，包括具有非线性特性的三极管和确定三极管偏流的 U_{CC}、R_B；右边为线性部分，由 U_{CC} 和 R_C 串联而成。A、B 两点间的电压为 u_{CE}，流过 A 点的电流为 i_C。

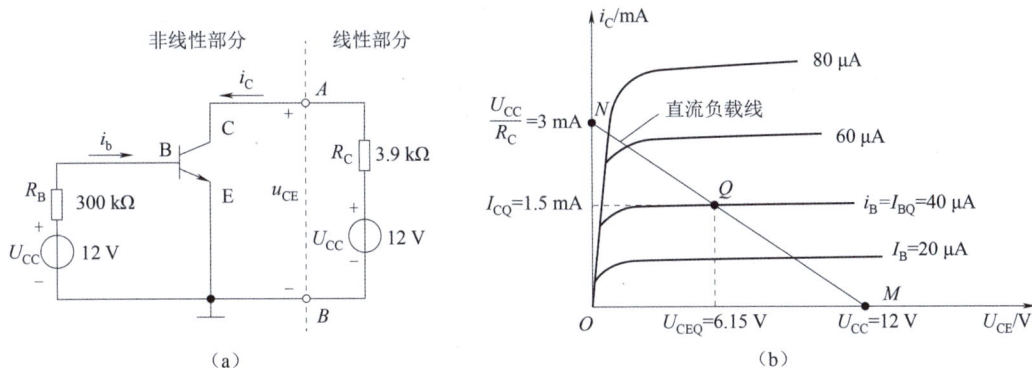

图 1.37　共射极放大电路的静态工作图解

（a）直流通路的分割；（b）图解分析

三极管的基极电流可由计算求得

$$I_{BQ} = \frac{U_{CC} - U_{BEQ}}{R_B} \approx \frac{U_{CC}}{R_B} = \frac{12}{300} = 40 (\mu A)$$

由于 $I_{BQ} = 40\ \mu A$，因此非线性部分的伏安特性就是对应于 $i_b = I_{BQ} = 40\ \mu A$ 的那一条输出特性曲线 $i_C = f(u_{CE})\big|_{i_B = 40\ \mu A}$，而线性部分的伏安特性由下列方程所确定。

$$u_{CE} = U_{CC} - i_C R_C$$

上式表示在 i_C-U_{CE} 平面内的一条直线，该直线和两个坐标轴的交点为 M（U_{CC}，0）、N（0，U_{CC}/R_C），在图 1.37（a）中电路所给参数的条件下，交点为 M（12 V，0 mA）和 N（0 V，3 mA），直线 MN 的斜率为（$-1/R_C$），它是由三极管的集电极电阻 R_C 决定的，且此直线方程表示放大电路输出回路中电压和电流的直流量之间的关系，所以直线 MN 称为直流负载线。改变 I_{BQ}，Q 点将沿 MN 线移动，因此直线 MN 为静态工作点移动的轨迹。

由于直流通路的线性部分和非线性部分实际上是接在一起构成一个整体，因此直流负载线 $u_{CE} = U_C - i_C R_C$ 和 $i_C = f(u_{CE})\big|_{i_B = 40\ \mu A}$ 曲线的交点 Q 的坐标对应的电流、电压值，就是同时满足曲线和直线的解，就是所求的静态工作点，如图 1.37（b）所示。本例中 Q 点坐标对应的电流、电压值是：$I_{CQ} = 1.5\ mA$，$U_{CEQ} = 6.15\ V$，就是所求的静态工作点。

（3）两种求静态工作点 Q 方法的比较。

图解 Q 需要知道三极管的特性曲线，这点不容易，因为三极管参数的分散性较大，并且整个过程较繁；而估算法，简单易行，故以后求静态工作点 Q 时以估算法为主。

3）静态工作点的调整（调整 R_B）

实际放大电路，当电路形式和参数确定之后，调整静态工作点 Q 一般是调整基极电阻 R_B，这是因为：R_B 变→I_{BQ} 变→I_{CQ} 变→U_{CEQ} 变，若要求放大器有较大的动态范围，对共射基本电路来说，应使 $U_{CEQ} \approx \dfrac{1}{2} U_{CC}$。

2. 共射极放大电路的动态图解分析

放大电路的动态分析，包括动态图解分析和微变等效电路分析，下面先进行图解分析。

1) 动态及其特点

当放大器输入交流信号后（$u_i \neq 0$），电路处于交流状态或动态工作状态，简称动态。动态时电路中的 i_B、i_C 和 u_{CE} 将在静态（直流）的基础上随输入信号 u_i 做相应的变化，但只有大小的变化，没有方向（极性）的变化（当然要求静态值大于交流分量的幅值，三极管始终工作在放大区）。

2) 交流通路及其画法

动态时电路中的电压、电流交直流并存。把电路在动态时交流电流流通的路径称为交流通路，动态分析则采用交流通路。

由于放大电路中存在电抗性元件，它们对直流量和交流量呈现不同的阻抗，因此直流通路和交流通路是不同的。在交流通路中，大容量的电容因容抗很小可看成短接，电感量大的电感因感抗很大可看成开路，而直流电源因其两端电压基本恒定不变（其电压变化量为零）可看成短接（但不能真短接），恒定的电流源可看成开路。

根据上述原则，由于大容量的耦合电容，对交流可看成短接，而直流电源可看成交流短接，因此可画出共射基本放大电路的交流通路，如图 1.38 所示，其中图 1.38（c）为交流通路的习惯画法。

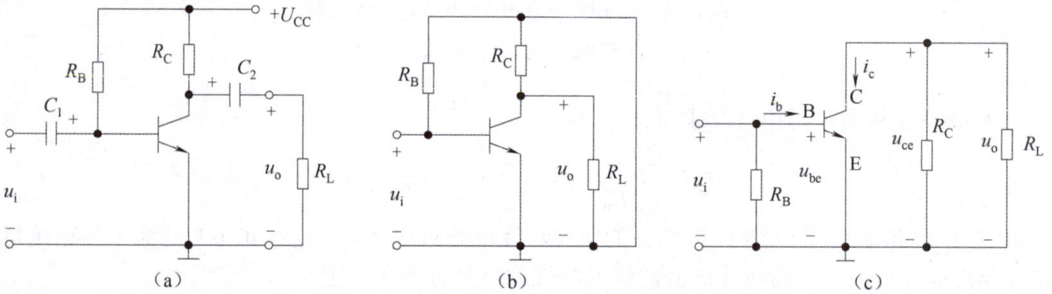

图 1.38　共射基本放大电路的交流通路
（a）基本电路；（b）交流通路；（c）习惯画法

3) 交流负载线

静态工作点确定后，在输入信号作用下，放大电路处于动态工作情况，电流和电压在静态直流分量的基础上，同时产生了交流分量。因此，Q 点为交流分量的起始点或零点。

对于交流分量，就要采用图 1.38（c）所示的交流通路进行分析。由图 1.38 可知，集电极交流电流 i_c 流过 R_C 与 R_L 并联后的等效电阻 R_L'，即 $R_L' = R_C // R_L$。显然，R_L' 为输出回路中交流通路的负载电阻，因此称为放大电路的交流负载电阻。

由于 $i_c = i_C - I_{CQ}$，因此可得，$u_{CE} - U_{CEQ} = -(i_C - I_{CQ}) R_L'$，整理为

$$u_{CE} = (U_{CEQ} + I_{CQ} R_L') - i_C R_L' \tag{1-19}$$

上式表明，动态时 i_C 与 u_{CE} 的关系仍为一直线，该直线的斜率为 $(-1/R_L')$，它由交流负载电阻 R_L' 决定，且这条直线通过工作点 $Q(U_{CEQ}, I_{CQ})$。因此，只要过 Q 点作一条斜率为 $(-1/R_L')$ 的直线，就代表了由交流通路得到的负载线，称它为交流负载线，如图 1.39 中的直线 AB。不难理解，Q 点是交流负载线与直流负载线的交点。

由式（1-19）可得到交流负载线与两坐标轴的交点：$A(U_{CEQ} + I_{CQ} R_L', 0)$、$B(0, I_{CQ} + U_{CEQ}/R_L')$。

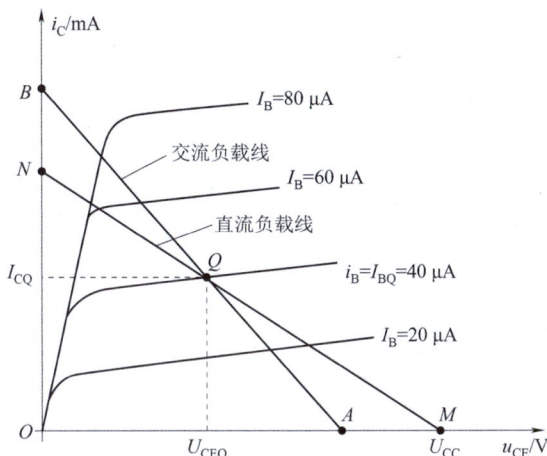

图 1.39　交流负载线

因此，在作出直流负载线并确定 Q 点后，连接 Q、A 两点的直线为交流负载线，它延长交纵轴于 B 点。

交流负载线的意义：在输入信号 u_i 的作用下，i_B、i_C 和 u_{CE} 都随着 u_i 而变化，此时工作点（u_{CE}，i_C）将沿着交流负载线移动，成为动态工作点，所以交流负载线是动态工作点移动的轨迹，它反映了交、直流共存的情况下，u_{CE} 和 i_C 对应变化的关系。此时，若负载开路，则 $R'_L = R_C$，说明交、直流负载线重合；若接上负载，由于 $R'_L < R_C$，说明这时交流负载线比直流负载线要陡。

4）电压和电流波形的图解

（1）电压和电流波形在 ωt 轴上的动态图解分析。

静态时，U_C 通过 R_B 和信号源（此时 $u_i = 0$）给 C_1 充电，U_{CC} 通过 R_C 和负载给 C_2 充电，使 C_1 和 C_2 两端的电压分别为 U_{BEQ} 和 U_{CEQ}。

当正弦信号 u_i 输入时，发射结两端电压 u_{BE} 等于 u_i 与电容 C_1 两端电压 U_{BEQ} 之和，即在静态值 U_{BEQ} 的基础上变化了 u_{be}（$u_{be} = u_i$）。

$$u_{BE} = U_{BEQ} + u_{be} = U_{BEQ} + u_i \qquad (1-20)$$

如果（$U_{BEQ} - U_{im}$）$> U_{on}$（这时 u_{BE} 为单向的脉动电压），则在 u_i 的整个周期内，三极管均工作在输入特性曲线的线性区域，i_B 随 u_{BE} 的变化而变化。因此，i_B 也在静态值的基础上变化了 i_b，即

$$i_B = I_{BQ} + i_b \qquad (1-21)$$

由于三极管的电流放大作用，则

$$i_C = \beta i_B = \beta I_{BQ} + \beta i_b \approx I_{CQ} + i_c \qquad (1-22)$$

式中，$I_{CQ} \approx \beta I_{BQ}$，$i_c = \beta i_b$，该式说明，集电极电流 i_C 也在静态值 I_{CQ} 的基础上叠加了交流分量 i_c。

$u_{CE} = U_C - i_C R_C$，因此，$u_i = 0$ 时，$i_C = I_{CQ}$，$U_{CEQ} = U_{CC} - I_{CQ} R_C$；当 u_i 加入时，由于 $i_C = I_{CQ} + i_c$，则

$$u_{CE} = U_{CC} - i_C R_C = (U_{CC} - I_{CQ} R_C) - i_c R_C = U_{CEQ} + u_{ce} \qquad (1-23)$$

式中，$u_{ce} = -i_c R_C$，该式表明，u_{CE} 也在静态值 U_{CEQ} 基础上变化了 u_{ce}。

u_{CE} 中的直流成分 U_{CEQ} 被耦合电容 C_2 隔断，交流成分 u_{ce} 经 C_2 传送到输出端，则

$$u_o = u_{ce} = -i_c R_C \qquad (1-24)$$

式中，负号表明 u_o 与 i_c 相位相反。由于 i_c 与 i_b、u_i 相位相同，因此 u_o 与 u_i 相位相反。电路中相应的电流、电压波形示于图 1.40 中。

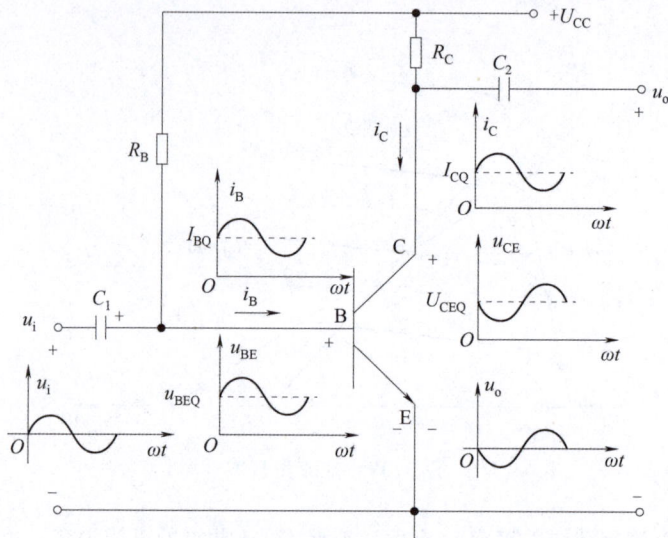

图 1.40　电压和电流波形在 ωt 轴上的动态图解分析

（2）电压和电流波形在特性曲线上的动态图解分析。

在确定静态工作点和交流负载线的基础上，在三极管的特性曲线上可画出有关电压和电流的波形。

先假设 u_i 为幅值很小的正弦输入信号，将 Q 点作为 $u_{be} = u_i$ 的零点，画出 u_{BE} 的波形，如图 1.41（a）所示，于是在输入特性曲线上由 u_{BE} 波形画出 i_B 波形。由图 1.41 可知，当 u_i 为最大值时，工作点为 Q'，此时 i_B 最大；当 u_i 为最小值时，工作点为 Q''，此时 i_B 最小。

然后在输出特性曲线上，根据 i_B 变化的最大值找出对应的曲线，这两条曲线与交流负载线 AB 的交点分别为 C 和 D，如图 1.41（b）所示。C 和 D 之间为输出回路工作点移动的轨迹，称为动态工作范围。于是可画出相应的 i_C、u_{CE} 波形，如图 1.41（b）所示。由图 1.41 可以看出，u_o 与 u_i 的变化方向相反，这种现象称为"反相"或"倒相"。

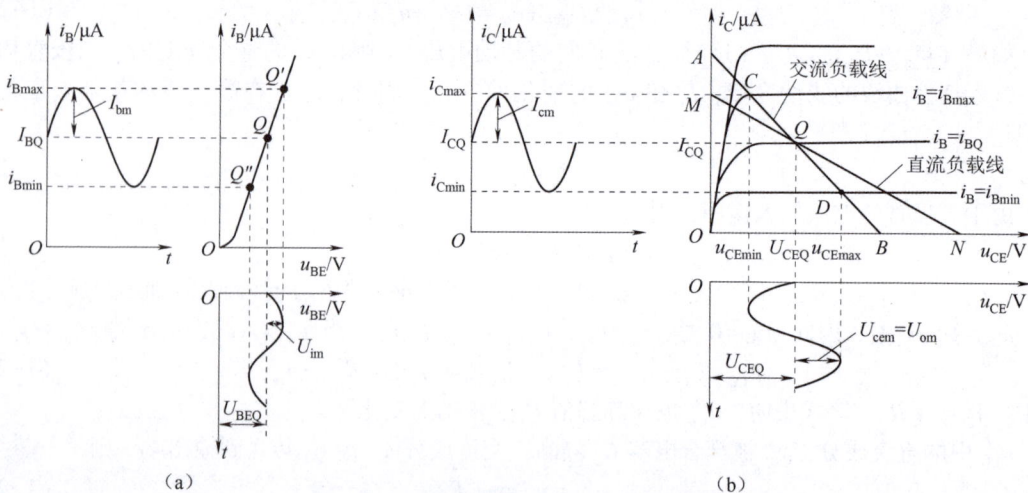

（a）　　　　　　　　　　　　　　　　　　　（b）

图 1.41　在特性曲线上的动态工作图解

（a）输入回路图解；（b）输出回路图解

5）静态工作点对波形的影响

在放大电路中，尽管放大的对象是交流信号，但它只有叠加在一定的直流分量基础上才能得到正常放大，否则若静态工作点位置选择不当，输出信号的波形将产生失真。

当工作点偏低，接近截止区，而信号的幅度相对又比较大时，输入电压负半周的一部分使动态工作点进入截止区（这段时间内，$u_{CE} \approx U_{CC}$，$i_C \approx 0$，不随时间变化），于是集电极电流的负半周和输出电压的正半周被削去相应的部分。这种失真是由于静态工作点偏低使三极管在部分时间内进入截止区而引起的，称为截止失真。

同理，当工作点偏高，接近饱和区，而信号的幅度相对又比较大时，输入电压正半周的一部分使动态工作点进入饱和区（这段时间内，$u_{CE} \approx U_{CES} \approx 0$，$i_C = I_{CS} \approx \dfrac{U_{CC}}{R_C}$，不随时间变化），$i_c$ 的正半周和 u_{ce} 的负半周被削去一部分，这种失真是由于静态工作点偏高使三极管在部分时间内进入饱和区而引起的，称为饱和失真。

为了避免产生失真，要求合理选取静态工作点 Q，使放大电路在整个动态过程中三极管始终工作在放大区。其中，改变 R_B 是常用的调整工作点的方法。

综上所述，下述两点要加以注意。

（1）电路中的电流 i_B、i_C 和电压 u_{BE}、u_{CE} 都是由直流量和交流量叠加而成的，放大电路处于交、直流并存的状态，虽然交流量的大小和方向（或极性）在不断变化，但由于直流量的存在，总的瞬时值都是单向脉动信号（只有大小的变化，而无方向或极性的变化）。

（2）静态和动态的关系。静态是基础，为电路的放大创造条件，而动态时不失真地放大交流信号是目的。不管是在静态还是在动态，三极管都应工作在放大区，否则输出波形将产生失真。

3. 放大电路的工作原理

以上讨论了共射放大电路的组成、静态和动态分析，现在再来看放大器的工作原理，如图 1.42 所示。

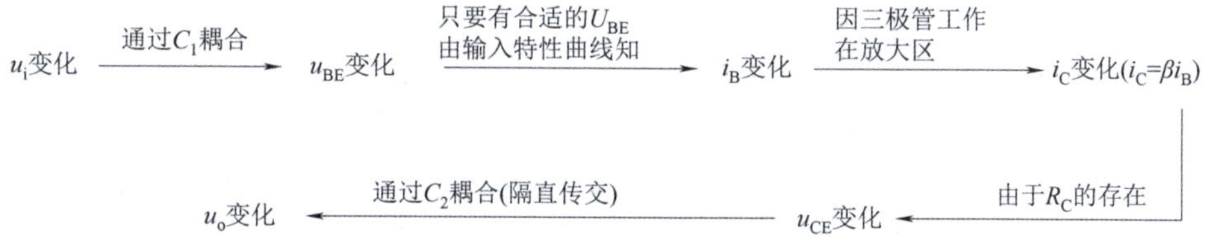

u_i变化 ──通过C_1耦合──→ u_{BE}变化 ──只要有合适的U_{BE}由输入特性曲线知──→ i_B变化 ──因三极管工作在放大区──→ i_C变化（$i_C=\beta i_B$）

u_o变化 ←──通过C_2耦合(隔直传交)── u_{CE}变化 ←──由于R_C的存在──

图 1.42　放大器工作原理示意图

只要适当选择电路参数，可使 u_o 的幅值比 u_i 的幅值大得多，从而实现电压放大的目的。

1.2.5　微变等效电路法

虽然动态图解法能从三极管特性曲线上直观地了解到放大器的工作情况，但它比较麻烦，且需要准确知道三极管的输入、输出特性曲线（这一点较难）。下面介绍放大器的另一种动态分析法——微变等效电路法。

曲线的一小段可以用直线来近似代替。三极管这个非线性器件，当工作在放大区，在输入小信号作用下，其 i_B、i_C 和 u_{CE} 将在特性曲线静态的基础上随输入信号做微小变化时，可以用线性的电路模型来近似代替——等效替换，从而把三极管这个非线性元件所组成的电路，当作线性电路来处理，这就是引出微变等效电路的出发点。这种方法把电路理论与半导体器件结合起来，利用线性电路的分析方法，便可对放大电路的动态进行分析，从而求出放大器的一些动态性能指标，如电压放大倍数 A_u、输入电阻 r_i 和输出电阻 r_o 等。这就是微变等效电路分析法，简称微变等效电路法。

这里说的"微变"是指微小变化的信号，即小范围变化的信号。

1. 三极管的低频、简化微变等效电路

三极管的特性曲线从总体来说是非线性的，但当工作在放大区，在低频小信号的输入信号作用下，其 i_B、u_{BE} 和 i_C、u_{CE} 在静态工作点的基础上随输入信号做微小变化时，小范围内三极管特性的非线性已不明显，可以用线性的电路模型来近似等效代替。

1）从输入特性曲线上求三极管输入回路等效电路

对于图 1.43 所示的工作在放大区的共射接法的三极管，其输入电流为 i_b，输入电压为 u_{be}，由于 i_b 主要取决于 u_{be}，而与 u_{ce} 基本无关，故从输入端 B、E 极看进去，三极管相当于一个电阻 $r_{be} = \dfrac{u_{be}}{i_b} = \left.\dfrac{\Delta u_{BE}}{\Delta i_B}\right|_{\text{在}Q\text{附近}}$，其几何意义是，输入特性曲线上 Q 点处切线斜率的倒数，如图 1.43（a）所示。常用来求 r_{be} 的估算公式为

$$r_{be} = 200 + (1+\beta)\frac{26}{I_{EQ}} \approx 200 + \frac{26}{I_{BQ}} \tag{1-25}$$

由式（1-25）和输入特性曲线可以看出，同一个三极管的 r_{be} 随静态工作点 Q 的不同而变化，Q 越高，r_{be} 越小。通常小功率硅三极管，当 $I_{CQ} = 1 \sim 2$ mA 时，r_{be} 约为 1 kΩ。

2）从输出特性曲线求三极管输出回路等效电路

共射接法三极管的输出电流为 i_c，输出电压为 u_{ce}，由于 i_c 主要取决于 i_b 而与 u_{ce} 基本无关，如图 1.43（b）所示，故从输出端 C、E 极看进去，三极管相当于一个受控电流源 $i_c = \beta i_b$。

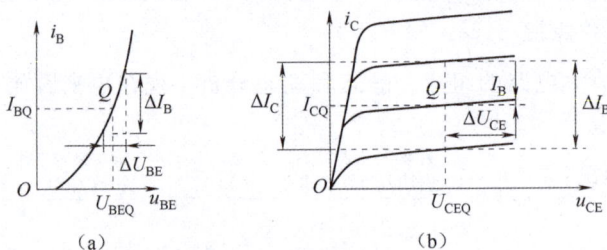

图 1.43 三极管特性曲线

（a）输入特性曲线；（b）输出特性曲线

3）三极管的低频、简化微变等效电路

根据上述分析，可画出图 1.44 所示的低频、简化微变等效电路。由于该等效电路忽略了三极管结电容和 u_{ce} 对 i_c、i_b 的影响，所以它是"简化"的；由于三极管的电压、电流都在静态的基础上只有微小的变化，所以它是"微变"的。

显然，三极管的低频、简化微变等效电路是用 r_{be} 代表三极管的输入特性；用受控电流源 βi_b 代表三极管的输出特性。

此外，上述等效电路不仅适用于 NPN 管，也适用于 PNP 管，当然要求三极管必须工作在放大区并且是在工作点附近的微变工作情况。

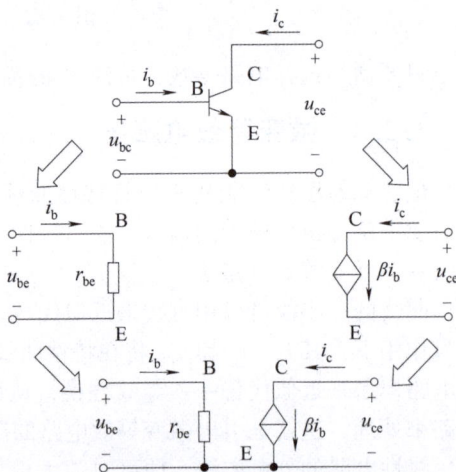

图 1.44 三极管的微变等效电路

2. 放大电路的微变等效电路分析

1）微变等效电路法的主要步骤

（1）画出放大电路的微变等效电路。

其方法是：把放大电路中的电容和直流电源看作短接，用导线代替，其中的三极管用其微变等效电路来代替，标出电压和电流的参考方向，就得到放大电路的微变等效电路。

（2）求放大电路的性能指标。

根据放大电路的微变等效电路，用解线性电路的分析方法求出放大电路的性能指标，如 A_u、r_i 和 r_o 等。

2）微变等效电路分析

下面仍以共射极放大电路为例，说明如何用微变等效电路法进行动态分析。

有关电路如图 1.45（a）所示，该电路的交流通路如图 1.45（b）所示，其微变等效电路如图 1.45（c）所示，其中信号源 u_s 及内阻 R_s 也画在上面。

由图 1.45（c）可得 $u_i = i_b r_{be}$，$u_o = -i_c (R_C /\!/ R_L) - \beta i_b R'_L$，故电压放大倍数

$$A_u = \frac{u_o}{u_i} = -\frac{\beta R'_L}{r_{be}} \tag{1-26}$$

式中，$R'_L = R_C /\!/ R_L$，负号表示共射电路的倒相作用，上式也说明了 A_u 的大小与 β、R'_L 和 r_{be} 之间的关系。

又由图 1.45（c）得 $u_i = i_i (R_B /\!/ r_{be})$，考虑到 $R_B \gg r_{be}$，故输入电阻

$$r_i = \frac{u_i}{i_i} = R_B /\!/ r_{be} \approx r_{be} \tag{1-27}$$

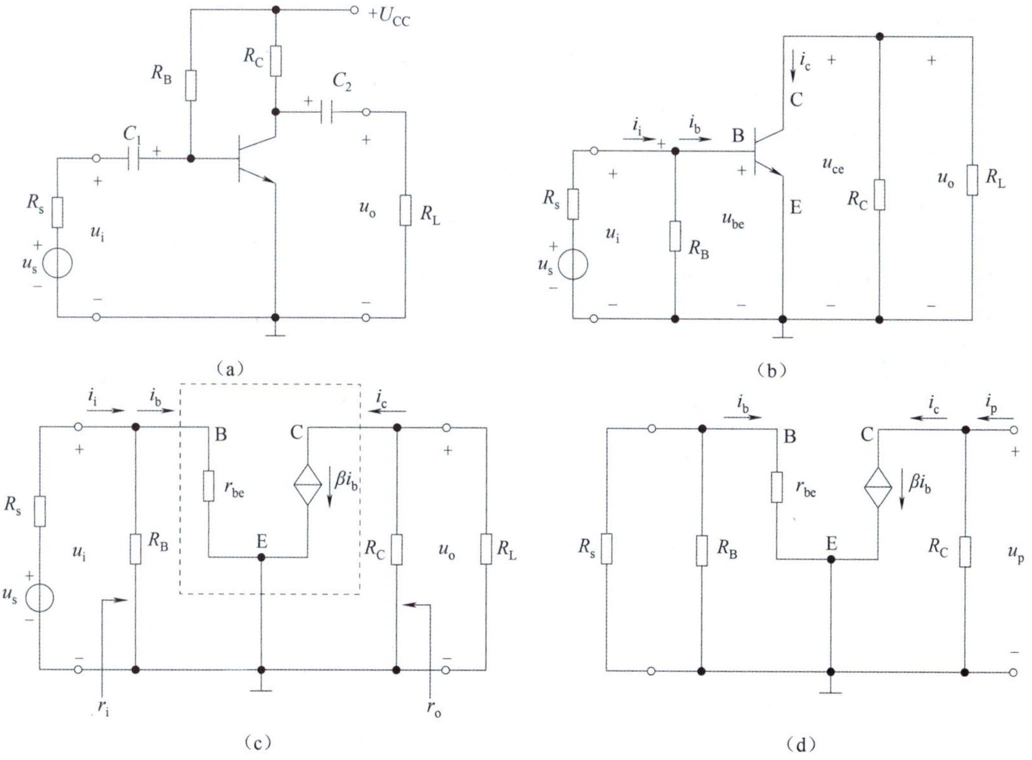

图 1.45　共射极放大电路的微变等效电路分析
（a）基本电路；（b）交流通路；（c）微变等效电路；（d）求输出电阻的等效电路

用试探法求输出电阻 r_o，应使图 1.45（c）中的 $u_s = 0$（但保留其内阻 R_s）且移去 R_L，并在输出端加一试探电压 u_p，u_p 引起的试探电流是 i_p，如图 1.45（d）所示。由图 1.45 可以看出，由于 $u_s = 0$，则 $i_b = 0$，因此 $i_c = \beta i_b = 0$，受控电流源相当于开路，于是 $u_p = i_p R_C$，则

$$r_o = \frac{u_p}{i_p}\bigg|_{\substack{R_L=\infty \\ u_s=0}} = R_C \tag{1-28}$$

以上介绍了放大电路的三种基本分析方法：图解法、估算法和微变等效电路法。分析放大电路时一般遵循下述的规律：用估算法确定工作点；用微变等效电路法求动态指标（小信号时）；用图解法求最大输出幅值，分析波形失真，尤其是低频功率放大电路采用图解法最为适用。

1.2.6　静态工作点稳定电路

静态工作点稳定电路也称分压式偏置电路。所谓静态工作点的稳定，是指稳定静态时的 I_{CQ}、U_{CEQ} 值。我们知道，一个性能良好的放大电路，必须设置一个合适的静态工作点并且能够稳定。但是，当环境温度变化（或更换三极管）时，共射基本放大电路的工作点将发生变动，严重时将导致电路不能正常工作。

引起工作点变化的因素很多，但主要是三极管参数（I_{CBO}、U_{BE}、β）随温度变化造成的。当温度升高时，I_{CBO} 急剧增大，$|U_{BE}|$ 减小（温度系数约为 -2.2 mV/℃），β 增大（温度每升高 1 ℃，β 增加 $0.5\%\sim1\%$）。对于共射基本放大电路，由于 $I_B = (U_C - |U_{BE}|)/R_B$，$|U_{BE}|$ 的减小将导致 I_B 增大。考虑到 $I_C = \beta I_B + (1+\beta)I_{CBO}$，温度升高时 β、I_B 和 I_{CBO} 的增大，将使 I_C 迅速增大，工作点就上移了。因此，应当想办法稳定电路的静态工作点。

应当指出，在工业上批量生产电子产品时，由于三极管参数的分散，同一型号三极管的参数将有较大的不同，因此它的影响和温度变化造成的影响很相似。为了减少调试时间，降低生产成本，希望电路对三极管参数具有较好的适应性，即当三极管参数变化时，其静态电流 I_{CQ} 基本不变。共射基本放大电路不能满足上述要求。

1. 静态工作点稳定电路的组成和原理

为了稳定工作点，可以把放大电路置于恒温设备中，但代价太高，很少采用，一般多从改进电路入手，即在承认温度变化使工作点变化的前提下，通过电路的改进尽量减小这种变化对电路的影响。静态工作点稳定电路就是具有稳定工作点作用的常用电路。

1）电路组成

如图 1.46 所示静态工作点稳定电路。

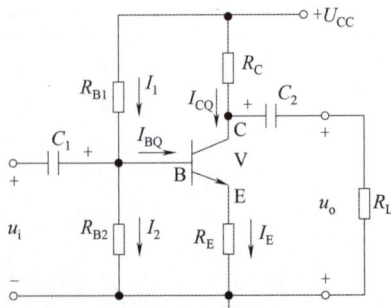

图 1.46　静态工作点稳定电路

2）稳定工作点的原理

分压式偏置电路的特点之一，是利用 R_{B1} 和 R_{B2} 组成的分压器来稳定基极电位 U_B。由图 1.46 可以看出，当流过 R_B 的电流 $I_1 \approx I_2 > I_{BQ}$ 时，$U_B \approx R_{B2}U_{CC}/(R_{B1}+R_{B2})$。因此，当电路参数确定后，$U_B$ 基本不变，与温度基本无关。

分压式偏置电路的特点之二，是利用发射极电阻 R_E 的负反馈作用来稳定 I_C。如果温度升高使 I_C 增大，则 I_E 也增大，发射极电位 $U_E = I_E R_E$ 升高。

由于 $U_{BE} = U_B - U_E$，故 U_{BE} 减小，由三极管输入特性曲线可知，I_B 也减小，于是限制了 I_C 的增大，其总的效果是使 I_C 基本不变。上述稳定过程可表示为

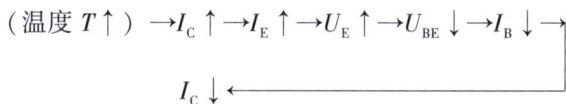

$$（温度 T\uparrow）\rightarrow I_C\uparrow \rightarrow I_E\uparrow \rightarrow U_E\uparrow \rightarrow U_{BE}\downarrow \rightarrow I_B\downarrow \rightarrow$$

$$I_C\downarrow \leftarrow$$

这样，温度升高引起的 I_C 的增大将被电路本身造成的 I_C 的减小所牵制。这种将输出量（这里是输出电流 I_C）送回到输入回路（这里是通过 R_E），进而控制输入回路的某一电量（这里是 U_{BE}）的作用，称为反馈。如果反馈的结果是使输出量的变化减弱，则称为负反馈。这个电路是通过输出电流 I_C 的作用产生负反馈，又利用 R_{B1} 和 R_{B2} 作为分压器，从而实现稳定 I_C 的目的，所以称为分压式电流负反馈偏置稳定电路，简称分压式偏置电路。

实际上，如果满足 $U_B > U_{BE}$，则 $U_E = U_B - U_{BE} \approx U_B$，$I_C \approx I_E = U_E/R_E \approx U_B/R_E$。由于 U_B 基本不变，因此 I_C 也基本稳定不变，即 I_C 基本不受温度和三极管 β 值变化的影响。

综上所述，分压式偏置电路的稳定条件为：$I_1 \approx I_2 \gg I_{BQ}$ 并且 $U_B > U_{BE}$，否则，有形无质，I_C 不能稳定。今后如不特别说明，都认为这个电路满足上述稳定条件。

2. 静态工作点稳定电路的分析及改进

1）静态分析

在满足稳定条件下，不难得到

$$U_B \approx \frac{R_{B2}}{R_{B1}+R_{B2}}U_{CC} \tag{1-29}$$

$$I_{CQ} \approx I_E = \frac{U_B-U_{BE}}{R_E} \approx \frac{U_B}{R_E} \tag{1-30}$$

$$U_{CEQ} = U_{CC}-I_{CQ}R_E-I_ER_E \approx U_{CC}-I_{CQ}(R_E+R_C) \tag{1-31}$$

$$I_{BQ} \approx \frac{I_{CQ}}{\beta} \tag{1-32}$$

应当指出，式（1-30）中若 $U_B > U_{BE}$ 得不到满足，则 U_{BE} 不能忽略。

【例1.4】在图 1.46 所示的分压式偏置电路中，若 $R_{B1}=75\ k\Omega$，$R_{B2}=18\ k\Omega$，$R_C=3.9\ k\Omega$，$R_E=1\ k\Omega$，$R_L=3.9\ k\Omega$，$U_{CC}=9\ V$。三极管的 $U_{BE}=0.7\ V$，$U_{CE(sat)}=0.3\ V$，$\beta=50$。（1）试确定静态工作点；（2）若更换三极管，使 β 变为 100，其他参数不变，确定此时的工作点。

$$U_B \approx \frac{R_{B2}}{R_{B1}+R_{B2}}U_{CC} = \frac{18}{75+18}\times 9 \approx 1.7(V)$$

$$I_{CQ} \approx \frac{U_B-U_{BE}}{R_E} = \frac{1.7-0.7}{1} = 1(mA)$$

$$U_{CEQ} \approx U_{CC}-I_{CQ}(R_C+R_E) = 9-1\times(3.9+1) = 4.1(V)$$

$$I_{BQ} \approx \frac{I_{CQ}}{\beta} = \frac{1}{50}(mA) = 20(\mu A)$$

当 $\beta=100$ 时，由上述计算过程可以看到，U_B、I_{CQ} 和 U_{CEQ} 与（1）相同，$I_{BQ} \approx 10~\mu A$。而由该例可知，对于更换三极管引起 β 的变化，分压式偏置电路能够自动改变 I_{BQ} 以抵消 β 的影响，使静态工作点基本保持不变（指 I_{CQ}、U_{CEQ} 保持不变）。

2）动态分析

用微变等效电路法求放大电路的动态性能指标 A_u、r_i 和 r_o，画出放大电路的微变等效电路，如图 1.47（a）所示。

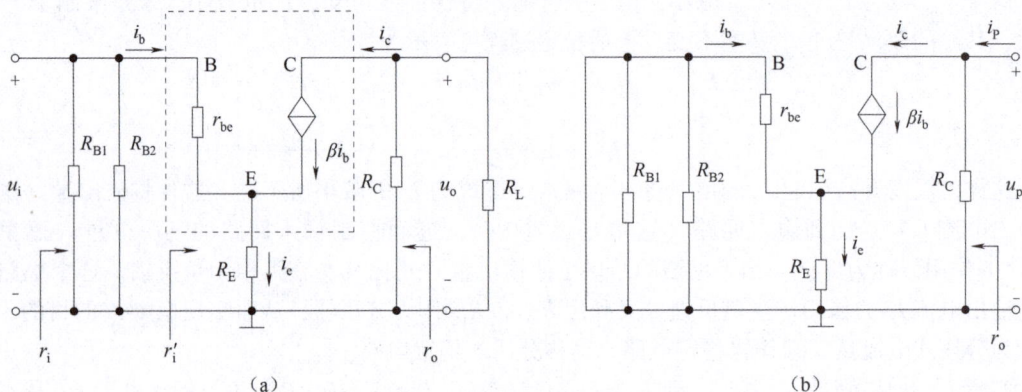

图 1.47　静态工作点稳定电路的微变等效电路

（a）微变等效电路；（b）求 r_o 的电路

由图 1.47（a）得

$$u_i = i_b r_{be} + i_e R_E = i_b \left[r_{be} + (1+\beta) R_E \right]$$

$$u_o = -i_c (R_C /\!/ R_L) = -\beta R_L' i_b$$

式中，$R_L' = R_C /\!/ R_L$，则电压放大倍数

$$A_u = \frac{u_o}{u_i} = \frac{-\beta R_L'}{r_{be} + (1+\beta) R_E} \tag{1-33}$$

$$r_i' = \frac{u_i}{i_b} = r_{be} + (1+\beta) R_E \tag{1-34}$$

$$r_i = R_{B1} /\!/ R_{B2} /\!/ r_i' = R_{B1} /\!/ R_{B2} /\!/ \left[r_{be} + (1+\beta) R_E \right] \tag{1-35}$$

求 r_o 的等效电路如图 1.47（b）所示，由该图可得 $i_b r_{be} + i_e R_E = 0$，即

$$i_b \left[r_{be} + (1+\beta) R_E \right] = 0$$

$$i_b = 0, i_c = \beta i_b = 0 \tag{1-36}$$

$$r_o = \frac{u_P}{i_P} = R_C$$

可以看出，由于 R_E 的作用，该电路与共射基本放大电路相比，$|A_u|$ 下降、r_i 增大。

【例 1.5】仍以例 1.4 的电路和参数为例，利用微变等效电路求其动态指标 A_u、r_i 和 r_o。

解： 先求 r_{be}

$$r_{be} \approx 200 + \frac{26}{I_{BQ}} = 200 + \frac{26}{20 \times 10^{-3}} = 1\,500(\Omega) = 1.5(k\Omega)$$

直接利用上面的结果可得电压放大倍数

$$A_u = \frac{u_o}{u_i} = \frac{-\beta R_L'}{r_{be} + (1+\beta)R_E} = -\frac{50 \times 1.95}{1.5 + 51 \times 1} \approx -1.86$$

输入电阻

$$r_i = R_{B1} /\!/ R_{B2} /\!/ r_i' = R_{B1} /\!/ R_{B2} /\!/ [r_{be} + (1+\beta)R_E] = 75 /\!/ 18 /\!/ (1.5 + 51 \times 1) \approx 11.4(\text{k}\Omega)$$

输出电阻

$$r_o = \frac{u_p}{i_p} = R_C = 3.9 \text{ k}\Omega$$

1.2.7 共集电路与共基电路

由放大电路的交流通路可知，输入、输出回路的公共端与三极管三个电极连接方式不同，放大电路有共射、共集和共基三种基本电路。前面分析了共射电路，本节对共集电路和共基电路分别予以讨论。

1. 共集电路

1）电路组成

图 1.48（a）所示为共集电极放大电路，简称共集电路。图 1.48（b）所示为其交流通路，由图可见，集电极与输入、输出回路的公共端相接。由于负载电阻 R_L 接在发射极上，信号从发射极输出，故也称射极输出器。

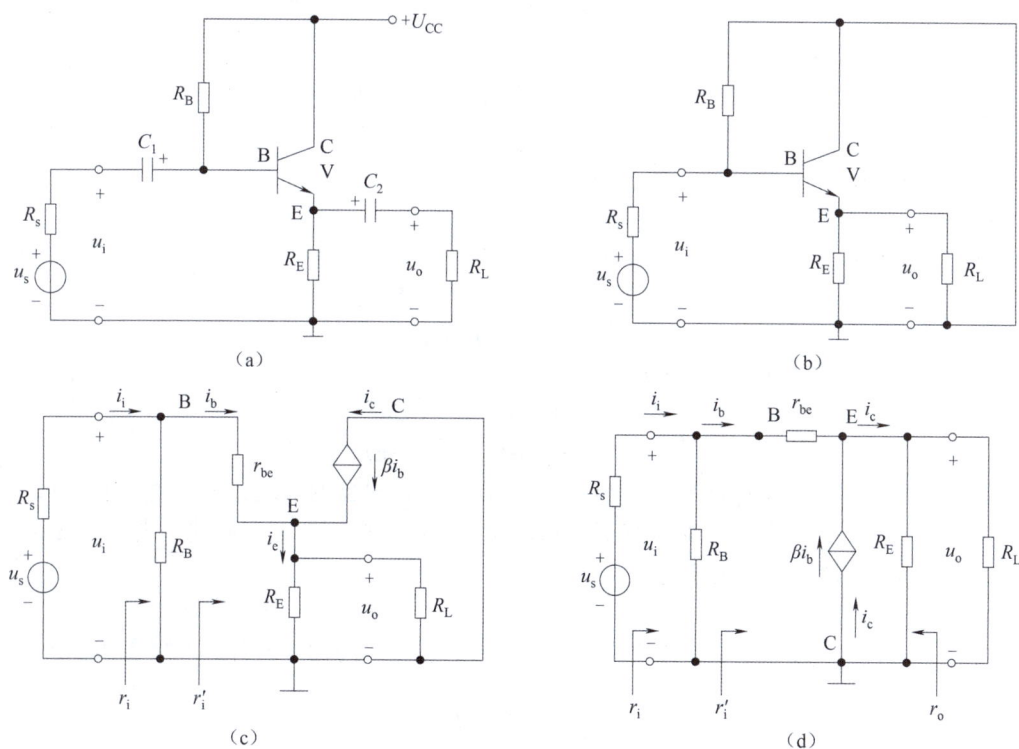

图 1.48 共集电极放大电路

（a）基本电路；（b）交流通路；（c）微变等效电路；（d）微变等效电路的另一种画法

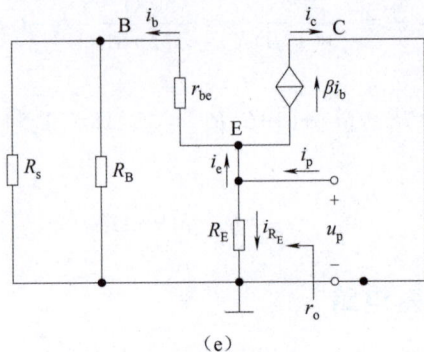

图 1.48　共集电极放大电路（续）

(e)　求 r_o 的等效电路

2）静态分析

根据射极输出器的直流通路，可直接列出基极回路的方程

$$I_{BQ}R_B + U_{BE} + I_E R_E = U_{CC} \tag{1-37}$$

则

$$I_{BQ} = \frac{U_{CC} - U_{BE}}{R_B + (1+\beta)R_E} \tag{1-38}$$

$$I_{CQ} \approx \beta I_{BQ}$$

$$U_{CEQ} = U_{CC} - I_E R_E \approx U_{CC} - I_{CQ}R_E$$

3）动态分析

射极输出器的微变等效电路如图 1.48（c）、（d）所示。

（1）电压放大倍数 A_u。

设 $R_L' = R_E // R_L$，由图 1.48（c）的输入回路可得

$$u_i = i_b r_{be} + i_e R_L' = i_b \left[r_{be} + (1+\beta)R_L' \right]$$

$$u_o = i_e R_L' = (1+\beta)R_L' i_b$$

因为 $\beta > 1$，由上述两式可求出电压放大倍数

$$A_u = \frac{u_o}{u_i} = \frac{(1+\beta)R_L'}{r_{be} + (1+\beta)R_L'} \approx \frac{\beta R_L'}{r_{be} + \beta R_L'} \tag{1-39}$$

显然 $A_u < 1$，但由于一般 $\beta R_L' \gg r_{be}$，故 $A_u \approx 1$，即射极输出器的电压放大倍数略小于 1。由于 $A_u \approx 1$，所以 $u_o \approx u_i$，即 u_i 与 u_o 幅值相近、相位相同，输出电压紧紧跟随输入电压的变化而变化，因此，共集电路也称射极跟随器。

（2）输入电阻。

由于 $u_i = i_b \left[r_{be} + (1+\beta)R_L' \right]$，故在图 1.48（c）中，从基极与地之间看进去的等效电阻

$$r_i' = \frac{u_i}{i_b} = r_{be} + (1+\beta)R_L'$$

则放大电路的输入电阻

$$r_i = R_B // r_i' = R_B // \left[r_{be} + (1+\beta)R_L' \right] \tag{1-40}$$

考虑到 $\beta > 1$ 且 $(1+\beta)R_L' \approx \beta R_L' \gg r_{be}$，故

$$r_i = R_B // \left[r_{be} + (1+\beta)R_L' \right] \approx R_B // \beta R_L'$$

可见，射极输出器的输入电阻较大，它比共射基本电路的输入电阻要大几十到几百倍。

（3）输出电阻 r_o。

根据求输出电阻的原则，得到图 1.48（e）所示的求 r_o 的等效电路。注意：根据 i 的流向，i_e 应从外流向发射极，则 i_b、i_c 应分别流出基极和集电极，相应地受控电流源 βi_b 由发射极流向集电极。设 $R'_s = R_s /\!/ R_B$，由图 1.48（e）得

$$u_p = i_b (r_{be} + R'_s) i_{R_E} R_E$$

则

$$i_b = \frac{u_p}{r_{be} + R'_s}$$

$$i_{R_E} = u_p / R_E$$

$$i_p = i_e + i_{R_E} = (1+\beta) i_b + i_{R_E} = \left(\frac{1+\beta}{r_{be} + R'_s} + \frac{1}{R_E} \right) u_p$$

放大电路的输出电阻

$$r_o = \frac{u_p}{i_p} = \frac{1}{\dfrac{1}{(r_{be} + R'_s)/(1+\beta)} + \dfrac{1}{R_E}} = \frac{r_{be} + R'_s}{1+\beta} /\!/ R_E \tag{1-41}$$

由上式可以看出，当基极回路的电阻折合到射极回路时，要除以（1+β）；反之，当射极回路的电阻折合到基极回路时要乘以（1+β）。这样才能保证折算前后电阻两端的电压保持不变，但电流和电阻皆变。

可见，射极输出器的输出电阻是很小的，一般为几十到一百多欧。

综上所述，射极输出器的主要特点是：$A_u \approx 1$ 而略小于 1，$u_o \approx u_i$，r_i 较大，r_o 很小，它虽然没有电压放大作用，但具有电流或功率放大作用（即 $i_o > i$，$P_o > P_i$）。输入电阻大，意味着射极输出器可减小向信号源（或前级）索取的信号电流；输出电阻小，意味着射极输出器带负载能力强，即可减小负载变动对电压放大倍数的影响。由于具有上述特点，所以射极输出器获得了广泛的应用。

在多级放大电路中，射极输出器既可以作为输入级（因为它的输入电阻大），也可以作为输出级（因为它的输出电阻小），还可以作为中间级（因为它的输入电阻大，输出电阻小）。射极输出器作中间级时，可以隔离前后级的影响，所以也称缓冲级，起阻抗变换的作用，即射极输出器能把其输出端所接负载的小阻抗 R_L 变换（折合）成其输入端的等效大阻抗 r_i，且 $r_i \gg R_L$。

2. 共基电路

1）电路组成

图 1.49 所示为共基极放大电路，简称共基电路，其中 R_C 为集电极电阻，R_{B1}、R_{B2} 为基极分压偏置电阻，基极所接的大电容 C_B 保证基极对地交流短接。图 1.49（c）所示为其交流通路，由图可见，基极与输入、输出回路的公共端相接。

2）静态分析

共基电路的直流通路（读者可自行画出）与分压式偏置电路完全相同，因此工作点求法也完全相同，不再复述。

3）动态分析

先画出共基电路的微变等效电路，如图 1.49（d）所示，然后求其动态指标。

（1）求电压放大倍数 A_u。

设 $R'_L = R_C /\!/ R_L$，由图 1.49（d）得

$$u_i = -i_b r_{be}, \quad u_o = -i_c R'_L = -i_b \beta R'_L$$

$$A_u = \frac{u_o}{u_i} = \frac{\beta R'_L}{r_{be}} \qquad (1-42)$$

可见共基电路电压放大倍数在数值上与共射电路相同，只差一个负号。因此，共基电路的 u_o 与 u_i 同相，而共射电路的 u_o 与 u_i 反相，因此，共基电路称为同相放大电路，共射电路则称为反相放大电路。

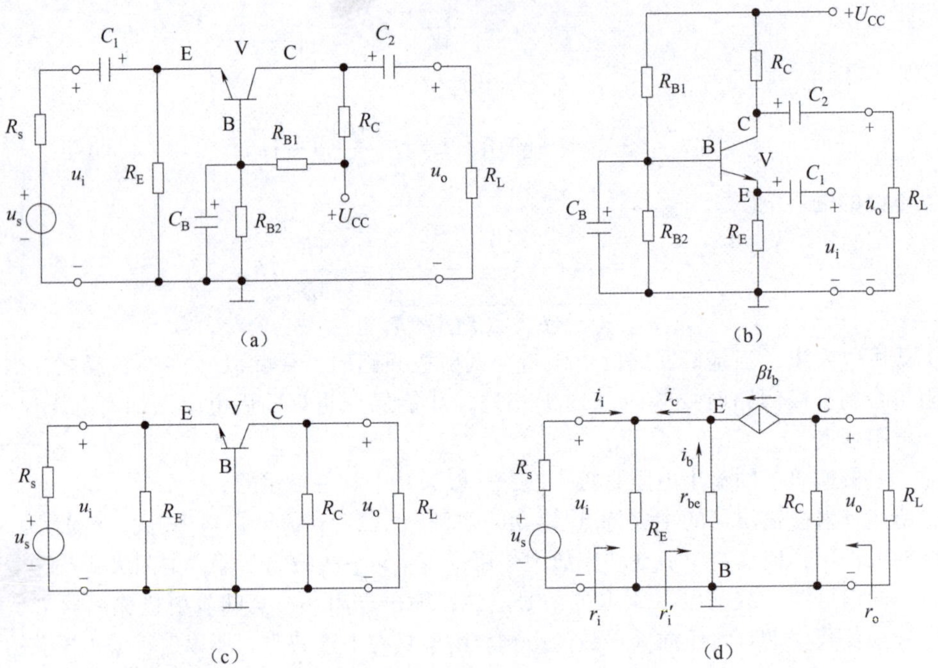

图 1.49　共基极放大电路

（a）基本电路；（b）基本电路的另一种画法；（c）交流通路；（d）微变等效电路

（2）求输入电阻 r_i。

先求图 1.49（d）中从三极管的发射极与基极之间看进去的等效电阻，即共基组态时三极管的输入电阻

$$r'_i = \frac{u_i}{-i_e} = \frac{-i_b r_{be}}{-i_e} = \frac{r_{be}}{1+\beta}$$

可见，三极管的共基输入电阻 r'_i 为共射输入电阻 r_{be} 的 $1/(1+\beta)$，这是由于共基输入电流 i_e 为共射输入电流 i_b 的（$1+\beta$）倍。电路的输入电阻

$$r_i = R_E // r'_i = R_E // \frac{r_{be}}{1+\beta} \approx \frac{r_{be}}{1+\beta} \qquad (1-43)$$

上式表明，共基电路的输入电阻很小，一般只有几欧到几十欧。

（3）求输出电阻 r_o。

由图 1.49（d）不难看出，共基电路的输出电阻 $r_o = R_C$，可见，它的输出电阻较大。

应当指出，共基电路的输入电流为 i_e，输出电流为 i_c，所以它没有电流放大作用。但是，由于共基电路的频率特性好，因此多用于高频和宽频带放大电路中。

1.2.8　放大电路三种基本组态的比较

综上所述，三种基本放大电路各有特点、各有所用，它们是放大电路的基础，其他性能更好的电路或多级电路，都是在它们的基础上改进或组合而得到的。现将三种基本组态的特点总结于表 1.6 中，以供比较。

表 1.6　放大电路三种基本组态的比较

电路组态	共射电路	共集电路	共基电路
电路举例	图 1.45（a）	图 1.48（a）	图 1.49（a）
r_i	$R_B // r_{be} \approx r_{be}$（中）	$R_B // \left[r_{be}+(1+\beta) R'_L \right]$（大）	$R_E // \dfrac{r_{be}}{1+\beta} \approx \dfrac{r_{be}}{1+\beta}$（小）
r_o	R_C（大）	$\dfrac{r_{be}+R'_s}{1+\beta} // R_E$（小）	R_C（大）
A_u	$-\dfrac{\beta R'_L}{r_{be}}$	$\dfrac{(1+\beta) R'_L}{r_{be}+(1+\beta) R'_L} \approx 1$	$\dfrac{\beta R'_L}{r_{be}}$
相位	u_o 与 u_i 反相	u_o 与 u_i 同相	u_o 与 u_i 同相
高频特性	差	好	好
用途	低频放大和多级放大电路的中间级	多级放大电路的输入级、输出级和中间级	高频电路、宽频带电路和恒流源电路

任务实施

实施设备与器材

电子实训台、电子元件、三极管电路测试常用仪表。

实施内容与步骤

常见三极管封装有塑料封装和金属封装，三极管有基极 B、发射极 E 和集电极 C 三个引脚，其排列方式如图 1.50 所示。大功率三极管的外壳都是集电极。

在使用指针式万用表测量三极管时，对三极管的三个引脚两两测量，将万用表置于 $R×100$ 或 $R×1k$ 挡，用黑表笔接三极管的某一引脚，红表笔分别接三极管的另外两个引脚，直到出现测得的两个阻值都很小，黑表笔所接的引脚就是 NPN 型三极管的基极；若没有出现上述情况，则应该将红表笔接三极管的某一脚，黑表笔分别接三极管的另外两个引脚，直到出现测得的两个阻值都很小，红表笔所接的引脚就是 PNP 型三极管的基极。

判别集电极和发射极：将万用表置于 $R×1k$ 挡，两表笔同时分别接三极管的另外两个引脚，用一只几十千欧的电阻或用湿润的手指接于基极与假定的集电极之间，观察表针摆动情况；然后用同样的方法交换表笔测量一次，对于 NPN 型三极管，表笔摆动较大的一次，黑表笔所接的是三极管的集电极，红表笔所接的是三极管的发射极；对于 PNP 型三极管，表笔摆动较大的一次，红表笔所接的是三极管的集电极，黑表笔所接的是三极管的发射极。

将不同三极管测量结果填入表 1.7 中。

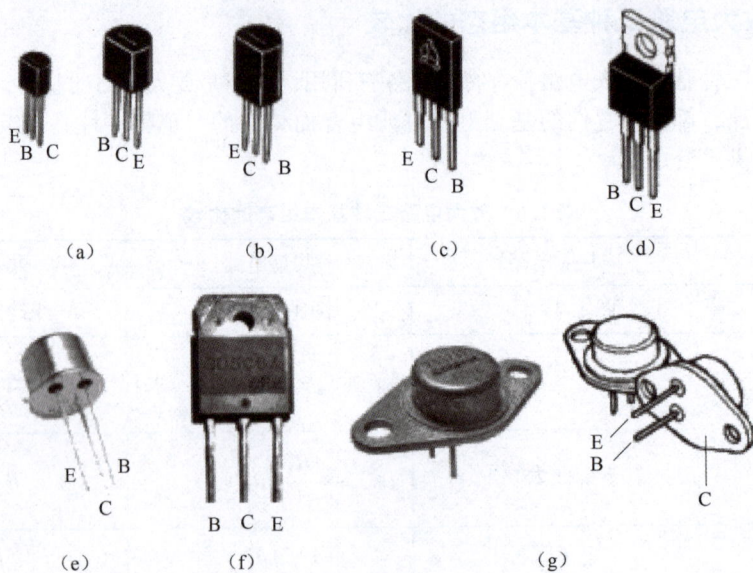

图 1.50 三极管引脚排列方式

(a) TO-92；(b) TO-92L；(c) TO-126（TO-225AA）；(d) TO-220；
(e) TO-39；(f) TO-3P(N)(MT-100)；(g) TO-3(TO-204AA)

表 1.7 三极管的测量结果

三极管编号	测试数据			分析结果
	12 引脚	23 引脚	31 引脚	
1				
2				
3				

1. 测定共集电极放大电路的特性

搭建如图 1.51 所示的测试电路。

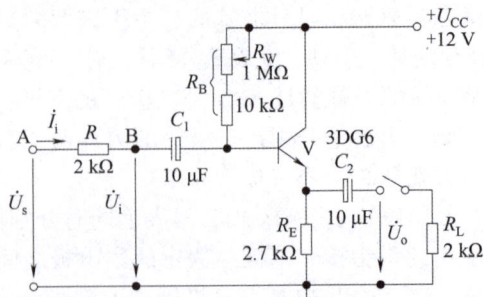

图 1.51 测试电路

当 $U_s=0$，$U_i=0$ 时，调节 R_B 的阻值，测量 U_B、U_C、U_E 的值，填入表 1.8 中。

表 1.8　共集电极检测记录表

2. 测定静态工作点

安装和调试图 1.52 所示电路，通过调节 R_P 的值，测量和记录下列数据。

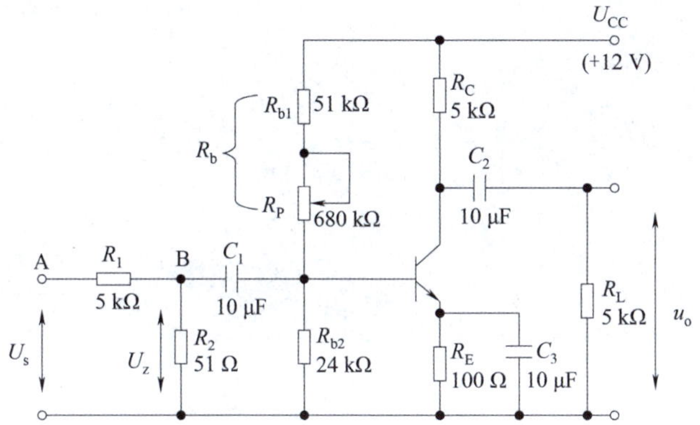

图 1.52　测试电路

设计静态工作点测量电路和记录表（表 1.9）。注意：记录 u_i 和 u_o 的电压值时，要调节 u_i，使 u_o 不失真。

表 1.9　静态工作点测量结果

测量次数	U_B	U_C	U_E	u_b	u_o	放大倍数
1						
2						
3						
4						
5						
6						

实验操作与技能训练 1：示波器与信号发生器的使用

操作与训练的目的

（1）学习并掌握示波器和信号发生器的使用方法。

（2）掌握示波器对波形幅值和周期的测量。

操作与训练的器材

双踪示波器一台，信号发生器一台，交流毫伏表一块。

操作与训练的内容

1. 示波器的使用

1）示波器面板结构

实验室中使用的示波器一般都是通用型示波器，下面以 YB4328 型示波器为例（图 1.53），介绍面板结构及键钮功能。

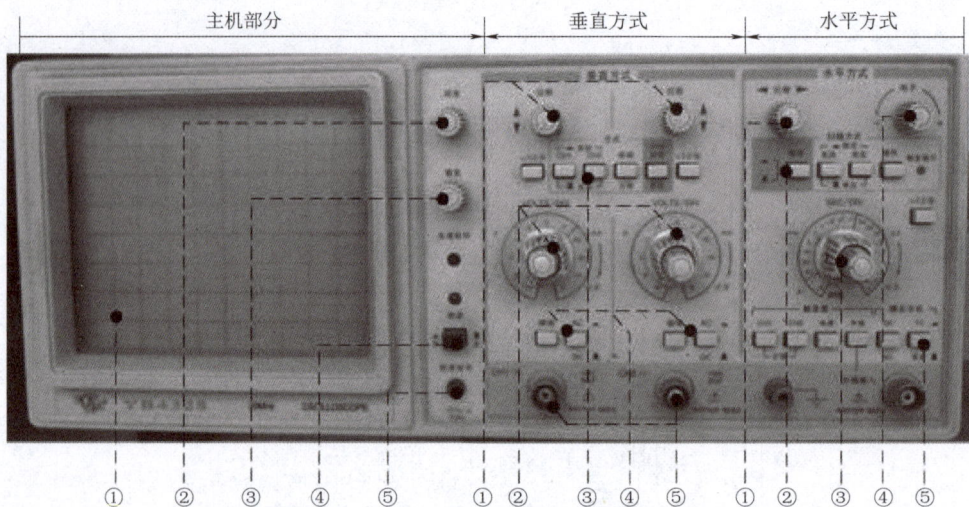

图 1.53　YB4328 型示波器面板

2）示波器键钮功能

（1）主机部分。

①显示屏：显示波形的地方，刻有坐标系，以对波形进行测量。

②亮度旋钮：调整扫描线（波形）的亮暗程度，初始状态调到中间位置。

③聚焦旋钮：调整扫描线的粗细程度（清晰度），初始状态调到中间位置。

④电源开关：按下电源开关，示波器电源接通，上方指示灯发光指示。

⑤校准信号：示波器本身的一个标准信号，用来对其自身进行校准。

（2）垂直方式。

①位移：y 轴位移旋钮，有两个，分别调整 CH1、CH2 两个通道输入信号（波形）在 y 轴方向的位置。

②灵敏度选择：VOLTS/DIV 旋钮，是复合旋钮，有两个，分别针对 CH1、CH2 两个通道输入信号在屏幕上的幅度大小进行调节，即调节 y 轴偏转系数。下方的大旋钮可以对波形在屏幕上的幅度大小进行粗调，从 5 mV/div ~ 10 V/div 分 11 挡，根据被测信号的电压幅值选择合适挡；中间的小旋钮可以对波形在屏幕上的幅度大小进行细（微）调。测量信号幅值时，应顺时针旋转至校准位置。

③方式选择：选择垂直系统的工作方式，相互配合可得到 CH1、CH2、交替、断续、叠加五种工作方式。另外还有两个 "×5 扩展" 按键，分别对应 CH1、CH2 两个通道，若选用，则在测量幅值时，所得到的数据要除以 5；CH2 反相按键，按下时，CH2 信号被反相。

④输入耦合方式：AC 状态，隔离信号中的直流成分，以观测交流信号；DC 状态，信号直接耦合入通道，用以观测直流信号或频率较低的交流信号；GND 状态，示波器内部的信号输入端接地，用以确定输入信号为 0 时光迹所在；有两组，分别对应 CH1、CH2 两个通道。

⑤信号输入接口：CH1（x），双功能接口，常规使用时作为垂直通道 1 的输入口，在 x–y 方式时作为 x 轴输入口；CH2（y），双功能接口，常规使用时作为垂直通道 2 的输入口，在 x–y 方式时作为 y 轴输入口。

（3）水平方式。

①位移：x 轴位移旋钮，有一个，同时调整 CH1、CH2 两个通道输入信号在 x 轴方向的位置。

②扫描方式：有自动、常态、锁定、单次等按键。一般使用时，只需按下自动扫描按键就行了，其他按键保持弹起状态。

③扫描时间：SEC/DIV，也称扫描速率，用于定义屏幕上 x 轴方向每格是多少时间，调节的是在 x 轴上的扫描时间的长短，也就是调节波形在屏幕上的疏密程度。选择的扫描时间越长，扫描到的被测信号周期数越多，屏幕上显示的信号波形就越密集，反之亦然，要根据被测信号的频率选择合适的挡位；是复合旋钮，下方的大旋钮是粗调旋钮，中间的小旋钮是细（微）调旋钮；测量信号周期时，微调旋钮应顺时针旋转至校准位置；旁边还有一个"×5 扩展"按键，若选用，则在测量周期时，所得到的数据要除以 5。

④电平：与触发源配合，显示信号不稳定时，可调节使其稳定。

⑤触发源及耦合方式：耦合方式按键一般不用，让其处于自然弹起状态即可，触发源必须正确选择。单踪显示时，根据信号是从 CH1 还是 CH2 通道送入仪器，相对应地选择 CH1 或 CH2 按键就可以了。双踪显示时，若是断续状态，CH1 和 CH2 按键任选一个即可，但应尽量选择高幅值信号作触发源，这样便于稳定波形；若是交替状态，则两个全选；电源及外接触发按键一般不用。

3）波形的显示

波形的显示要合适，便于观测。所谓合适包括扫描线的清晰度、亮度要合适，显示的周期数的多少要合适，一般为 2~4 个周期，波形的幅度大小要合适，波形在屏幕上的位置要合适，波形显示要稳定等。因此，要对示波器上的亮度、聚焦、位移、灵敏度调节、扫描时间、电平等旋钮进行统调才能显示出符合要求的波形，这就要求学生对以上所介绍的键钮功能逐个熟悉和掌握。

4）波形测量

这里以正弦交流信号的测量为例进行介绍，其他波形信号可参照测量。测量前必须把波形调整合适。

（1）电压的测量。

首先，要把波形峰–峰值（V_{p-p}）测量计算出来，如图 1.54 所示。

V_{p-p} = 被测信号波形的波峰至波谷在屏幕坐标系 y 轴上所占的格数×灵敏度调节旋钮：VOLTS/DIV 的指示值

测量计算时可以用垂直位移旋钮调整波形在屏幕中的位置，找合适的参考点计算格数，要注意 VOLTS/DIV 旋钮的指示值单位，及其微调旋钮一定要顺时针旋转至校准位置。

然后根据下面公式计算其有效值：

$$U_{有效值} = V_{p-p}/2\sqrt{2}$$

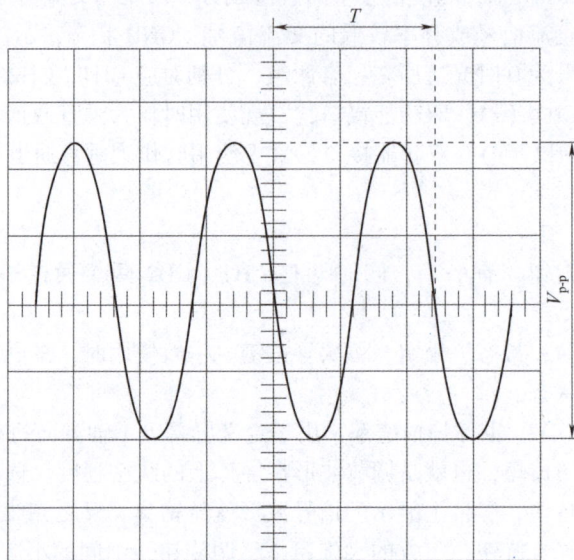

图 1.54　波形峰–峰值 V_{p-p} 和周期 T 的读取

（2）周期及频率的测量。

被测信号的周期按下面公式计算：

T（周期）= 被测信号波形一个周期在 x 轴上所占的格数×扫描时间旋钮：SEC/DIV 的指示值

测量计算时可以用水平位移旋钮调整波形在屏幕中的位置，找合适的参考点计算格数，要注意 SEC/DIV 旋钮的指示值单位，及其微调旋钮一定要顺时针旋转至校准位置。

其频率按下面公式计算：

$$f = 1/T$$

2. 智能函数信号发生器的使用

信号发生器的作用是产生各种电信号，以帮助对电路的性能参数进行检测，因此也是实验中的一台重要仪器。现以电子综合实验装置上自备的信号发生器为例（图 1.55），介绍一下它的基本使用方法。

1）电源及输出端子

图 1.55 中，①为电源开关，接通和关断仪器电源；⑦为信号输出接口，有两种接线方式：一种是信号输出端和接地端集合在一起，采用屏蔽线连接，防干扰的输出方式；另一种是信号输出端和接地端各自独立的一般接线方式。

2）波形的选择

图 1.55 中，②为波形选择按键，有三种输出信号波形可选，分别是正弦波、方波、三角波。

3）频率的调节

图 1.55 中，④为频段选择按键，可以对信号发生器输出信号的频率进行分段调节（粗调），该仪器输出信号的频率范围从 $f_1 \sim f_7$ 分成 7 段；③为频率调节旋钮，可以在所选择的频段范围内实现对输出信号频率的连续调节（细调）。二者配合起来，可实现对信号发生器输出信号在整个频率范围内的连续调节。

输出信号频率的大小，可由信号发生器上方的频率计来显示。打开频率计电源开关⑨，将开关⑩打至内测，显示屏⑫所显示的就是信号发生器输出信号的频率。若开关⑩打至外侧，则需将被测信号接入频率计的输入端子⑪进行测量。

4）幅度的调节

图 1.55 中，⑤是幅度调节旋钮（幅度细调），可对输出信号的电压值进行连续调节。⑥是分贝衰减器（幅度粗调），有 20 dB、40 dB、60 dB 三种选择。二者配合起来，可对输出信号的电压在较大范围内进行调节。

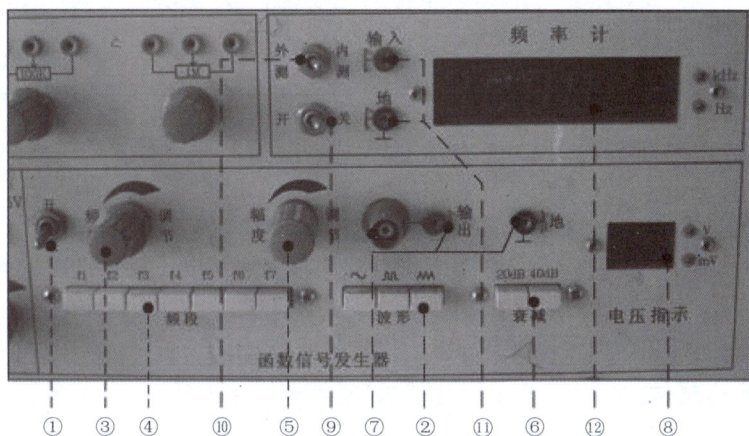

图 1.55　智能函数信号发生器面板

输出信号的幅度由电压指示⑧来显示。注意：它所显示的电压值是信号波形的峰–峰值。对于正弦信号，若要得到有效值，一是计算得到，二是用交流毫伏表进行测量。

3. 训练内容

1）测试"校准信号"波形的幅度、频率

将示波器的"校准信号"通过专用探测线引入选定的 CH1（或 CH2）通道，将输入耦合方式开关置于"DC"，触发源选择开关对应置于"CH1"或"CH2"，调节"扫描速率"旋钮（SEC/DIV）和"灵敏度"旋钮（VOLTS/DIV），使示波器显示屏上显示出合适的、稳定的方波波形，填入表 1.10 中。

表 1.10　标准信号的测量

项目	标准值	幅值/周期所占格数	VOLTS/DIV/SEC/DIV 指示值	实测值
V_{p-p}/V				
f/kHz				

注：标准值标注在示波器"校准信号"输出端子下方。

2）用示波器和万用表测量信号参数

调节函数信号发生器的有关旋钮，使输出频率分别为 100 Hz、1 kHz、10 kHz、100 kHz，有效值自己任意调节（用交流毫伏表测量）的正弦波信号。

合理调节示波器"扫描速率"旋钮及"灵敏度选择"等旋钮，测量信号源输出信号周期及峰–峰值（V_{p-p}），并计算频率和有效值，填入表 1.11 中。

表 1.11　正弦信号的测量

信号电压频率	示波器测量值				交流毫伏表读数/V	示波器测量值			
	信号周期所占格数	SEC/DIV指示值	T/ms	f/Hz		信号幅值所占格数	VOLTS/DIV指示值	$V_{\text{p-p}}$/V	$U_{\text{有效值}}$/V
100 Hz									
1 kHz									
10 kHz									
100 kHz									

实验操作与技能训练 2：单管交流放大器

操作与训练的目的

（1）学习并掌握单管交流放大器静态工作点的调整方法和电压放大倍数的测试方法，观察分析静态工作点对放大器性能的影响。

（2）熟练掌握示波器、信号发生器和电子仪表的使用方法。

操作与训练的器材

（1）双踪示波器一台。

（2）信号发生器一台。

（3）三相直流电源一台。

（4）直流毫安表一块。

（5）数字交流毫伏表一块。

（6）数字电压表一块。

（7）单级/负反馈两级放大实验电路板一块。

操作与训练的内容

1. 对照原理图熟悉实验电路

如图 1.56 所示为单级/负反馈两级放大电路，第一级的输出和第二级的输入没连接在一起，反馈回路中的 K_2 要打到"断"的位置，前后两级是相互独立的，分别以 V_1、V_2 管为核心来组成，第二级不用，实验时只用第一级。

2. 按图接线

将 +12 V 电源和直流毫安表接入实验电路，注意极性不能接错，检查无误后接通电源。

3. 调整静态工作点

将 K_1 打至"通"，不加交流输入信号，调节 R_{P1}，使 $I_{C1} = 2$ mA（即毫安表读数），用直流电压表分别测量 U_{B1}、U_{E1}、U_{C1}（V_1 管 B、C、E 极对地电压值）及 R_{B2} 值，填入表 1.12 中。

表 1.12　静态工作点的测量（在 $I_{C1} = 2$ mA 时）

测量值				计算值		
U_{B1}/V	U_{E1}/V	U_{C1}/V	R_{B2}/kΩ	U_{BE1}/V	U_{CE1}/V	I_{C1}/mA

注：测量 R_{B2} 时，要将 K_1 打至"断"的位置，不能带电测量。

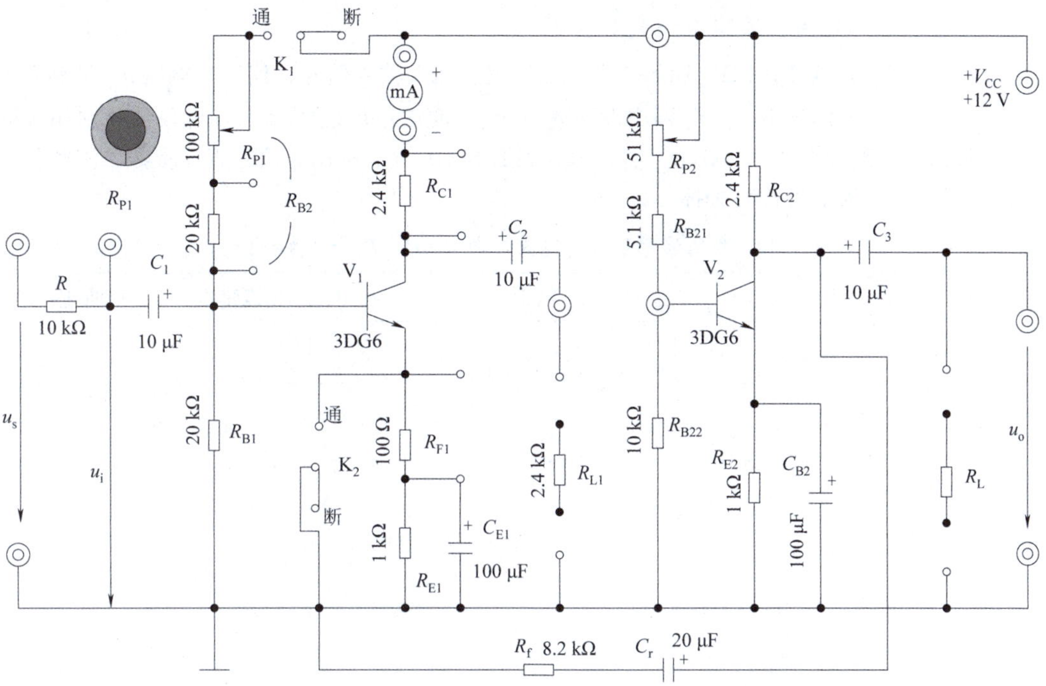

图 1.56 单级/负反馈两级放大电路

4. 测量波形和数据

在 u_i 输入端加 1 kHz、30 mV 的正弦信号，用示波器观察 u_{o1} 和 u_i 波形间的相位关系，在波形不失真的条件下，测量下述三种情况的 u_{o1} 值，填入表 1.13 中，并在图 1.57 中画出 R_{C1} = 1.2 kΩ，R_{L1} = ∞ 时的输入、输出信号波形。

表 1.13　单级放大倍数的测量（在 I_{C1} = 2 mA，u_i = 30 mV 时）

$R_{C1}/\text{k}\Omega$	$R_{L1}/\text{k}\Omega$	u_{o1}/V	A_u（写出计算步骤）
2.4	∞		
1.2	∞		
2.4	2.4		

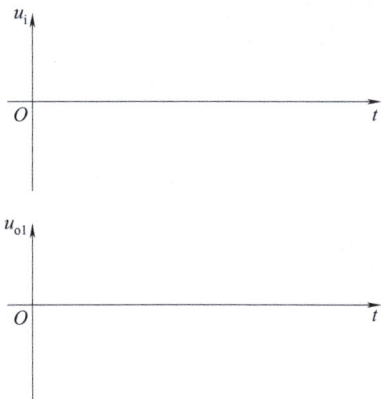

图 1.57　输入和输出波形

5. 观察静态工作点对输出波形失真的影响

$R_{C1} = 2.4\ \text{k}\Omega$，$R_{L1} = 2.4\ \text{k}\Omega$，用示波器观测，逐步加大输入信号，使输出电压 u_{o1} 足够大但不失真。然后保持输入信号不变，分别增大和减小 R_{P1}，使波形出现明显失真现象，分别相应地绘出 u_{o1} 的波形，并对应测出 I_{C1} 和 U_{CE1} 值，填入表 1.14 中。I_{C1} 和 U_{CE1} 值是直流参数，因此每次测量时都要将交流输入信号暂时去掉。

表 1.14 失真波形观测（在 $R_{C1} = 2.4\ \text{k}\Omega$，$R_{L1} = 2.4\ \text{k}\Omega$ 时）

I_{C1}/mA	U_{CE1}/V	u_{o1} 波形	失真情况	三极管工作状态
2.0				

注：①失真情况填饱和失真、截止失真、正常放大。
②三极管工作状态填饱和、截止、放大。

检查评估

1. 任务问答

（1）在三极管放大电路中，为什么要调整静态工作点？

（2）静态工作点对电路的影响是什么？

（3）如何减少饱和失真？

2. 任务评估

任务评估如表 1.15 所示。

表 1.15　任务评估

工作任务			
小组号		工作组成员	
工作时间		完成总时长	
工作任务描述			
小组分工	姓名	工作任务	
任务实施步骤			
序号	工作内容	计划时间	操作员
验收评定		验收人签名	

小结反思 NEWS

1. 绘制思维导图。

2. 在任务实施中遇到哪些问题？是否解决？如何解决？填入表 1.16 中。

表 1.16 总结反思

遇到的问题	
解决方法	
问题反思	

任务 1.3　场效应管及其基本电路

任务描述

　　电子技术迅速发展，为我们提供了性能更好的半导体器件和更为优越的电子电路，场效应管及其电路就是其中的一种。半导体三极管虽然在许多方面取代了电子管，但在输入阻抗等方面，还远不及电子管。场效应管不仅兼具一般半导体三极管体积小、质量轻、耗电小、寿命长等特点，还具有输入阻抗高（绝缘栅场效应管最高可达 10^{15} Ω）、噪声低、热稳定性好、抗辐射能力强、制造工艺简单和电源适应范围广等优点，因而大大地扩展了它的应用范围，为创造新型而优异的电路（特别是大规模和超大规模集成电路）提供了有利的条件。

　　早在 20 世纪初，人们便设想通过改变电场来控制固体材料的导电能力，使通过固体材料的电流随电场信号而改变，这就是场效应管的基本原理。然而受工艺水平的限制，上述设想直至 20 世纪 60 年代初平面工艺发展后，才得以实现。

　　场效应管（Field Effect Transistor，FET）是一种电压控制型器件。因其只依靠半导体中的多子实现导电，故也称单极性晶体管。根据结构的不同，可分为结型场效应管（Junction Field Effect Transistor，JFET）和绝缘栅型场效应管（Insulated Gate Field Effect Transistor，IGFET）两大类。

　　本次任务：准确安装场效应管放大电路。

　　任务提交：检测结论、任务问答、学习要点、思维导图、检查评估表。

学习导航

　　本任务参考学时：4 学时。通过本任务学习可以收获：

📝 专业知识

1. 掌握场效应管的结构、符号、工作原理、特性和参数。
2. 掌握场效应管常见电路的构成。
3. 掌握场效应管特性分析方法。
4. 掌握放大电路静态工作点分析方法。

📝 专业技能

1. 能够使用万用表检测场效应管。
2. 能够分析放大电路静态工作点。
3. 能够分析放大电路的特性。

🎤 职业素养

1. 通过检测元器件，提升思维能力。
2. 养成良好的安全作业意识。
3. 能够团结同学、积极协作。

知识储备 💻

本任务主要介绍场效应管的结构、符号、工作原理、特性和参数，以及场效应管基本放大电路。

1.3.1 结型场效应管

结型场效应管是利用半导体内的电场效应进行工作的，也称体内场效应器件。

1. 结型场效应管的结构和工作原理

1）结构

结型场效应管有 N 沟道和 P 沟道之分。N 沟道结型场效应管的结构如图 1.58（a）所示。在 N 型半导体两侧是两个高掺杂的 P 区，从而构成了两个 PN 结（耗尽层），两个耗尽层的中间形成 N 型导电沟道。

两侧 P 区相连接后引出的一个电极称为栅极，用字母 g（或 G）表示。在 N 型半导体两端分别引出的两个电极称为源极和漏极，分别用字母 s（或 S）和字母 d（或 D）表示。如果把场效应管和普通三极管相比，则源极 s 相当于发射极 e，栅极 g 相当于基极 b，漏极 d 相当于集电极 c。普通三极管有 NPN 和 PNP 两种类型，结型场效应管也有 N 沟道、P 沟道两种类型。不同的是结型场效应管的 d 极和 s 极可交换使用，而三极管中的 c 极和 e 极则不能交换。若中间半导体改用 P 型半导体材料，两侧是高掺杂 N 区，则形成 P 沟道结型场效应管。图 1.58（b）、1.58（c）所示为两种类型的结型场效应管的符号，箭头表示栅极、源极间的 PN 结处于正偏时栅极电流的方向，因此箭头的方向都是由 P 区指向 N 区的。由此可判断出是 P 沟道还是 N 沟道。

2）工作原理

研究场效应管的工作原理，主要讨论输入信号电压如何对输出电流进行控制，即讨论栅源电压 u_{GS} 对漏极电流 i_D 的控制作用。

图 1.59 所示为结型场效应管加偏置电压后的接线图。在漏源电压 u_{DS} 的作用下，N 型沟道中的载流子运动，产生沟道电流 i_D。为了保证高的输入电阻，通常栅极与源极间必须加反偏电压。

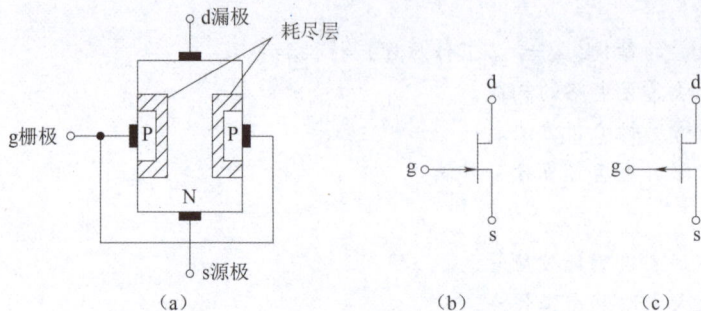

图 1.58　结型场效应管的结构及符号

（a）N 沟道结型场效应管的结构；（b）N 沟道符号；（c）P 沟道符号

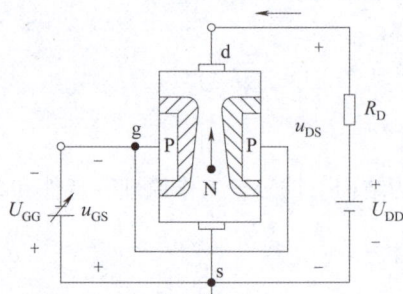

图 1.59　结型场效应管加偏置电压后的接线图

当输入电压 u_{GS} 改变时，PN 结的反偏电压随之改变，沟道两边的耗尽层（图 1.59 中的斜线部分）的宽度也跟着改变，导致中间沟道的宽度变化，即沟道电阻大小的改变，从而实现了利用外加电压 u_{GS} 变化产生的结内电场变化来控制导电沟道电流 i_D。可以看出，要分析 JFET 的工作原理，就必须研究耗尽层和沟道宽度随外加电压的变化情况。下面分三种情况分析：

（1）$u_{DS}=0$，即漏源短接的情况。

当 $u_{GS}=0$ 时，如图 1.60（a）所示，场效应管两侧的 PN 结均处于零偏置，因此耗尽层很薄，中间的导电 N 沟道最宽，沟道电阻最小。

当 u_{GS} 加不大的反偏电压时，如图 1.60（b）所示，场效应管两侧的耗尽层加宽，中间的导电沟道变窄，沟道电阻增大。随着 u_{GS} 反偏值的增大，耗尽层继续加宽，沟道继续变窄，沟道电阻继续增大。可见通过改变电压 u_{GS} 可以改变沟道电阻，从而控制漏源之间的导电性能。当 u_{GS} 反偏值增加到夹断电压 $U_{GS(off)}$ 时，场效应管两侧的耗尽层便相遇。中间的导电沟道便消失（夹断），表现出极大的沟道电阻，如图 1.60（c）所示。若 u_{GS} 反偏值达到 $U_{GS(off)}$ 后继续增加，耗尽层不会有明显变化，但易发生反向击穿。

（2）$u_{GS}=0$，即栅源短接的情况。

假设在漏源间施加电压 u_{DS}。当 $u_{GS}=0$ 时，沟道最宽，沟道电阻最小，电流 i_D 最大。当 $u_{DS}=0$ 时，$i_D=0$。随着 u_{DS} 的增加，N 区的电子将在 u_{DS} 的作用下，沿着沟道由源极向漏极移动，而形成的由漏极流向源极的电流 i_D 也随着增加。但由于电流流过沟道时，沿沟道产生电压降的原因，沟道各点的电位不相等，使耗尽层从源端到漏端逐渐加宽，形成漏端较窄、源端较宽的楔形沟道，如图 1.61（a）所示，沟道电阻也略有增加。当 u_{DS} 继续增加时，i_D 也增加，漏端的沟道越来越窄。当 u_{DS} 增大到 $|U_{GS(off)}|$ 值时，漏端的耗尽层在 A 点相遇，如图 1.61（b）所示。这种

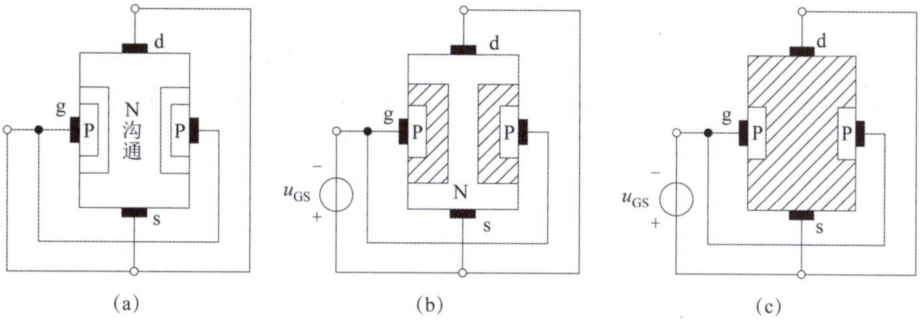

图 1.60 u_{GS} 对导电沟道的影响

（a）$u_{GS}=0$；（b）$U_{GS(off)}<u_{GS}<0$；（c）$u_{GS}=U_{GS(off)}$

情况称为预夹断。此时的电流称为饱和漏电流，用 I_{DSS} 表示。但预夹断与整个沟道被夹断不同，沟道中仍然有一个很窄的狭缝使电流流过。随着 u_{DS} 的继续增加，合拢点 A 逐渐向下移动，如图 1.61（c）所示。这时漏源间的沟道总电阻明显增大，由于沟道电阻的增大速率与电压 u_{DS} 的上升速率大致相等，因此漏极电流 i_D 不再增长而趋于稳定，大致保持在 I_{DSS} 值，但 u_{DS} 不能无限制地增大，否则会引起夹断区的击穿。

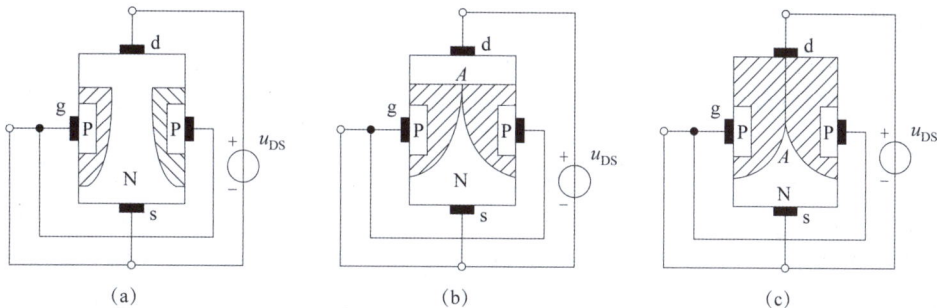

图 1.61 u_{DS} 对导电沟道的影响

（a）楔形沟道 $|u_{DS}|<|u_{GS(off)}|$；（b）沟道预夹断 $|u_{DS}|=|U_{GS(off)}|$；（c）$|u_{DS}|>|U_{GS(off)}|$

（3）u_{GS} 与 u_{DS} 同时存在。

这是前面两种情况的综合。由于加在漏端 PN 结的反向电压 $|u_{GD}|=|u_{GS}-u_{DS}|>|u_{GS}|$，故沟道仍为不等宽的楔形。容易看出，负电压 u_{GS} 使耗尽层变宽，沟道变窄；而正电压 u_{DS} 则使耗尽层和沟道变得不等宽。只要 $u_{GD}=U_{GS(off)}$，则出现预夹断。随着 $|u_{GS}|$ 的增大，沟道变窄，沟道电阻增大，在同样 u_{DS} 的作用下产生的 i_D 减小，发生预夹断所对应的 u_{DS} 也减小，如果 $u_{GD}>U_{GS(off)}$，即 $|u_{GD}|<|U_{GS(off)}|$，沟道处于开启状态，沟道电阻较小，但这时 u_{DS} 不可能很大，所以 i_D 较小；如果 $u_{GD}<U_{GS(off)}$，即 $|u_{GD}|>|U_{GS(off)}|$，则导电沟道出现预夹断区，i_D 大小取决于 u_{GS}；如果 $u_{GS}\leqslant U_{GS(off)}$，则无论 u_{DS} 大小如何，整个沟道全被夹断，$i_D=0$。当场效应管正常工作时，$U_{GS(off)}<u_{GS}<0$，沟道不会出现夹断。

根据以上分析，可得出以下结论：

①结型场效应管栅源之间加反偏电压，所以它的输入电阻很大，从栅极几乎不输入信号电流。

②在 u_{DS} 不变的情况下，栅源之间很小的电压变化可以引起漏极电流 i_D 相应的变化，通过 u_{GS} 来控制 i_D，所以场效应管是电压控制型器件。

2. 结型场效应管的特性曲线

结型场效应管的工作性能，可以用它的伏安特性来表示。图 1.62 所示为场效应管伏安特性测试电路。其特性曲线有转移特性曲线和漏极特性曲线。

图 1.62　场效应管伏安特性测试电路

1）转移特性曲线

场效应管输入电阻特别大，栅极输入端基本上没有电流，所以不测试输入回路的伏安特性。所谓转移特性曲线是指在 u_{DS} 固定的情况下，漏极电流 i_D 与栅源电压 u_{GS} 之间的关系曲线，即

$$i_D = f(u_{GS}) \big|_{u_{DS}=常数}$$

在漏源电压一定的情况下，测得的漏极电流与栅源电压的关系如图 1.63（a）所示，从图中看出，随着反偏压 $|u_{GS}|$ 的增大，漏极电流 I_D 变小。当 $u_{GS} = -4$ V 时，i_D 接近于零，此时的栅源电压就是夹断电压 $U_{GS(off)}$。当 $u_{GS} = 0$ 时，漏极电流最大，称为饱和漏电流，用 I_{DSS} 表示，图中 $I_{DSS} = 5$ mA。实验证明，在 $U_{GS(off)} \leqslant u_{GS} \leqslant 0$ 的范围内，漏极电流 i_D 与栅源电压 u_{GS} 的关系近似为

$$i_D = I_{DSS}\left(1 - \frac{u_{GS}}{U_{GS(off)}}\right)^2 \tag{1-44}$$

此式可用以确定场效应管放大电路的静态工作点 I_{DQ} 和 U_{GSQ}。

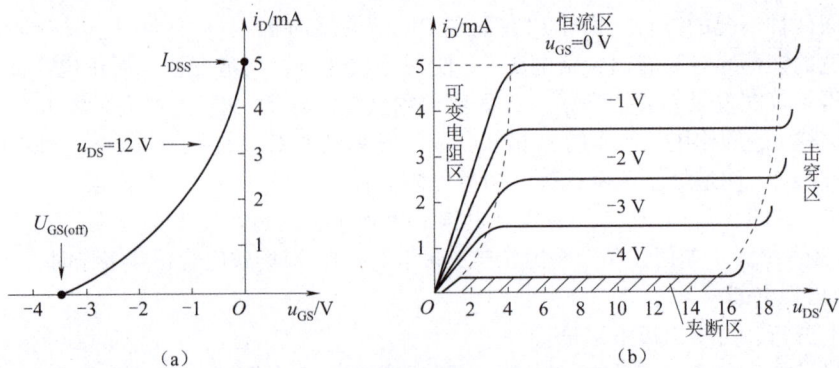

图 1.63　N 沟道结型场效应管的特性曲线

（a）转移特性；（b）输出特性

2）漏极特性曲线

漏极特性也称输出特性，表示在栅源电压 u_{GS} 一定的情况下，漏极电流 i_D 与漏极电压 u_{DS} 之间的关系，即

$$i_D = f(u_{DS}) \big|_{u_{DS}=常数} \qquad (1-45)$$

图 1.63（b）所示为某结型场效应管的漏极特性。对照晶体三极管的输出特性，图 1.63（b）中的特性也可分成四个工作区。

（1）可变电阻区。

图 1.63（b）中预夹断轨迹左边的区域。当 u_{DS} 较小时，场效应管可工作于该区。此时，导电沟道畅通，场效应管的 d、s 间相当于一个欧姆电阻，因此随着 u_{DS} 从零增大，i_D 也随之线性增大。由于沟道电阻的大小随栅源电压而变，故称为可变电阻区。工作在这个区域的场效应管是导通的，类似于晶体三极管输出特性上的饱和区。

（2）夹断区。

当 $u_{GS} \leqslant U_{GS(off)}$ 时，场效应管的沟道被全部夹断。沟道电阻极大，故电流 $i_D \approx 0$，即图 1.63（b）中靠近横轴的部分。场效应管的夹断区，类似于晶体三极管输出特性上的截止区。

（3）恒流区。

图 1.63（b）中预夹断轨迹右边、但尚未击穿的区域。当 u_{DS} 增大到脱离可变电阻区时，电流 i_D 不再随 u_{DS} 的增大而增长，呈现恒流特性。在图 1.63（b）中，凡 $u_{DS} > |U_{GS(off)}| - |u_{GS}|$ 的预夹断虚线轨迹以右部分的各特性，几乎平行于横轴，i_D 的大小只受 u_{GS} 的控制，与 u_{DS} 几乎无关。该区工作的场效应管与晶体三极管 i_C 受 i_B 控制相似，表现出场效应管电压控制电流的作用，称为恒流区（或线性区）。

（4）击穿区。

随着 u_{DS} 的继续增大，PN 结将承受很大的反向电压而击穿，此时 i_D 急剧增加，场效应管处于击穿状态，故此区域称为击穿区。由于击穿时易损坏场效应管，因此不允许场效应管工作在这个区域。

3. 结型场效应管的主要参数

1）夹断电压 $U_{GS(off)}$

在标准规定的温度和测试电压 u_{DS} 值下，当漏极电流 i_D 趋向于 0（为 10 μA 或 50 μA）时，所测得的栅源反偏电压 u_{GS} 称为夹断电压 $U_{GS(off)}$。对于 N 沟道场效应管 $U_{GS(off)}$ 为负值，对于 P 沟道场效应管 $U_{GS(off)}$ 为正值。

2）饱和漏电流 I_{DSS}

在 $u_{GS}=0$（短路）条件下，外加的漏源电压使场效应管工作于恒流区时的漏极电流，称为饱和漏电流 I_{DSS}。

3）击穿电压 $U_{(BR)DS}$

表示漏源间开始击穿，漏极电流从恒流值急剧上升时的 u_{DS} 值。选用的场效应管的外加电压 u_{DS} 不允许超过此值。

4）直流输入电阻 R_{GS}

表示栅源间的直流电阻，由于 u_{GS} 为反偏电压，所以这个电阻数值很大，一般大于 $10^7 \ \Omega$。

5）漏极输出电阻 r_{ds}

指 u_{GS} 为某一固定值时，u_{DS} 的变化量 Δu_{DS} 与相应的 i_D 的变化量 Δi_D 之比，即

$$r_{ds} = \frac{\Delta u_{DS}}{\Delta i_D}\bigg|_{u_{GS}=常数} = \frac{u_{DS}}{i_D}\bigg|_{u_{GS}=0} \qquad (1-46)$$

与三极管一样，表示输出特性上某点斜率的倒数。在恒流区，这个数值很大，通常为几十到几百千欧。在可变电阻区，沟道畅通，其值很小，当 $u_{GS}=0$ 时，这个电阻称为场效应管的导通电阻 $r_{ds(on)}$。

6）低频跨导

在 u_{DS} 为规定值的条件下，漏极电流变化量和引起这个变化的栅源电压变化量之比，称为跨导或互导，即

$$g_m = \frac{\Delta i_D}{\Delta u_{GS}}\bigg|_{u_{DS}=常数} = \frac{i_D}{u_{GS}}\bigg|_{u_{DS}=0} \tag{1-47}$$

跨导的单位为 mA/V 或 μA/V，即 ms 或 μs。它表示栅源电压对漏极电流控制能力的大小，是表示场效应管能力的重要参数，数值上还等于转移特性上某点的斜率。由式（1-47）可得恒流区的跨导

$$g_m = -\frac{2I_{DSS}}{U_{GS(off)}} \times \left(1 - \frac{u_{GS}}{U_{GS(off)}}\right) = -\frac{2}{U_{GS(off)}}\sqrt{I_{DSS}i_D} \tag{1-48}$$

可见，g_m 与工作点电流有关。若在手册上查得零偏压时的跨导 g_{mo}，则在其他 i_D 值下的跨导可按下式求得

$$g_m = g_{mo}\sqrt{\frac{i_D}{I_{DSS}}} \tag{1-49}$$

7）最大耗散功率 P_{DM}

场效应管的耗散功率等于 u_{DS} 和 i_D 的乘积。这些耗散在场效应管中的功率将变为热能，使场效应管的温度升高。为了限制它的温度不要升得太高，就要限制它的耗散功率不能超过最大数值 P_{DM}。

除了以上参数外，场效应管还有极间电容 C_{gs}、C_{gd} 等，它们的意义与三极管类似。

1.3.2　绝缘栅场效应管

结型场效应管的输入电阻一般可达 $10^6 \sim 10^9 \ \Omega$，但在某些场合下还是不能满足要求。因为这个电阻是 PN 结的反向电阻，PN 结反偏时总有一些反向电流存在，而且还受到温度的影响，这就限制了输入电阻的进一步提高。特别是当栅源电压为正时，输入电阻明显下降。针对上述结型场效应管的缺点，人们制作出了栅极和沟道绝缘的场效应管，称为绝缘栅场效应管，它的输入电阻高达 $10^9 \ \Omega$ 以上。目前应用最广的绝缘栅场效应管也称金属-氧化物-半导体场效应管，它是由金属、氧化物和半导体组成的，简称 MOS 管，除输入电阻高这个显著的优点外，还具有便于大规模集成化等优点。MOS 管有 PMOS、NMOS 及 CMOS（互补）等若干种，这种场效应管已成为大规模数字集成电路的结构基础。常见的 VMOS 管则是一种功率场效应管。

MOS 管除了有 N 沟道和 P 沟道之分外，还有增强型和耗尽型之分。当 $u_{GS}=0$ 时，d、s 之间存在导电沟道的，称为耗尽型绝缘栅场效应管；当 $u_{GS}=0$ 时，d、s 之间没有导电沟道的，称为增强型绝缘栅场效应管。下面以 N 沟道的这两种 MOS 管为例，做进一步的介绍。首先从 N 沟道增强型 MOS 管开始讨论。

1. N 沟道增强型绝缘栅场效应管

1）结构和符号

图 1.64（a）所示为增强型绝缘栅场效应管的结构。它是在一块低掺杂的 P 型硅片（衬底）上，通过扩散工艺形成两个 N 区，并在两个 N 区上覆盖一层铝电极，分别作为源极 s 和漏极 d。在 P 型硅表面覆盖一层很薄的 SiO_2 绝缘层，再在漏源之间的绝缘层上覆盖一层铝电极作为栅极 g。

由于栅极与源极、漏极之间均绝缘，故称为绝缘栅极。场效应管的衬底引出一个电极，这样就形成一个 N 沟道增强型绝缘栅场效应管。如图 1.64（b）所示，箭头方向表示衬底与沟道之间是由 P 指向 N。因此箭头方向向里的为 N 沟道型，箭头方向向外的为 P 沟道型，如图 1.64（c）所示。

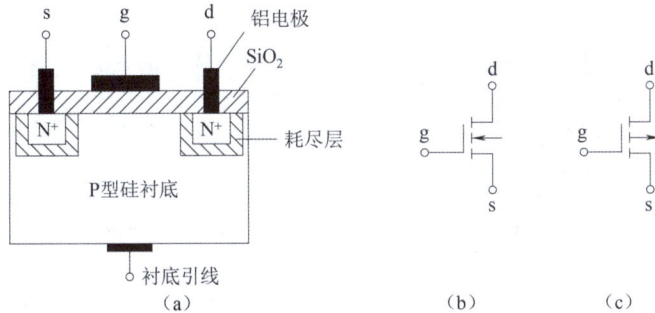

图 1.64 增强型 MOS 管的结构及符号

（a）结构；（b）N 沟道增强型管的符号；（c）P 沟道增强型管的符号

2）工作原理

结型场效应管是利用 PN 结反向电压对耗尽层厚度的控制，来改变导电沟道的宽窄，从而控制漏极电流的大小。对于绝缘栅型场效应管同样是讨论栅源电压对漏极电流的控制作用，即利用栅源电压的大小，来改变半导体表面感生电荷的多少，从而控制漏极电流的大小。

MOS 管的衬底通常是和源极接在一起，对于 N 沟道增强型绝缘栅场效应管来说：

（1）当栅源短接（即栅源电压 $u_{GS}=0$）时，如图 1.64（a）所示，源极和漏极之间就形成两个背靠背的 PN 结串联。此时，不管漏、源极之间的电压极性如何，其中总有一个 PN 结是反偏的。因此漏、源极之间没有导电沟道，基本上没有电流流过，$i_D=0$。

（2）当栅源之间加上正向电压（栅极接正、源极接负）时，如图 1.65（a）所示，则栅极（铝层）和 P 型硅片相当于以二氧化硅为介质的平板电容器，在正的栅源电压作用下，介质中便产生了一个垂直于半导体表面的由栅极指向 P 型衬底的电场，这个电场是排斥空穴而吸引电子的。因此在该电场的作用下，P 型衬底中的电子（少子）被电场吸引到 P 型半导体的表面，而 P 型硅中靠近栅极一侧的多数载流子（空穴）被排斥向衬底移动，随着栅源电压的增加，吸引到表面层的电子越来越多。当 u_{GS} 达到一定数值时，这些电子在栅极附近的 P 型硅表面便形成了一个 N 型导电薄层，通常把这个 N 型薄层称为反型层（这个反型层实际上就组成了源极和漏极间的 N 型导电沟道）。由于它是栅源正电压感应产生的，所以也称感生沟道。一旦出现了感生沟道，原来被 P 型衬底隔开的两个 PN 结就被感生沟道连在一起。若在漏、源极之间加电源，将有沟道电流。一般把在漏源电压作用下刚刚开始导电时的栅源电压称为开启电压，用 $U_{GS(th)}$ 表示。

显然，栅源电压 u_{GS} 越大，垂直电场越强，吸引到 P 型硅表面的电子就越多，感生沟道（反型层）就越宽，沟道电阻就越小，加上电压 u_{DS} 后形成的电流也就越大，从而实现了外加电压 u_{GS} 对漏、源之间的电流 i_D 的控制。

（3）在正向电压 u_{DS} 的作用下，漏极电流 i_D 沿沟道流过产生电压降，使沟道中各点的电位不再相等，靠近漏极的电位最高，靠近源极的电位最低，使沟道变成一种从源极到漏极逐渐变窄的形状，如图 1.65（b）所示。此时，i_D 随 u_{DS} 的增大而迅速增加，当 u_{DS} 增大到 $u_{GD}=U_{GS(th)}$，即 $u_{DS}=u_{GS}-U_{GS(th)}$ 时，沟道在漏端出现预夹断，如图 1.65（c）所示。若 u_{DS} 继续增加，沟道上的夹断区向源极延伸，夹断区加长，如图 1.65（d）所示，沟道被夹断后，u_{DS} 上升，i_D 趋于饱和。

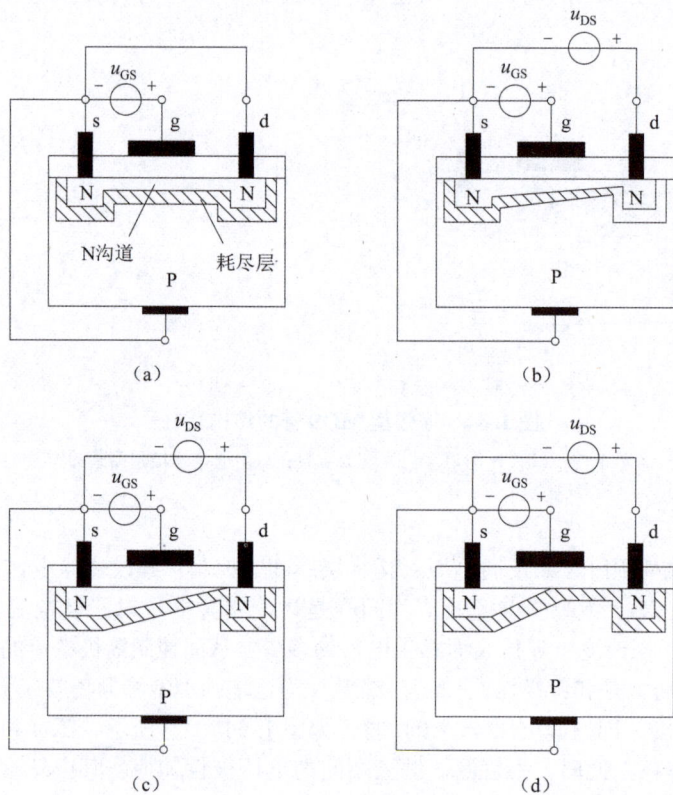

图 1.65 u_{GS} 和 u_{DS} 对导电沟道的影响

（a）$u_{GS}>U_{GS(th)}$，$u_{DS}=0$ 时；（b）$u_{GS}>U_{GS(th)}$，u_{DS} 较小时；

（c）沟道出现预夹断；（d）夹断区加长

总之，u_{DS} 使沟道变得不等宽，u_{GS} 改变了沟道宽度，因此，当 u_{DS} 为一常数的情况下，i_D 的大小受 u_{GS} 的控制。

3）特性曲线

（1）转移特性曲线。

其表示在 u_{DS} 为常数的情况下，输入电压 u_{GS} 与输出电流 i_D 之间的关系曲线，即

$$i_D=f(u_{GS})\big|_{u_{DS}=常数}$$

如图 1.66（a）所示，当 $u_{GS}<U_{GS(th)}$ 时，感生沟道没有形成，$i_D=0$。当 $u_{GS}=U_{GS(th)}$ 时，刚刚形成导电沟道，并且随着 u_{GS} 的增大，i_D 也增大。i_D 与 u_{GS} 的关系，可用下式表示

$$i_D=I_{DO}\left(\frac{u_{GS}}{U_{GS(th)}}-1\right)^2 \tag{1-50}$$

式中，I_{DO} 为 $u_{GS}=2U_{GS(th)}$ 时的 i_D 值。

（2）输出特性曲线。

其表示在 u_{GS} 为常数的情况下，输出电压 u_{DS} 与输出电流 i_D 之间的关系曲线，即

$$i_D=\big|f(u_{DS})\big|_{u_{GS}=常数}$$

如图 1.66（b）所示，与结型场效应管一样，输出特性曲线也分为四个区域，即可变电阻

区、截止区、饱和区（恒流区）和击穿区，这里不再详述。

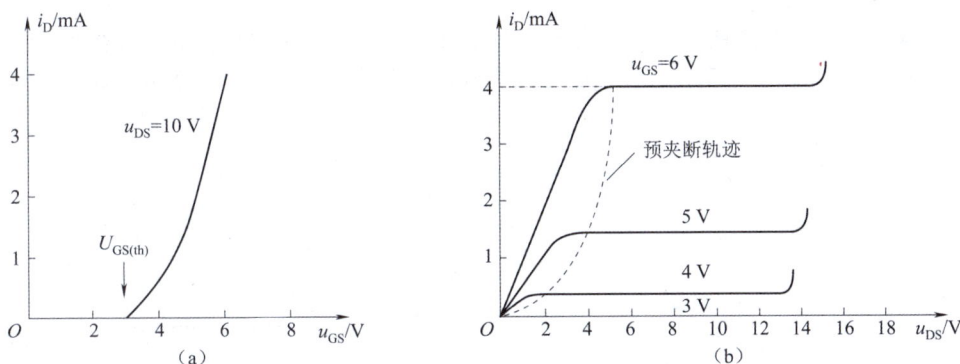

图 1.66　N 沟道增强型 MOS 管的特性曲线

（a）转移特性；（b）输出特性

4）参数

增强型 MOS 管的参数和结型场效应管类似，用开启电压 $U_{GS(th)}$ 表征它的特性。此外没有饱和漏电流这一参数。

2. N 沟道耗尽型绝缘栅场效应管

1）结构与符号

对于 N 沟道增强型绝缘栅场效应管来说，只有在 $u_{GS} > U_{GS(th)}$ 时，从源极到漏极才存在导电沟道，这就限制了栅源电压的范围，同时给使用带来了不便。而耗尽型绝缘栅场效应管在制造过程中，在二氧化硅绝缘层中掺入一定数量的正离子，这样当 $u_{GS} = 0$ 时，也有垂直电场进入半导体，并吸引自由电子到半导体表面形成导电沟道，这样的场效应管称为耗尽型 MOS 管，如图 1.67（a）所示。图 1.67（b）和（c）分别为 N 沟道和 P 沟道耗尽型 MOS 管的符号。还有一种双栅场效应管，具有 g_1、g_2 两个栅极，可分别输入不同电信号，便于在某些特定场合使用。

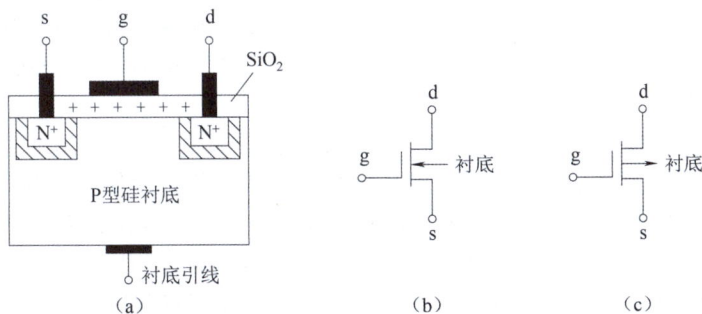

图 1.67　耗尽型 MOS 管的结构及符号

（a）结构；（b）N 沟道耗尽型管的符号；（c）P 沟道耗尽型管的符号

2）工作原理

当 $u_{GS} = 0$ 时，靠绝缘层中的正离子感生导电沟道；当 $u_{GS} > 0$ 时，垂直电场增强，沟道加宽，沟道电阻减小，在 u_{DS} 一定的情况下，i_D 增大；当 $u_{GS} < 0$ 时，垂直电场削弱，沟道变窄，沟道电阻增大，在 u_{DS} 一定的情况下，i_D 减小。当 $u_{GS} = U_{GS(off)}$ 时，沟道全夹断，$i_D = 0$。因此，在一定范围内，无论栅源电压为正、负或零，都能控制 i_D 的大小，工作起来非常灵活，这是耗尽型绝

缘栅场效应管区别于增强型绝缘栅场效应管的一个显著特点。

3）特性曲线与参数

图 1.68 所示为 N 沟道耗尽型 MOS 管的特性曲线，它与 N 沟道结型场效应管相似。输出特性曲线也可分为可变电阻区、恒流区、击穿区和夹断区。它的主要参数与结型场效应管一样，这里不再赘述。

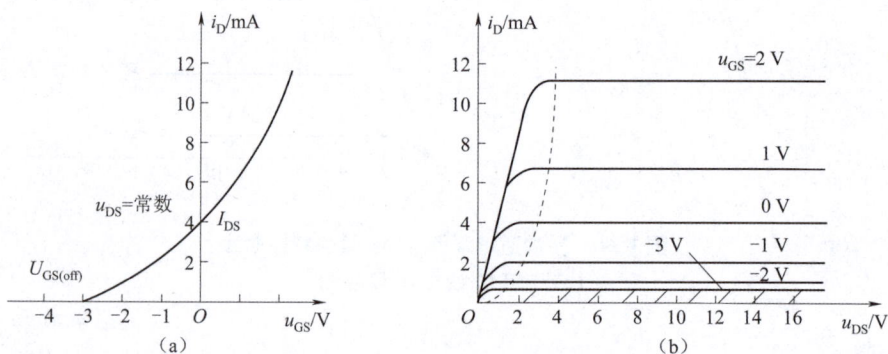

图 1.68 N 沟道耗尽型 MOS 管的特性曲线

（a）转移特性；（b）输出特性

上面主要讨论了 N 沟道场效应管的工作原理、特性曲线和主要参数，这些分析同样适合于 P 沟道场效应管。

应当指出，近来出现一种由新型半导体材料砷化镓（GaAs）制造的 N 沟道 FET，称为金属–半导体场效应管（简称 MSFET）。由于它具有高速特性（工作频率高）等优点，被广泛应用于微波电路、高频放大和高速数字逻辑电路中。

3. 使用场效应管的注意事项

（1）结型场效应管主要注意栅源间应加反偏电压，以保证有高的输入电阻。

（2）MOS 场效应管主要注意防止栅极悬空，以免绝缘栅因电荷积累无法泄放，导致栅源电压升高（极间电容很小）而击穿二氧化硅绝缘薄层。为了避免这种情况的发生，MOS 管出厂包装或使用前都要保持栅源间处于短路状态，通常用软金属线或铝箔等将三个电极暂时短接起来。取用场效应管时，应注意人体静电对栅极的损坏。

（3）场效应管（包括结型和绝缘栅型）通常制成漏极和源极可以互换使用，但有一些场效应管出厂时已将源极和衬底连接在一起，这时源极和漏极不能互换使用，有些场效应管将衬底引出，故有四个引脚，这种场效应管漏极与源极可互换使用，在实际使用时应特别予以注意。

（4）对于绝缘栅型场效应管，不允许使用万用表来检测电极和质量，因为使用万用表测量时很容易感应电荷，形成高压，以致使场效应管击穿。结型场效应管可以用判定晶体三极管的基极的类似方法来判定栅极，另外两个电极便是源极和漏极，不必严格区分。

（5）用电烙铁的余热快速焊接，以防烙铁感应电压损坏场效应管。焊接时，应先焊源极，再焊漏极，最后焊栅极。短接线在焊好引脚后再拆除。近来，为提高 MOS 的工作可靠性，出现了内附保护二极管（接在栅源极间）的 MOS，使用时与结型管一样方便。

（6）在使用场效应管时，要注意漏源电压、漏源电流及耗散功率等，不要超过规定的最大允许值。

4. 场效应管与三极管的比较

场效应管与三极管的比较如表 1.17 所示。

表 1.17　场效应管与三极管的比较

比较项目　　器件名称	场效应管	三极管
导电机构	单极性器件，同一个器件中，只有一种载流子参与导电	双极型器件，同一个器件中有两种载流子参与导电
导电方式	电场漂移	扩散和漂移
控制方式	电压控制	电流控制
跨导	小，$g_m = 1 \sim 5$ ms	大，$g_m = 40 \sim 80$ ms（$I_{CQ} = 1 \sim 2$ mA）
输入电阻	大，$r_i = 10^7 \sim 10^{15}\ \Omega$	小，$r_i \approx 1\ \mathrm{k}\Omega$（共射）
输入动态范围	大，几伏	小，几百毫伏（共射）
噪声系数	小	较大
热稳定性与抗辐射能力	强	差
输出功率	小	较大

由表 1.17 可以看出，场效应管的突出优点是输入电阻很大，其缺点是跨导小，相对来说，三极管具备较强的放大能力。

1.3.3　场效应管的基本电路

和三极管类似，场效应管也可组成放大电路。三极管放大电路有共射、共集及共基电路三种组态，场效应管放大电路有共源、共漏及共栅三种基本组态。由于场效应管具有输入电阻很大和噪声系数小等突出优点，所以被广泛地用在电子电路的输入级和需要高阻抗器件的场合。

1. 场效应管的直流偏置电路和静态工作点

为了不失真地放大变化信号，场效应管放大电路也必须设置合适的静态工作点，以保证工作在恒流区。同时场效应管是电压控制器件，它没有偏流，因此关键是要有合适的栅源偏压 u_{GS}。下面以常用的 N 沟道场效应管为例，介绍常用的两种偏置电路。

1）自偏压电路

典型的自偏压电路如图 1.69 所示。其中，R_S 为源极电阻，主要利用 I_D 在其上的压降为栅源极提供偏置；R_D 为漏极电阻，主要将漏极电流的变化转换成漏极电压的变化，并影响放大倍数；R_G 为栅极电阻，主要将 R_S 压降加至栅极。静态工作时，耗尽型场效应管在无栅极电源的情况下也有漏极电流 I_D，I_D 流过源极电阻 R_S 时，在它两端产生电压降，通常将此电压称为自偏压。由于栅极电流近似为零，因此栅极直流电位

$$U_G = 0$$
$$U_{GS} = U_G - I_D R_S = -I_D R_S \qquad (1\text{-}51)$$

就可以得到合适的静态工作点。

首先通过下列关系式求得工作点上的 I_D 和 U_{GS} 的值

$$I_D = I_{DSS}\left(1 - \frac{U_{GS}}{U_{GS(off)}}\right)^2$$

$$I_D = -\frac{1}{R_S} \times U_{GS}$$

则

$$U_{DS} = U_{DD} - I_D(R_D + R_S) \qquad (1-52)$$

可见，栅源之间的直流偏压 U_{GS} 是由场效应管的自身电流 I_D 流过电阻 R_S 产生的，故称为自偏压电路。但此电路不适合增强型 MOS 管，因为静态时该电路不能使 MOS 管开启，$I_D = 0$。为了防止 R_S 对交流信号的衰减，在 R_S 两端并联一个大的源极旁路电容 C_S，栅极电阻 R_G 应足够大，否则放大电路的输入电阻将降低。电路的输入和输出耦合电容 C_1、C_2 的容量取得比较小。

但此电路还有一个缺点，改变 R_S，电路的偏压只能向一个方向变化（图 1.69 为负值），使用起来不够灵活方便。

2）分压式自偏压电路

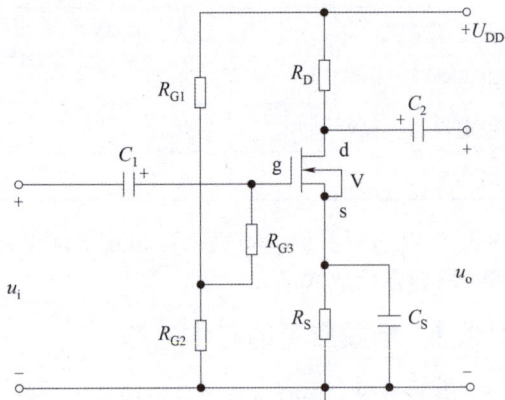

如图 1.70 所示，此电路是在自偏压电路的基础上进行改进的电路。

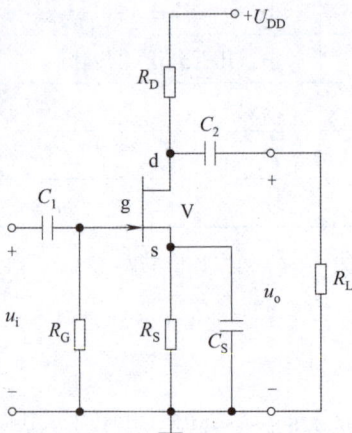

图 1.69　典型的自偏压电路　　　　图 1.70　分压式自偏压电路

栅源电压为

$$U_{GS} = U_G - U_S = \frac{R_{G2}}{R_{G1} + R_{G2}} U_{DD} - I_D R_S \qquad (1-53)$$

U_{GS} 不仅与 R_S 有关，还随电阻 R_{G1}、R_{G2} 而变。适当选择 R_{G1}、R_{G2} 的值，就可获得正、负及零三种偏压，适应性较大。R_{G3} 的作用就是保持高的输入电阻。

结合式（1-44）和式（1-53），即可求得 U_{GS} 和 I_D，进而求得 U_{DS}，确定电路的静态工作点。

对场效应管的静态分析除了上述估算法外，还有图解法，但图解法较烦琐且容易造成人为误差，故一般不采用。这里不再介绍。

2. 场效应管放大电路的等效电路分析法

1）场效应管的等效电路

与三极管一样，场效应管在低频小信号且工作在恒流区时，可用微变等效电路来代替。图 1.71 所示为场效应管与三极管的等效电路。图 1.71（b）中，场效应管输入电阻 r_{gs} 极大，故看成开路而略去。此外，图 1.71（a）的电流控制电流源 $i_c = \beta i_b$，被图 1.71（b）的电压控制电流源 $i_d = g_m u_{gs}$ 所取代。比较 1.71（a）、1.71（b）两图，可见场效应管的等效电路更为简单，两图中均略去了受控源的内阻 r_{ce} 和 r_{ds}，认为它们的恒流特性都是理想的。

图 1.71　场效应管与三极管的等效电路

（a）三极管微变等效电路；（b）场效应管微变等效电路

2）场效应管放大电路的等效电路分析

这里主要进行电路的动态分析，分析放大电路的电压放大倍数 A_u、输入电阻 r_i 和输出电阻 r_o。

前面介绍的自偏压电路，就是一种简单的结型管共源放大电路。图 1.72 所示为它的微变等效电路，漏极输出电阻 r_{ds} 因较大而被省略，由该电路不难求出三个技术指标。

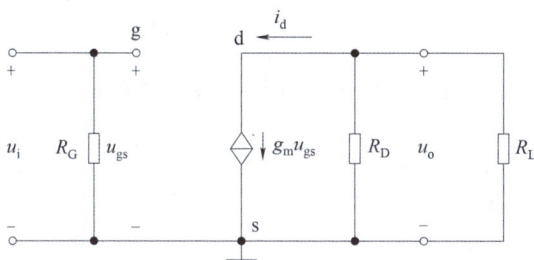

图 1.72　共源放大电路的交流微变等效电路

（1）电压放大倍数 A_u。

由图 1.72 中可知

$$u_o = -i_d R'_L = -g_m u_{gs} R'_L$$

$$u_i = u_{gs}$$

由此可导出电压放大倍数的表达式

$$A_u = \frac{u_o}{u_i} = \frac{-g_m u_{gs} R'_L}{u_{gs}} = -g_m R'_L \qquad (1-54)$$

式中，$R'_L = R_D /\!/ R_L$。

式（1-54）表明：场效应管共源放大电路的放大倍数与跨导 g_m 成正比，且输出电压与输入电压反相。由于场效应管的跨导 g_m 不大，因此单级放大倍数要比共射放大电路小。

（2）输入电阻 r_i 和输出电阻 r_o。

由图 1.72 中可知，输入电阻

$$r_i \approx R_G$$

可见场效应管电路的输入电阻主要由偏置电阻 R_G 决定，一般较大。

输出电阻

$$r_o \approx R_D$$

与共射电路类似，其输出电阻由漏极电阻决定。

有关共漏和共栅电路的分析与三极管共集和共基电路的分析方法类似。

以下为多级放大电路的概念、耦合方式和分析方法，以及差动放大电路、集成运算放大器和集成功率放大器的有关知识。

1.3.4 多级放大电路

1. 多级放大电路的组成

1）多级放大电路的组成框图

前面讨论的都是由一个三极管（或场效应管）组成的单级放大电路，它的放大倍数一般较小，通常为几十倍。而在实际应用中，因从现场采样来的信号往往比较微弱，单靠单级放大电路的放大是不够的。为此，需要把若干个单级放大电路经过一定的连接方式组成多级放大电路以满足实际的要求。多级放大电路的组成框图如图 1.73 所示。

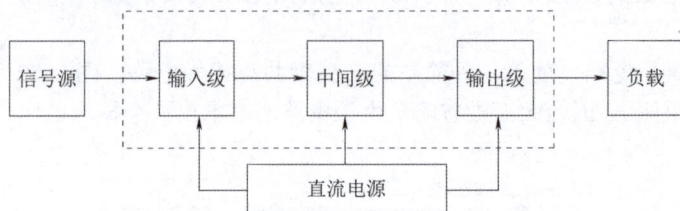

图 1.73　多级放大电路的组成框图

多级放大电路的输入级常采用具有较大输入电阻的共集放大电路或场效应管放大电路，且器件多采用低噪声管；中间级通常由若干级共射放大电路组成，主要用作电压放大；输出级主要用作功率放大，输出负载所需要的功率。多级放大电路通常具有输入电阻大、噪声低、电压放大倍数较大、输出功率较大等特点。很显然，任何单级放大电路不可能同时具备这些特点。

在多级放大电路中存在级与级之间如何连接的问题。实际上单级放大电路只存在与信号源及负载的连接问题。而多级放大电路中还存在级与级之间的连接。把多级放大电路级与级之间信号的传递或连接方式称为级间耦合方式。

2）多级放大电路的级间耦合方式

在多级放大电路中，常见的级间耦合方式有阻容耦合、电隔离耦合和直接耦合。

（1）阻容耦合。

通过电容和后级的输入电阻（或负载）实现前后级的耦合称为阻容耦合。如图 1.74（a）所示，是两级之间通过电容 C_2 耦合起来的两级阻容耦合放大电路。电容具有"隔直"和"传交"的作用，因此，第一级的输出信号可以通过耦合电容传送到第二级，而各级的工作点彼此独立、互不影响，如图 1.74（b）所示。此外，电容还具有体积小、质量轻等优点。这些优点使它在多级放大电路中得到广泛应用。但阻容耦合方式不适合传送缓慢变化（频率较低）的信号和直流信号，因为这类信号在通过耦合电容时会受到很大的衰减或根本不能传送。另外，在集成电路中很难制造大的电容，故集成电路中不采用此种耦合方式。阻容耦合主要应用于分立元件电路中。

（2）电隔离耦合。

电隔离耦合包括变压器耦合和光电耦合。由于此种耦合的前后级之间是绝缘的，所以统称为电隔离耦合。

①变压器耦合：通过变压器实现级间耦合的放大电路。如图 1.75 所示，变压器 T_1 将第一级的输出信号电压变换成第二级的输入信号电压，变压器 T_2 将第二级的输出信号电压变换成负载

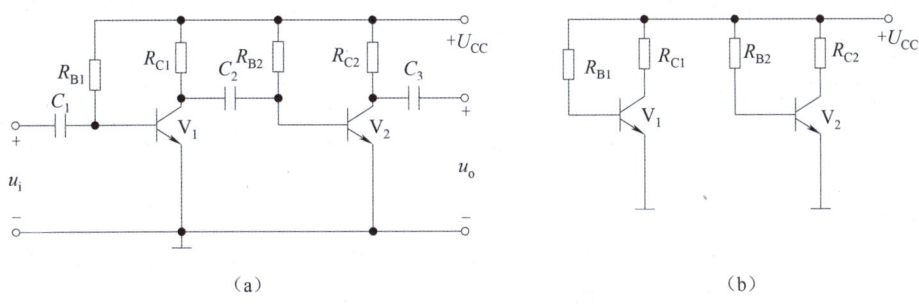

图 1.74　阻容耦合方式
（a）电路图；（b）直流电路

R_L 所要求的电压。变压器也具有"隔直传交"的特性，变压器耦合的最大优点是在传交时能够进行阻抗、电压和电流的变换，便于负载从放大电路中获得最大的功率。但由于变压器对直流电无变换作用，因此具有很好的隔直作用，各级的工作点互不影响。变压器耦合的缺点是只能传送交流信号，不能传送变化缓慢的低频信号或直流信号。此外，它的体积和质量都较大、价格高、频率特性差，不能集成。由于阻抗变换作用使它主要适用于要求功率输出的场合。

图 1.75　变压器耦合方式

②光电耦合：两级之间是通过光电耦合器件实现的耦合。光电耦合器件由发光二极管和光电三极管（光敏三极管）组成，如图 1.76 所示。光电耦合是通过电–光–电的转换来实现耦合的。它既可传输交流信号，也可传输直流信号。由于两级电路处于隔离状态，前后级电路既可互不影响，同时又便于集成，此种耦合广泛应用于小信号放大。

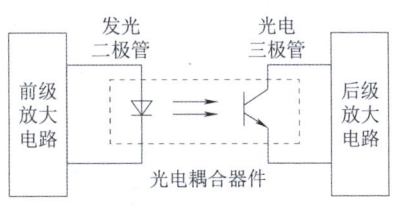

（3）直接耦合。

直接耦合是一种不经过任何电抗元件，用导线或电阻等把前、后级电路连接起来的耦合方式，如图 1.77 所示。它具有良好的频率特性，不仅能放大交流信号，也能放大缓慢变化的低频信号或直流信号，因此也称直流放大电路。但直接耦合使各级的直流通路互相沟通，各级的静态工作点相互影响，容易产生零点漂移。因此这就要求直接耦合电路应对各级工作点做出合理的安排，有效地抑制零点漂移，才能使各级放大电路正常工作。由于直接耦合放

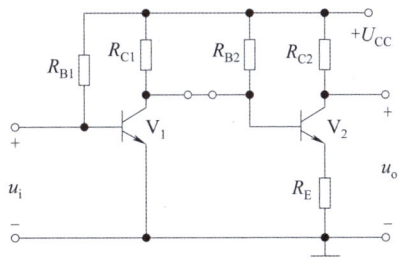

图 1.76　光电耦合方式

图 1.77　直接耦合方式

大电路的耦合没有采用任何电抗元件，因此它适合于制作集成电路。随着科学技术的发展，它的应用越来越广泛。

2. 多级放大电路的分析

下面以两级阻容耦合放大电路为例进行分析。分析多级放大电路时，必须考虑各级之间的相互影响。

1）静态分析

由于阻容耦合放大电路各级的工作点相互独立，因此在静态分析时可分别单独计算，计算的方法与单级放大电路相同，不再重述。

2）动态分析

在进行动态分析时，首先要明确两点：一是输入、输出信号是相对的；二是相邻前后级之间的关系——后级是相邻前级的负载，前级是相邻后级的信号源。由此可推出：前一级输出信号是相邻后一级的输入信号（如 $u_{o1} = u_{i2}$），前一级的输出电阻是相邻后一级的信号源内阻（如 $r_{o1} = r_{s2}$），而后一级的输入电阻又是相邻前一级的负载电阻（如 $R_{L1} = r_{i2}$）。

然后根据单级放大电路的微变等效电路分析法，便可对多级放大电路进行分析。

【例 1.6】 如图 1.78（a）所示的电路中，$\beta_1 = \beta_2 = 50$，$r_{be1} = 1\ 084\ \Omega$，$r_{be2} = 308\ \Omega$，$U_{CC} = 24\ V$。

（1）画出微变等效电路；

（2）确定两管的静态电流 I_{C1} 和 I_{C2}；

（3）求电路的电压放大倍数 A_u；

（4）求输入电阻 r_i 和输出电阻 r_o。

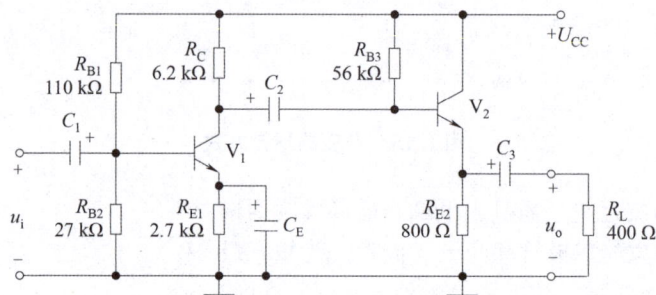

（a）

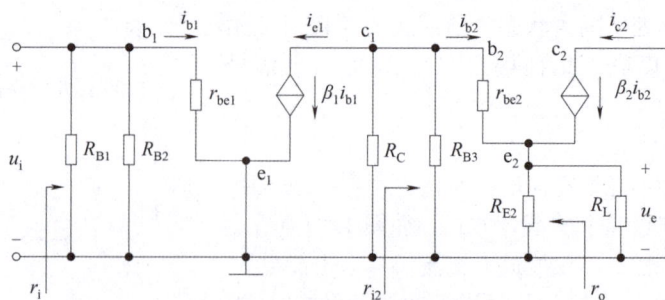

（b）

图 1.78　例 1.6 电路

（a）电路图；（b）微变等效电路

解:

(1) 微变等效电路如图 1.78 (b) 所示。

(2) 由图 1.78 可得

$$U_{B1} \approx \frac{R_{B2} \times U_{CC}}{R_{B1} + R_{B2}} = \frac{27 \times 24}{110 + 27} \approx 4.73(V)$$

$$I_{C1} \approx I_{E1} = \frac{U_{B1} - U_{BE1}}{R_{E1}} = \frac{4.73 - 0.7}{2.7} \approx 1.49(mA)$$

$$I_{B2} = \frac{U_{CC} - U_{BE2}}{R_{B3} + (1+\beta_2)R_{E2}} = \frac{24 - 0.7}{56 + 51 \times 0.8} \approx 0.24(mA)$$

$$I_{C2} \approx \beta_2 \times I_{B2} = 50 \times 0.24 = 12(mA)$$

(3) 第一级电路的电压放大倍数为

$$A_{u1} = -\beta_1 \frac{R_C // r_{i2}}{r_{be1}}$$

式中，r_{i2} 为第二级放大电路的输入电阻。由于

$$r_{i2} = R_{B3} // [r_{be2} + (1+\beta_1)(R_{E2} // R_L)] = 56 // [0.308 + (1+50)(0.8 // 0.4)] \approx 11(k\Omega)$$

所以

$$A_{u1} = -50 \times \frac{6.2 // 11}{1.084} \approx -182.89$$

第二级电路的放大倍数

$$A_{u2} = \frac{(1+\beta_2)(R_{E2} // R_L)}{r_{be2} + (1+\beta_2)(R_{E2} // R_L)} = \frac{(1+50)(0.8 // 0.4)}{0.308 + (1+50)(0.8 // 0.4)} \approx 0.978$$

电路总的电压放大倍数

$$A_u = \frac{u_o}{u_i} = \frac{u_{o2}}{u_i} = \frac{u_{o1}}{u_i} \times \frac{u_{o2}}{u_{o1}} = \frac{u_{o1}}{u_i} \times \frac{u_{o2}}{u_{i2}} = A_{u1} \times A_{u2} = -182.89 \times 0.978 \approx -178.87$$

(4) 由于第一级是共射电路，因此，输入电阻

$$r_i = r_{i1} = R_{B1} // R_{B2} // r_{be1} = 110 // 27 // 1.084 \approx 1.03(k\Omega)$$

输出电阻

$$r_o = R_{E2} // \frac{r_{be2} + (R_{B3} // R_C)}{1+\beta_2} = 0.8 // \frac{0.308 + (56 // 6.2)}{1+50} \approx 0.1(k\Omega)$$

通过对上述电路的分析，可得以下结论：多级放大电路总的电压放大倍数等于各级电压放大倍数的乘积；多级放大电路的输入电阻就是第一级放大电路的输入电阻；多级放大电路的输出电阻就是最后一级放大电路的输出电阻。

检查评估

1. 任务问答

(1) 静态工作点对非线性失真产生哪些影响？

(2) 饱和失真和截止失真有什么区别？

(3) 如何使用计算的方法和图示法计算静态工作点的基极电压？

2. 任务评估

任务评估如表 1.18 所示。

表 1.18　任务评估

工作任务			
小组号		工作组成员	
工作时间		完成总时长	
工作任务描述			
小组分工	姓名	工作任务	

任务实施步骤			
序号	工作内容	计划时间	操作员
验收评定		验收人签名	

小结反思 NEW!

1. 绘制思维导图。

2. 在任务实施中遇到哪些问题？是否解决？如何解决？填入表1.19中。

表1.19　总结反思

遇到的问题	
解决方法	
问题反思	

任务1.4 安装功放电路

任务描述

本次任务：准确安装功放电路。

任务提交：检测结论、任务问答、学习要点、思维导图、检查评估表。

学习导航

本任务参考学时：4学时。通过本任务学习可以收获：

专业知识

1. 掌握功放电路的特性。
2. 掌握反馈电路的构成。
3. 掌握集成运算放大器的分析方法。
4. 掌握功放电路的分析方法。

专业技能

1. 能够分析功放电路的特性。
2. 能够分析集成运放电路。
3. 能够选择合适的功放电路。

职业素养

1. 通过检测元器件，提升思维能力。
2. 养成良好的安全作业意识。
3. 能够团结同学、积极协作。

知识储备

1.4.1 集成运放基础知识

1. 集成运算放大器发展简介

线性集成电路中应用最广泛的就是集成运算放大器，简称集成运放或运放。它实际上是一个具有差动输入级的高放大倍数、高输入电阻和低输出电阻的多级直接耦合集成放大电路，其电特性已接近理想化放大器件。由于在这种集成组件的输入与输出之间外加不同的反馈网络即可组成各种用途的具有某种运算功能的电路，因此把这种放大器称为集成运算放大器。

运算放大器最初用于模拟计算机中，使用的是电子管电路，后来发展成为晶体管运算放大器电路，由于采用的都是分立元器件，因此很难应用于各个技术领域中。20 世纪 60 年代初，出现了原始型运放，即"单片集成"运算放大器 uA702，使运算放大器的应用逐渐得到推广，并远远超出了原来"运算放大"的范围。当前，在工业自动控制和精密检测系统等方面，集成运算放大器已用得十分普遍。

目前，集成运放还在朝着低漂移、低功耗、高速度、高放大倍数和高输出功率等高指标的方向快速发展。

2. 集成运放的电路符号和等效电路

集成运放的电路符号如图 1.79 （a）、（b）所示。它有两个输入端和一个输出端，其中标"+"或"u_p"的端表示同相输入端，标"−"或"u_n"的端表示反相输入端。输出端处标有正号，表示输出信号与从同相端输入的输入信号的极性相同，与从反相端输入的输入信号的极性相反。

集成运放的等效电路如图 1.79 （c）所示，其中，r_{id} 为运放的差模输入电阻；r_o 为运放的输出电阻；受控电压源 $u_o' = (u_p - u_n)A_{udo}$。

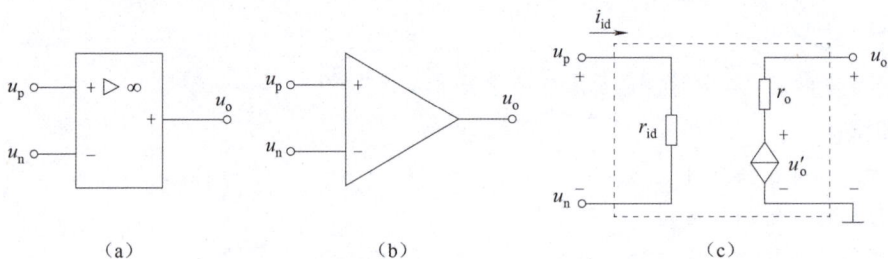

图 1.79 集成运放的电路符号和等效电路
（a）新符号；（b）旧符号；（c）集成运放的等效电路

实际集成运放除了两个输入端，一个输出端外，通常还有接地端、两个电源端，此外有的还有一些附加引出端，如"调零端""补偿端"等。但在电路符号上这些端均不标出，因此使用集成运放时应注意引脚功能及接线方式。

3. 集成运放的主要参数

集成运放的性能可以用各种参数来反映，为了合理正确地选择和使用集成运放，必须熟悉以下参数的含义。

1）开环差模电压放大倍数 A_{udo}

开环差模电压放大倍数是指无外加反馈时集成运放本身的差模电压放大倍数。它体现运放的电压放大能力，一般在 $10^3 \sim 10^7\ \Omega$，理想运放 $A_{udo} = u_o / (u_p - u_n) \rightarrow \infty$。

2）差模输入电阻 r_{id}

差模输入电阻是指差模输入时，运放无外加反馈回路时的输入电阻，一般在几十千欧至几十兆欧范围，理想运放 $r_{id} \rightarrow \infty$。

3）开环输出电阻 r_{io}

开环输出电阻是指运放无外加反馈回路时的输出电阻，一般在 $20 \sim 200\ \Omega$，理想运放 $r_{io} \rightarrow 0$。

4）共模抑制比 K_{CMR}

共模抑制比用来综合衡量运放的放大和抗零点漂移、抗共模干扰的能力，K_{CMR} 越大，运放的性能越好，一般应在 80 dB 以上，理想运放 $K_{CMR} \rightarrow \infty$。

5）输入失调电压 U_{IO}

当输入信号为零时，为使输出电压为零，在输入端所加的补偿电压 U_{IO} 越小越好，其值在 $\pm(1\ \mu V \sim 20\ mV)$。

6）最大差模输入电压 U_{idmax}

其是指运放的两个输入端之间所允许加的最大电压值。若差模电压超过 U_{idmax}，则运放输入级将被反向击穿甚至损坏。

7）最大共模输入电压 U_{icmax}

其是指运放所能承受的最大共模输入电压。若共模输入电压超过 U_{icmax}，运放的输入级工作不正常，K_{CMR} 显著下降，故也有把 K_{CMR} 下降 6 dB 时所加的共模输入电压定义为 U_{icmax}。

8）电压转换速率 s_R

转换速率也称上升速率，$s_R = |du_o / dt|$，是指在闭环状态下，输入为大信号时，集成运放输出电压随时间的最大变换速率。它反映了运放对快速变化信号的响应能力。s_R 越大，运放的高频性能越好。通用型运放的 s_R 一般在 $0.5 \sim 100\ V/\mu s$。

4．集成运算放大器工作在线性区和非线性区的特点

1）集成运放的电压传输特性

集成运放的电压传输特性是指运放 $u_o = f(u_+ - u_-)$ 对应变化的关系，如图 1.80 所示。

2）运放在线性区的特点

根据上述理想化条件，当集成运放工作在线性区时，一般需要在电路中接入深度负反馈，这时有

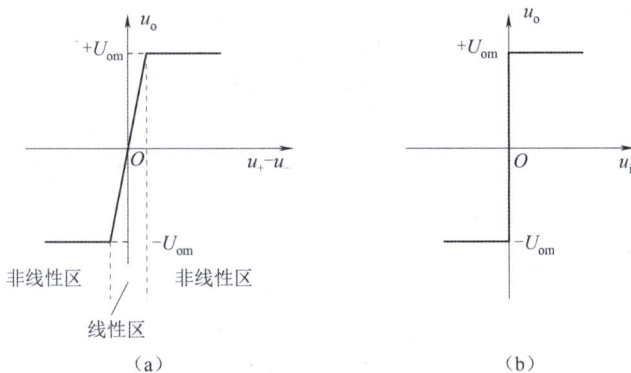

图 1.80　集成运放的电压传输特性

（a）实际运放；（b）理想运放

$$u_o = A_{udo} u_i = A_{udo} (u_+ - u_-), \quad u_o \in (-U_{om}, +U_{om}) \tag{1-55}$$

根据上式和运放的参数可以导出分析集成运算放大器电路时依据的两个重要特点。

（1）虚短。

由于集成运放的开环电压放大倍数 $A_{udo} = \infty$，而输出电压 u_o 始终是个有限的数值，所以输入电压 $(u_+ - u_-) = \dfrac{u_o}{A_{udo}} = 0$，即

$$u_+ = u_- \tag{1-56}$$

运放的两个输入端是等电位的，这两个输入端好像短接一样，但又不是真正的短接，故称"虚短"。

（2）虚断。

由于集成运放的差模输入电阻 $r_{id} = \infty$，并且 $u_+ - u_- = 0$，故可以认为流入或流出运算放大器两个输入端的电流为零，即

$$i_{id} = (u_+ - u_-)/r_{id} = 0 \tag{1-57}$$

这样，从运放这两个输入端往里看进去好像断开一样，但又不是真正的断开，故称"虚断"。

"虚短"和"虚断"是运放工作在线性区的两个重要特点，是同时存在的，以后在分析运放电路时会经常用到。

（3）u_+、u_- 和 u_o 之间的相位关系。

当输入信号加在 u_+，u_- 电位保持不变时，u_+ 与 u_o 同相；

当输入信号加在 u_-，u_+ 电位保持不变时，u_- 与 u_o 反相。

3）运放在非线性区的特点

由于集成运放的开环放大倍数 A_{uo} 为无穷大，当它工作于开环状态（即未接反馈）或加有正反馈时，只要有差模信号输入，哪怕是极微小的电压信号，集成运放的输出电压将偏向它的饱和值，进入非线性区，其输出电压会立即达到正向饱和值 U_{om} 或反向饱和值 $-U_{om}$。此时，式（1-55）不再成立。理想运放工作在非线性区时，具有以下两个特点：

（1）只要输入电压 u_+、u_- 不相等，输出电压就等于饱和值，因此有

$$u_o = U_{om} \quad (u_+ > u_- 时) \tag{1-58}$$
$$u_o = -U_{om} \quad (u_+ < u_- 时) \tag{1-59}$$

（2）虚断的结论仍然成立，即

$$i_{id} = (u_+ - u_-)/r_{id} = 0$$

综上所述，在分析具体的集成运放应用电路时，可将集成运放按理想运放对待，先判断它工作在哪个区。一般来说，只要运放电路中引入了负反馈，就认为它将工作在线性区。而在开环状态或正反馈状态时，它则工作在非线性区。然后运用上述线性区或非线性区的特点分析电路的工作情况，这样会使分析工作大为简化。

1.4.2　放大电路的频率响应

在电子技术实践中，需要放大的信号的频率往往不是单一的，而是在某一段范围之内。如音乐信号的频率为 20～20 000 Hz，电视中视频信号的频率为 0～6 MHz，这就要求放大电路对信号频率范围内的所有频率信号都具有相同的放大效果，输出才能不失真地重现输入信号。实际中，由于放大电路中的电抗元件（如电感、电容）在不同的频率下的电抗值不一样，以及三极管本身的结电容效应，使同一个放大器对这些信号的放大效果不完全一致，输出信号产生了频率失

真。把放大器对不同频率正弦信号的放大效果称为频率响应。

1. 频率响应的描述和几个常用的术语

放大器的频率响应可直接由放大器的电压放大倍数对频率的关系来描述，即

$$\dot{A}_u = A_u(f) \angle \varphi(f) \tag{1-60}$$

式中，$A_u(f)$ 为电压放大倍数的模与频率的关系，称为幅频特性；$\varphi(f)$ 为放大器输出电压与输入电压之间的相位差 φ 与频率的关系，称为相频特性，两者综合起来可全面表征放大器的频率响应。图 1.81（a）、图 1.81（b）所示为单级阻容耦合放大器的频率特性。

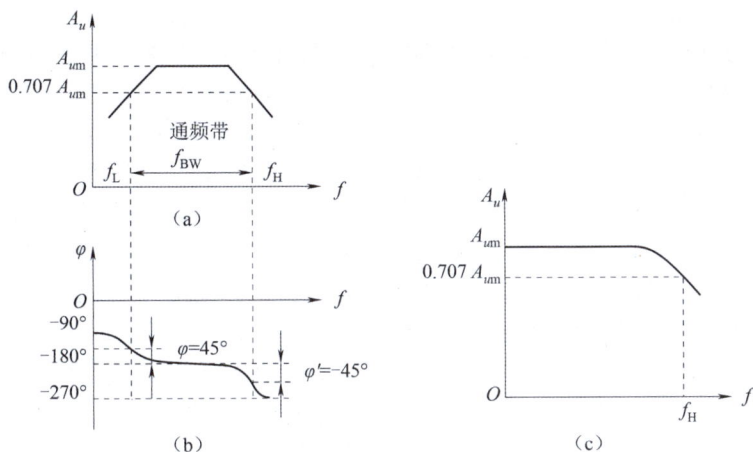

图 1.81　单级阻容耦合放大器的频率特性

（a）幅频特性；（b）相频特性；（c）直接耦合放大器幅频特性

图 1.81 表明，在某一段频率范围内，电压放大倍数 A_u 与频率无关，输出信号相对于输入信号的相位差保持不变（在此为 $-180°$），这一段频率范围称为中频区。随着频率的降低或升高，电压放大倍数都要减小，相位差也要发生变化。为了衡量放大器的频率响应，规定在放大倍数下降为 $0.707A_{um}$ 时所对应的两个频率，分别称为下限截止频率 f_L 和上限截止频率 f_H。在 f_L 和 f_H 这两个频率之间的频率范围，称为放大器的通频带或带宽，用 f_{BW} 表示，即

$$f_{BW} = f_H - f_L$$

由于 $f_L \ll f_H$，故 $f_{BW} \approx f_H$。

通频带是放大器频率响应的一个重要指标，它反映了一个放大器正常放大时能够适应的输入信号的频率范围。通频带越宽，放大器工作的频率范围越宽，低于 f_L 的频率范围，称为低频区；高于 f_H 的频率范围，称为高频区。

放大器若采用直接耦合，其幅频特性如图 1.81（c）所示，$f_L = 0$，通频带 $f_{BW} = f_H$。

2. 放大电路频率响应的分析

由于一个阻容耦合放大器的频率响应可划分为三个频率区，即低频区、中频区和高频区。因此，对应于三个频率区，下面将简单分析。

放大器的电压放大倍数在低频区下降的原因是：由于耦合电容 C_1、C_2 和射极旁路电容 C_E 在低频时容抗增大，信号通过时被明显衰减，从而降低了电压放大倍数，同时还产生超前的附加相移。

放大器的电压放大倍数在高频区下降的原因是：由于三极管的极间电容和电路分布电容在高频时容抗变小，对有用信号的分流作用增大，从而降低了电压放大倍数，同时还产生滞后的附加相移。

而放大器在中频区，耦合电容和射极旁路电容的容抗很小，近似为导线，三极管的结电容和电路的分布电容容抗很大，对有用信号的分流可忽略不计，故放大器的电压放大倍数基本不变，并且也不产生附加相移。

多级放大器的通频带一定比组成它的任何单级都窄，级数越多，f_L 越高，f_H 越低，通频带越窄。这就是说，多级放大器的放大倍数增大了，但通频带变窄了。因此，频率响应问题在多级放大电路中更为突出。

1.4.3 差动放大电路

直接耦合放大电路具有良好的频率特性，不仅能够放大交流信号，而且还能放大变化非常缓慢的非周期信号和直流信号。因此，直接耦合放大电路也称直流放大器。而在实际的自动控制和自动检测装置中所采集来的信号往往都是一些变化非常缓慢的信号，如用热电偶、热电阻测得炉温变化信号，用电阻应变片测得的压力变化信号等，如果采用阻容耦合或变压器耦合的放大电路进行放大，就会产生很大的衰减，甚至得不到放大的输出信号。因此，必须采用直接耦合放大电路来放大。但直接耦合放大电路的各级工作点互相影响，容易产生零点漂移，所谓零点漂移（简称零漂），就是当放大器的输入端短接时，输出端还有缓慢变化的不规则电压产生，即输出电压偏离原来的起始点而上下漂动。由温度引起的零漂也称温漂。实践证明：直接耦合放大器的级数越多，放大倍数越大，零点漂移越严重，因为当放大器第一级的静态工作点由于某种原因而稍有偏移时，第一级的输出电位将发生微小的变化，这种缓慢的微小变化就会逐级被放大，致使放大器的输出端产生较大的漂移电压。特别是漂移电压的大小可以和有效信号相比时，就无法分辨是有效信号电压还是漂移电压，严重时漂移电压甚至把有效信号电压淹没了，使放大器无法正常工作。在交流放大器中，虽然也存在工作点稳定的问题（其实质也是一个零点漂移问题），但交流放大器放大的对象是交变的信号，因此从信号的波形来看，和零点漂移的电压可以区分开来。因此零点漂移问题在直接耦合放大器中是一个突出的问题。为了解决零漂问题，人们想出了很多办法，其中最有效的办法就是采用差动放大电路。

差动放大电路就其功能来说，是放大两个输入信号之差。由于它在电路和性能方面有许多优点，因此差动电路是当今模拟集成运放电路的主要单元。

1. 基本差动放大电路

图 1.82 所示为基本差动放大电路。它是由完全对称的左右两个单管放大电路组成的，要求 V_1、V_2 的特性相同，外接电阻对称相等，各元件的温度特性相同，即差动电路左右结构对称、参数对称。它有两个输入端，其输入信号分别为 u_{i1} 和 u_{i2}，输出信号通常由两个集电极之间输出。

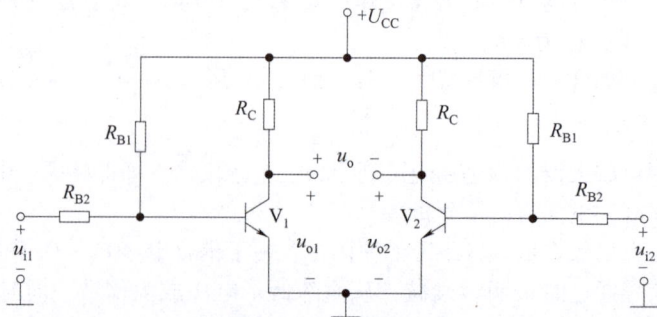

图 1.82 基本差动放大电路

2. 差动放大电路的工作原理

1）共模输入信号 u_{ic} 和共模电压放大倍数 A_{uc}

若 $u_{i1}=u_{i2}=u_{ic}$，则 u_{ic} 称为共模输入信号，如图 1.83（a）所示，由于电路对称，u_{c1}、u_{c2} 同时变化且变化量相等，即 $u_{c1}=u_{c2}$。在共模输入信号作用下的输出电压 u_o 称为共模输出电压，用 u_{oc} 表示，$u_{oc}=u_{c1}-u_{c2}=0$。

定义

$$A_{uc}=\frac{u_{oc}}{u_{ic}} \qquad (1-61)$$

为共模电压放大倍数，理想情况下（即电路参数完全对称时）$A_{uc}=0$，这说明差动放大电路对共模输入信号没有放大能力（或者说对共模输入信号有很好的抑制能力）。但实际上，电路参数不可能完全对称，$u_{oc}\approx0$，$A_{uc}\approx0$，A_{uc} 反映了电路的对称程度，也反映了差动电路对共模信号的抑制能力，希望它越小越好，等于 0 最好。

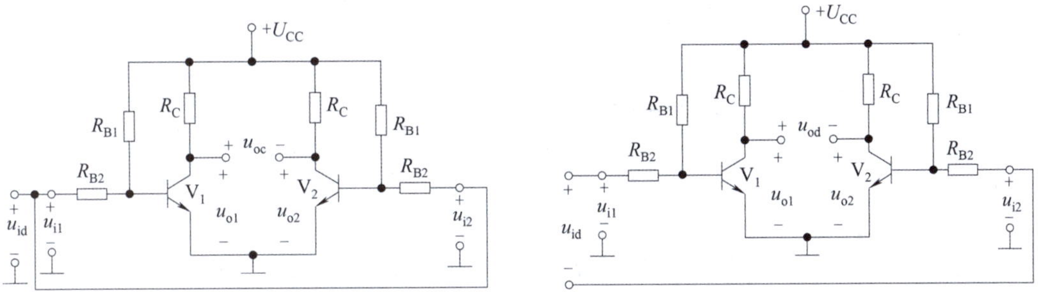

（a）   （b）

图 1.83　差动电路的共模输入和差模输入

（a）共模输入；（b）差模输入

共模信号是无用的干扰信号和噪声信号，如电源电压波动或环境温度的变化都相当于共模输入信号，这时两个三极管的集电极电流和集电极电压将同时发生同方向的变化。例如，温度升高会引起两个三极管集电极电流同步增加，由此使集电极电位同步下降。其效果相当于在两个输入端加入了共模信号。考虑到电路的对称性，两个三极管集电极电位的减少量必然相等。在理想情况下，$u_{oc}=u_{c1}-u_{c2}=0$。显然，这种差动电路两边的对称性越好，漂移电压抵消得越彻底。当然，在实际情况下，要做到两个三极管电路完全对称是比较困难的，但是输出漂移电压将大为减小，从而有效地抑制了零点漂移。因此，差动放大器特别适合作多级直接耦合放大器的输入级。

2）差模输入信号 u_{id} 和差模电压放大倍数 A_{ud}

差模输入信号 u_{id} 就是两个输入信号之差，即 $u_{id}=u_{i1}-u_{i2}$，或者说是加在两个输入端之间的信号，如图 1.83（b）所示。

差模输入信号 u_{id} 可分解成在两个输入端加上一组大小相等、极性相反的信号，如图 1.83（b）所示，即

$$u_{id1}=\frac{1}{2}u_{id}，u_{id2}=-\frac{1}{2}u_{id}$$

$$u_{id1}=-u_{id2} \qquad (1-62)$$

$$u_{id}=u_{i1}-u_{i2}=u_{id1}-u_{id2}=2u_{id1}$$

在差模信号作用下，$u_{c1}=-u_{c2}$，即两个集电极电位的变化量相等、变化趋势相反，在差模输入信号作用下的输出电压称为差模输出电压，用 u_{od} 表示，不再为零，而是 $u_{od}=u_{c1}-u_{c2}=2u_{c1}$，定义

$$A_{ud}=\frac{u_{od}}{u_{id}} \qquad (1-63)$$

为差模电压放大倍数，或写成 $u_{od}=A_{ud}(u_{i1}-u_{i2})=A_{ud}u_{id}$。

差模信号是待放大的有用信号，只有当两个输入端之间有电位差时，输出端才会有电压变动，而差模电压放大倍数反映了一个差动放大电路放大有用的差模信号的能力，希望它大一些好。

而实际的输入输出信号中，往往既有差模信号，也有共模信号，不管什么形式的输入信号，都可以分解（或等效）成差模信号和共模信号的叠加，即

$$u_{i1}=u_{ic}+\frac{u_{id}}{2}$$

$$u_{i2}=u_{ic}-\frac{u_{id}}{2} \qquad (1-64)$$

式中，差模信号就是两个输入信号之差；共模信号则是两个输入信号的算术平均值，即

$$u_{id}=u_{i1}-u_{i2}$$

$$u_{ic}=\frac{u_{i1}+u_{i2}}{2} \qquad (1-65)$$

在差模信号和共模信号同时存在的情况下，可利用叠加定理求出总的输出电压

$$u_o=u_{oc}+u_{od}=A_{uc}u_{ic}+A_{ud}u_{id} \qquad (1-66)$$

3）共模抑制比 K_{CMR}

差模放大倍数 A_{ud} 和共模放大倍数 A_{uc} 都是从一个侧面反映了差动放大电路的性能，而共模抑制比则反映一个差动放大电路放大有用的差模信号和抑制有害的共模信号的综合能力，定义为

$$K_{CMR}=\left|\frac{A_{ud}}{A_{uc}}\right| \text{ 或} K_{CMR}(\text{dB})=20\lg\left|\frac{A_{ud}}{A_{uc}}\right| \qquad (1-67)$$

显然，K_{CMR} 越大越好，在理想情况，$A_{uc}=0$，则 $K_{CMR}\rightarrow\infty$。

3. 差动放大电路的四种接法和实用电路

1）差动放大电路的四种接法

单端输入（输入信号只加到一个输入端，另一个输入端接地）单端输出（从三极管的一个集电极和地之间输出信号）；单端输入双端输出（从三极管的两个集电极之间输出信号，这时输出信号没有接地端）；双端输入（从差动放大电路的两个输入端之间输入信号，这时输入信号没有接地端）单端输出；双端输入双端输出。这四种接法各有特点、各有所用，但抑制零漂的原理都是相似的。

2）差动放大电路的实用电路

基本差动放大电路简单，但有缺陷，经过人们的改进，得到真正实用的差动放大电路是带有恒流源的双电源供电的差动放大电路，如图 1.84 所示。这种电路，即便从单端输出信号，抑制零漂的效果也很好。

有关差动放大电路的静态和动态指标以及带有恒流源差动放大电路分析，请参阅相关参考书。

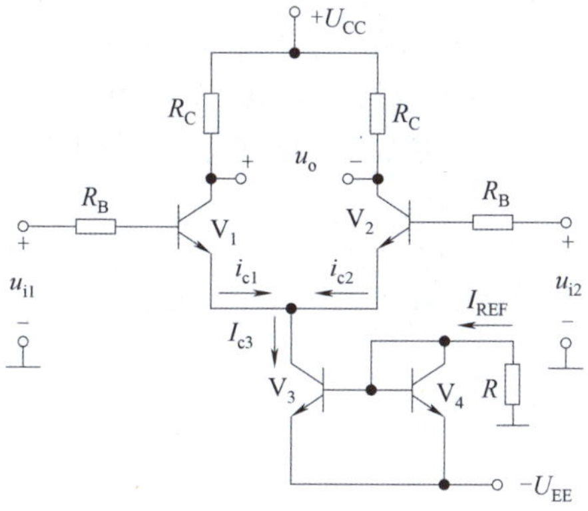

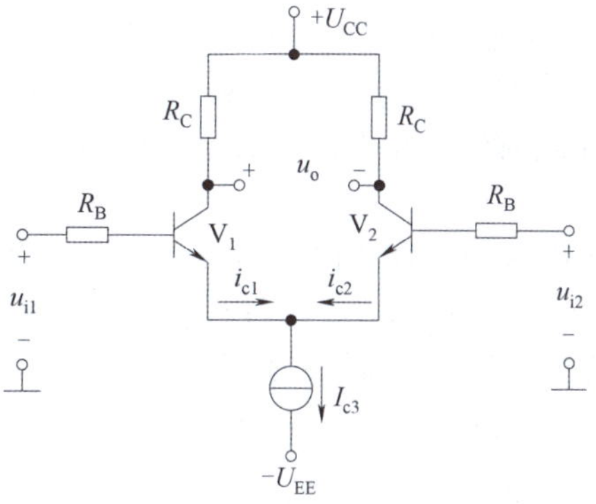

图 1.84　具有恒流源的差动放大电路

（a）电路；（b）电路的简化画法

1.4.4　集成电路和集成运算放大器的基本知识

1. 集成电路的产生与发展

电子器件的每一次重大发明都大大促进了电子技术水平的提高，电子技术的发展同时也大大促进了其他学科的发展。1904 年出现的电真空器件、1948 年出现的半导体器件和 1959 年出现的集成电路，都对当时科学技术的进步产生了重大影响。

20 世纪 60 年代以前，电子线路都是由电阻、电容、电感、晶体管、场效应管、电子管等元器件以及连线组成的，这些元器件在结构上彼此独立，故称为分立元件电路。

20 世纪 60 年代初出现了一种新型的半导体器件，它采用半导体制造工艺，如外延、氧化、光刻、扩散、真空镀膜和隔离、隐埋等技术，把具有某种功能的电路中的电路元件，如晶体管、场效应管、电阻、电容以及它们之间的连线集中制作在一小块硅基片上，封装在一个管壳内，只露出外引线，构成特定功能的电子电路，由于它本身可以是一个完整的电路，故称为集成电路（IC），也称固体组件或芯片。

集成电路由于具有体积小、质量轻、耗电少、成本低、可靠性高、电性能优良及减少了组装和调试的工作量等突出优点，所以随着微电子技术的进步而得到飞速的发展。从 20 世纪 60 年代以来，集成电路的发展已经历了小规模集成电路（SSI）、中规模集成电路（MSI）、大规模集成电路（LSI）和超大规模集成电路（VLSI）四个阶段，目前已能在一小块硅基片上制作出上亿个元器件。由于集成运算放大器具有较强的通用性和灵活性，因而在工程实际中获得极为广泛的应用，这又将进一步促进集成电路的发展。

2. 集成电路的结构和特点

集成电路一般是由一块厚 $0.2 \sim 0.25$ mm，面积为 $0.5 \sim 1.5$ mm^2 的硅片制成的，这种硅片是集成电路的基片。基片上可以做出包含有数十个或更多的三极管、电阻和连接导线的电路。和分立元件电路相比，模拟集成电路具有以下特点：

（1）组件中各元件是在同一硅片上，又是通过相同的工艺过程制造出来的，同一片内的元件参数绝对值有同向的偏差，温度均一性好，容易制成两个特性相同的三极管或两个阻值相等的电阻，所以特别适用于差动电路结构以减小零点漂移，这对于差动式放大器的制造特别有意义。

（2）组件中的电阻元件是由硅半导体的体电阻构成的，电阻值的范围一般为几十欧到 $20\text{ k}\Omega$，阻值范围不大，如太大，则占用硅片面积也大，不宜采用。此外，电阻值的精度不易控制，阻值误差可达 $10\%\sim20\%$，在集成电路中尽量不采用大阻值的电阻，因此在集成电路中尽量采用有源器件代替大阻值的电阻，或采用外接电阻的办法，以减少制造工序和节省硅片面积。

（3）集成电路中的电容量也不大，约在几十微法以下，常由 PN 结结电容构成，误差也较大。至于电感的制造就更加困难了。所以，集成电路中都采用直接耦合方式。在必须采用大电容或电感的场合，一般采用外接的方法。

（4）电路元件间的绝缘采用紧凑的 PN 结隔离或二氧化硅绝缘。

3. 集成电路的分类

集成电路的种类很多，有不同的分类方法。

（1）按集成度来分，集成电路分为小规模、中规模、大规模和超大规模四类。大规模和超大规模集成电路可以把一个系统集成在一个硅片上，甚至把一台计算机的中央处理单元也集成在一块硅片上。

（2）按其功能来分，集成电路可分为数字集成电路、模拟集成电路和专用集成电路。

（3）按导电类型的不同来分，集成电路可分为双极型（TTL 型）集成电路和单极型（MOS 型）集成电路。其中 MOS 集成电路，由于其功耗低、体积小、工艺简单、电源电压范围大等优点，发展非常迅速，尤其是由 NMOS 和 PMOS 构成的 CMOS 集成电路应用非常广泛。

4. 集成电路的封装形式

集成电路的封装形式有多种，图 1.85 所示为常见集成电路的封装形式和引脚排列。

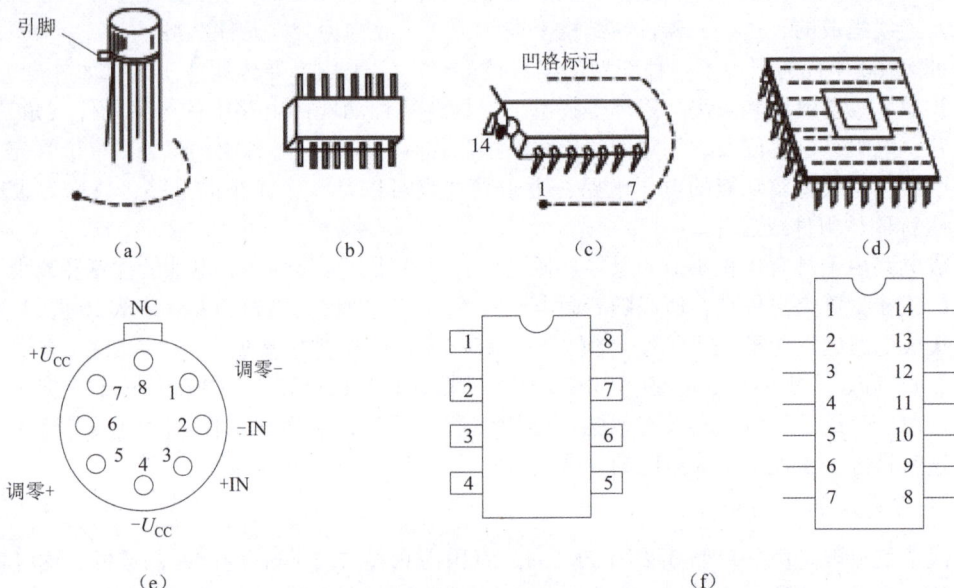

图 1.85　常见集成电路的封装形式和引脚排列
（a）圆形封装；（b）扁平封装；（c）双列直插封装；（d）超大规模集成电路封装；
（e）某集成运放引脚排列；（f）引脚排列

图 1.85（a）是"圆形封装" TO-8 系列，采用金属圆筒形外壳，类似于一个多引脚的普通

晶体管封装，但引线较多，有 8、12、14 针引线。早期的集成运算放大器，多数用这种封装形式。图 1.85（e）是输出为 8 针引线的引脚排列。

图 1.85（b）是"扁平封装"，用于要求尺寸微小的场合，这种封装又分成两种：一种是体积较小的金属形封装（6.4 mm×3.8 mm×1.27 mm）；另一种是稍大一些的陶瓷封装或塑料封装，引线一般为 14、16、24、36 针等。

图 1.85（c）是"双列直插"封装。它的用途最广，其外壳为陶瓷或塑料，通常设计成具有 2.54 mm 的引线间距，以便与印刷电路板上的标准插座孔配合。对于集成功率放大器和集成稳压电源等还带有金属散热片兼安装孔，"双列直插"封装引线有 8、14、16、24 针等。图 1.85（f）分别是引线为 8 针和 14 针的引脚排列图。

图 1.85（d）是超大规模集成电路的一种封装形式，外壳多为塑料，由于引脚很多，四面都有引线。

1.4.5 集成运放的运算电路

集成运放外围只要配以适当的反馈网络，就可以组成多种功能不同的电路。最基本的运算电路有反相输入比例运算电路和同相输入比例运算电路，它们是各种应用电路和运算电路的基础。

1. 比例运算电路

1）反相比例运算电路

（1）电路原理图。

图 1.86 所示为反相比例运算电路。输入信号通过 R_1 加到运放的反相输入端，R_f 为反馈电阻，跨接在输出端和反相输入端之间，构成负反馈。同相输入端通过平衡电阻 R_2 接"地"。在实际电路中，为了使运放两输入端差动电路对地电阻对称平衡，以减小电路的运算误差，提高运算精度，便于实现 $u_i = 0$ 时，$u_o = 0$，应使 $R_2 = R_1 // R_f$；选择平衡电阻的原则是

$$R_P = R_N \Big|_{\substack{u_i=0 \\ u_o=0}}$$

式中，R_P 为在 $u_i = 0$，$u_o = 0$ 时，从运放同相端对地的外接等效电阻；R_N 为在 $u_i = 0$，$u_o = 0$ 时，从运放反相端对地的外接等效电阻。在本电路中 $R_P = R_2$，$R_N = R_1 // R_f$。

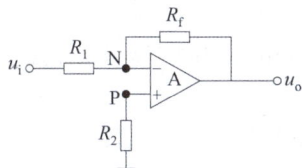

图 1.86 反相比例运算电路

（2）电路分析。

因电路中有负反馈（电压并联交直流负反馈），故认为运放工作在线性区，因此运放同时满足虚短和虚断两个特点，R_2 中没有电流，R_2 上的压降为零，由此可以推出：$i_1 = i_f$，$u_+ = u_- = 0$。

根据电路知识，可知

$$i_1 = \frac{u_i - u_-}{R_1} = \frac{u_i}{R_1}, i_f = \frac{u_- - u_o}{R_1} = -\frac{u_o}{R_1}$$

由此可以推出电路的运算关系

$$u_o = -\frac{R_f}{R_1}u_i \tag{1-68}$$

上式说明，输出电压与输入电压相位相反、大小成比例关系，即这个电路完成了反相比例运算。式中负号表示输出电压与输入电压反相。

从放大电路的角度看，该电路的闭环电压放大倍数 A_{uf}、输入电阻 r_i 和输出电阻 r_o 分别为

$$A_{uf} = \frac{u_o}{u_i} = -\frac{R_f}{R_1}, r_i = \frac{u_i}{i_i} = R_1, r_o = 0 \tag{1-69}$$

在特殊情况下，即当 $R_f = R_1$ 时，$A_{uf} = -1$，$u_o = -u_i$，反相比例运算电路就变成了变号运算电路。

2）同相比例运算电路

（1）电路原理图。

图 1.87 所示为同相比例运算电路。输入信号通过电阻 R_2 加到运算放大器的同相输入端，而输出信号通过电阻 R_f 反馈到反相输入端，电路中引入了电压串联交直流负反馈，电阻 R_2 同样是平衡电阻，要求 $R_2 = R_1 /\!/ R_f$。

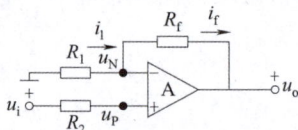

图 1.87　同相比例运算电路

（2）电路分析。

因电路中有负反馈，故认为运放工作在线性区，因此运放同时满足虚短和虚断两个特点，R_2 中没有电流，R_2 上的压降为零，由此可以推出：$i_1 = i_f$，$u_+ = u_- = u_i$。根据电路知识可知

$$i_1 = \frac{0 - u_-}{R_1} = \frac{-u_i}{R_1}, i_f = \frac{u_- - u_o}{R_f} = \frac{u_i - u_o}{R_f}$$

由此求得

$$u_o = \left(1 + \frac{R_f}{R_1}\right)u_i \tag{1-70}$$

上式说明：输出电压与输入电压相位相同、大小成比例关系，即这个电路完成了同相比例运算。

从放大电路的角度看，该电路的闭环电压放大倍数 A_{uf}、输入电阻 r_i 和输出电阻 r_o 分别为

$$A_{uf} = \frac{u_o}{u_i} = 1 + \frac{R_f}{R_1}, r_i = \frac{u_i}{i_i} = \infty, r_o = 0 \tag{1-71}$$

式中，A_{uf} 为正值，表示 u_o 与 u_i 同相。同样可以看出，同相放大器的电压放大倍数只与外接的电阻有关，而与运放本身的参数无关，只要选用高精度的优质电阻，就可获得精度和稳定性都很高的闭环增益。

需要指出的是：在同相放大器中，运算放大器的两个输入端对地电位都不为零，而是都为输入信号 u_i，此为共模信号。在选用运算放大器时，一定要选用允许输入共模电压较高、且共模抑制比也较高的产品。

在图 1.87 中，如果取 $R_1 = \infty$（即 R_1 开路或从电路中去掉），或 $R_f = 0$（即 R_f 短接），则根据上面的计算结果可知 $u_o = u_i$，这种电路称为理想电压跟随器（或同号运算电路，它的 $A_{uf} = 1$，

$r_i = \infty$，$r_o = 0$），它虽然没有电压放大作用，但具有电流和功率放大或阻抗变换作用。

2. 加减法运算电路

1）加法运算电路

加法运算能对多个信号进行求和。加法运算电路分为反相加法运算电路和同相加法运算电路两种。

（1）反相加法运算电路。

反相加法运算电路如图 1.88 所示，它是在反相比例运算电路的基础上增加几个输入端，把输入电压通过电阻转换成输入电流。

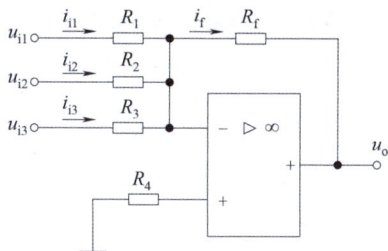

图 1.88　反相加法运算电路

图 1.88 中，三路输入信号 u_{i1}、u_{i2} 和 u_{i3} 分别通过电阻 R_1、R_2 和 R_3 加到运算放大器的反相输入端；R_f 是负反馈电阻；R_4 是平衡电阻，$R_4 = R_1 // R_2 // R_3 // R_f$。因电路中有负反馈，故认为运放工作在线性区，因此运放同时满足虚短和虚断两个特点，R_4 中没有电流，R_4 上的压降为零，由此可以推出：$i_{i1} + i_{i2} + i_{i3} = i_f$，$u_+ = u_- = 0$

$$i_{i1} = \frac{u_{i1} - u_-}{R_1} = \frac{u_{i1} - 0}{R_1} = \frac{u_{i1}}{R_1}, i_{i2} = \frac{u_{i2} - u_-}{R_2} = \frac{u_{i2}}{R_2}, i_{i3} = \frac{u_{i3}}{R_3}, i_f = \frac{u_- - u_o}{R_f} = -\frac{u_o}{R_f}$$

$$\frac{u_{i1}}{R_1} + \frac{u_{i2}}{R_2} + \frac{u_{i3}}{R_3} = -\frac{u_o}{R_f}$$

由此求得输出电压为

$$u_o = -\left(\frac{R_f}{R_1} u_{i1} + \frac{R_f}{R_2} u_{i2} + \frac{R_f}{R_3} u_{i3} \right) \tag{1-72}$$

如果在式（1-72）中，取 $R_1 = R_2 = R_3 = R$，则

$$u_o = -\frac{R_f}{R} (u_{i1} + u_{i2} + u_{i3})$$

如果在式（1-72）中，取 $R_1 = R_2 = R_3 = R_f$，则

$$u_o = -(u_{i1} + u_{i2} + u_{i3}) \tag{1-73}$$

由式（1-73）可以看出，该电路实现了加法（求和）运算，式中的负号表示输出电压与输入电压反相。

（2）同相加法运算电路。

同相加法运算电路如图 1.89 所示。这个电路与同相输入比例运算电路极为相似，只要能求出 u_+，就可以得出输出电压 u_o。

因电路中有负反馈，故认为运放工作在线性区，因此运放同时满足虚短和虚断两个特点，运用叠加定理得

$$u_+ = R \left(\frac{u_{i1}}{R_2} + \frac{u_{i2}}{R_3} \right)$$

式中，$R = R_2 /\!/ R_3 /\!/ R_4$。

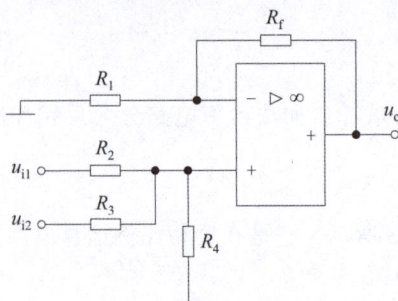

图 1.89　同相加法运算电路

根据式（1-70）有

$$u_o = \left(1 + \frac{R_f}{R_1}\right)u_+ = \left(1 + \frac{R_f}{R_1}\right)R\left(\frac{u_{i1}}{R_2} + \frac{u_{i2}}{R_3}\right)$$

当 $R_2 = R_3 = R'$ 时，输出电压

$$u_o = \left(1 + \frac{R_f}{R_1}\right)u_+ = \left(1 + \frac{R_f}{R_1}\right)\frac{R}{R'}(u_{i1} + u_{i2}) \tag{1-74}$$

因涉及多个电阻的并联运算，给阻值调节带来了很大麻烦，而且还存在着共模干扰信号，故应尽量少用。

2）减法运算电路

减法是实现代数相减的运算功能。图 1.90 所示为用集成运放构成的减法运算电路。

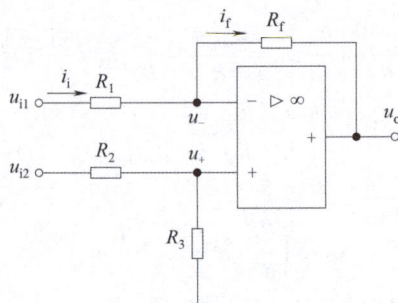

图 1.90　用集成运放构成的减法运算电路

在这个电路中，运放的同相输入端和反相输入端都有输入信号，这样的电路也称差动输入放大器。

为保持输入端平衡，一般应使 $R_1 = R_2$，$R_3 = R_f$。

实质上，减法运算电路是由反相输入放大器和同相输入放大器组合而成的。由于放大器工作在线性区，因此可用叠加定理来分析它的输入输出关系。

（1）首先假设 $u_{i1} = 0$（即 u_{i1} 对地短路），只考虑 u_{i2} 的作用，这时的放大器就变成了同相输入放大器，根据前面讨论的结果，同相输入端电压 u_+ 就是输入电压 u_{i2} 在 R_3 上的分压。

$$u_+ = \frac{R_3}{R_2 + R_3}u_{i2}$$

根据同相放大器的运算关系，可得

$$u_{o2} = \left(1 + \frac{R_f}{R_1}\right)u_+ = \frac{R_1 + R_f}{R_1} \times \frac{R_3}{R_2 + R_3}u_{i2}$$

因为 $R_1 = R_2$，$R_3 = R_f$，所以

$$u_{o2} = \frac{R_f}{R_1}u_{i2}$$

（2）再假设 $u_{i2} = 0$（即 u_{i2} 对地短路），只考虑 u_{i1} 的作用，这时的放大器就变成了反相输入放大器，根据反相放大器的运算关系得

$$u_{o1} = -\frac{R_f}{R_1}u_{i1}$$

（3）当两个信号同时作用时，根据叠加定理，将 u_{o1} 和 u_{o2} 叠加得

$$u_o = u_{o1} + u_{o2} = \frac{R_f}{R_1}u_{i2} - \frac{R_f}{R_1}u_{i1} = \frac{R_f}{R_1}(u_{i2} - u_{i1}) \tag{1-75}$$

式中，输出电压 u_o 的大小正比于输入电压的差值（$u_{i2} - u_{i1}$），故该电路也称差动放大电路。再进一步使 $R_1 = R_2 = R_3 = R_f$，式（1-75）就变成

$$u_o = u_{i2} - u_{i1} \tag{1-76}$$

可见，只要适当选配电阻值，可使输出电压等于输入电压的差值，完成减法运算。

3. 微分和积分运算电路

1）微分运算电路

微分运算电路也是一种基本的运算电路。如果把反相比例放大器中的外接输入电阻换成电容，便可构成微分运算电路，如图 1.91 所示，R_1 是平衡电阻（要求 $R_1 = R_f$）。

因电路中有负反馈，故认为运放工作在线性区，因此运放同时满足虚短和虚断两个特点，R_1 中没有电流，R_1 上的压降为零，由此可以推出：$i_i = i_f$，$u_+ = u_- = 0$。

$$i_1 = C\frac{\mathrm{d}u_C}{\mathrm{d}t} = C\frac{\mathrm{d}(u_i - u_-)}{\mathrm{d}t} = C\frac{\mathrm{d}u_i}{\mathrm{d}t}, \quad i_f = \frac{u_- - u_o}{R_f} = -\frac{u_o}{R_f}$$

因此

$$u_o = -R_f C\frac{\mathrm{d}u_i}{\mathrm{d}t} \tag{1-77}$$

由上式可知，输出电压 u_o 正比于输入电压 u_i 对时间的导数，式中的 $R_f C$ 为微分时间常数，微分电路可用于波形变换、移相和在自动控制系统中用于加速系统的过渡过程等。

2）积分运算电路

积分运算电路也是一种基本的运算电路。如果把微分运算电路中的电阻和电容调换位置，便可构成积分运算电路，如图 1.92 所示，R_1 是平衡电阻（要求 $R_1 = R$）。

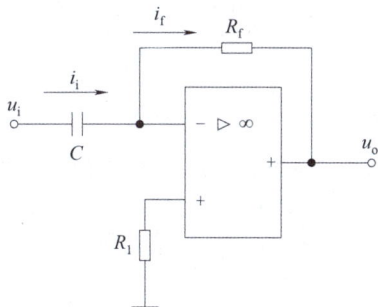

图 1.91　微分运算电路　　　　　图 1.92　积分运算电路

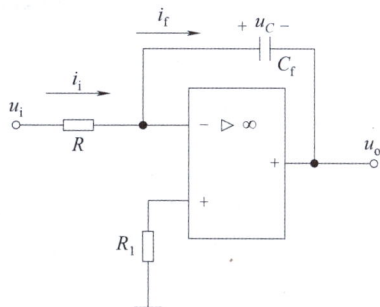

因电路中有负反馈，故认为运放工作在线性区，因此运放同时满足虚短和虚断两个特点，R_1 中没有电流，R_1 上的压降为零，由此可以推出

$$i_i = i_f, u_+ = u_- = 0$$

于是有

$$i_1 = \frac{u_i - u_-}{R} = \frac{u_i}{R}, i_f = C\frac{du_C}{dt} = C\frac{d(u_- - u_o)}{dt} = -C\frac{du_o}{dt}$$

因此

$$u_o = -\frac{1}{RC}\int u_i dt \tag{1-78}$$

由上式可以看出，输出电压 u_o 正比于输入电压 u_i 对时间的积分，实现了积分运算。负号表示输出电压与输入电压相位相反，其中的 RC 为积分时间常数。积分电路可用于波形变换、移相和在自动控制系统中用于消除系统的静态误差等。

1.4.6　集成运放的非线性应用

前面所讨论的各种运算电路，由于集成运放的开环电压放大倍数很大，利用外接反馈网络比较容易实现深度负反馈，所以集成运放工作在线性区，电路的输入输出关系几乎与集成运放本身的特性无关，而主要由外接网络的参数所决定。

集成运放的另一种工作状态是非线性工作状态。在开环情况下，集成运放的输出电压不是正向饱和值 U_{om}，就是负向饱和值 $-U_{om}$；如果在电路中再引入适量的正反馈，则输出状态的转换过程将是阶跃式的，这是一种非线性运用。运算放大器的这种非线性特性，在数字技术和自动控制系统中同样也获得了广泛的应用。本节作为运放非线性应用的典型例子，首先介绍比较器，然后讨论非正弦波信号产生器。

1. 电压比较器

电压比较器是一种用来比较输入信号 u_i 和参考电压 u_R 的电路。集成运放作比较器时，常工作于开环状态，为了改善输入输出特性，常在电路中引入正反馈。输入电压 u_i 接入运放的一个输入端，参考电压 u_R 接入运放的另一个输入端，通过运放对两个电压进行比较，由运放的输出状态反映所比较的结果。当输入信号的幅度出现微小的不同时，输出电压产生跃变，由正饱和值 $+U_{om}$ 变成负饱和值 $-U_{om}$，或者由负饱和值 $-U_{om}$ 变成正饱和值 $+U_{om}$。据此来判断输入信号的大小和极性。

1）过零比较器

参考电压为零的比较器称为过零比较器（亦称零电平比较器）。它是最为简单的一种比较器，如图 1.93 所示。

输入信号 u_i 接至反相输入端，而同相输入端接地，有 $u_+ = 0$。因运放开环，工作于非线性区，显然

$$\text{当 } u_i < 0 \text{ 时，} u_o = +U_{om} \tag{1-79}$$

$$\text{当 } u_i > 0 \text{ 时，} u_i = -U_{om} \tag{1-80}$$

也就是说，每当输入信号越过零时，输出电压就要发生翻转，由一个状态跃变到另一个状态（由 $+U_{om}$ 到 $-U_{om}$，或者由 $-U_{om}$ 到 $+U_{om}$）。因此，过零比较器能够实现对输入信号的过零检测，利用这一点，可以实现波形的转换。例如，输入信号是正弦波，输出信号就变成了矩形波，如图 1.94 所示。

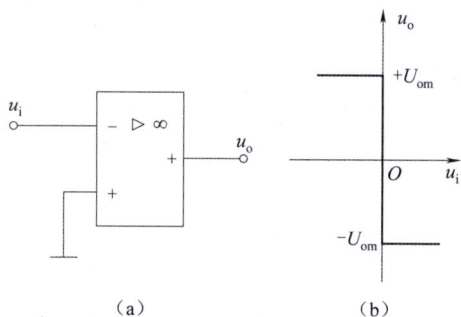

图 1.93 过零比较器

(a) 电路图；(b) 传输特性

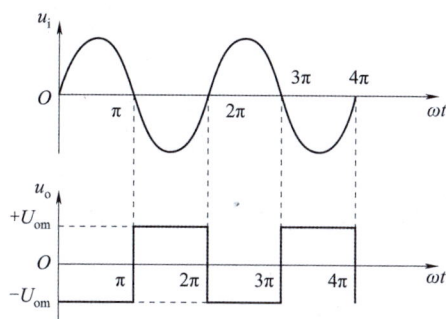

图 1.94 过零比较器的波形

这种比较器结构简单，但抗干扰能力不强，应用较少。

2）单限比较器

将图 1.93（a）中的同相输入端外接一参考电压 U_R，就构成了单限比较器，如图 1.95（a）所示。这种比较器的输出电压 u_o 其实是输入电压 u_i 与参考电压 U_R 比较的结果。根据前面的分析，有

当 $u_i < U_R$ 时，

$$u_o = +U_{om} \tag{1-81}$$

当 $u_i > U_R$ 时，

$$u_o = -U_{om} \tag{1-82}$$

这种比较器的传输特性如图 1.95（b）所示。

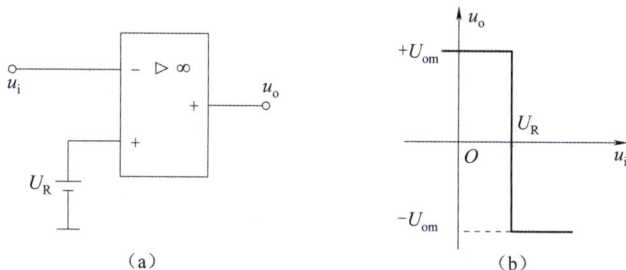

图 1.95 单限比较器

（a）电路；（b）传输特性

3）迟滞比较器

迟滞比较器也称滞回比较器，如图 1.96（a）所示。它是从输出端引出一个反馈电阻到同相输入端，形成正反馈，这样使作为参考电压的同相输入端的电压随输出电压而变化。

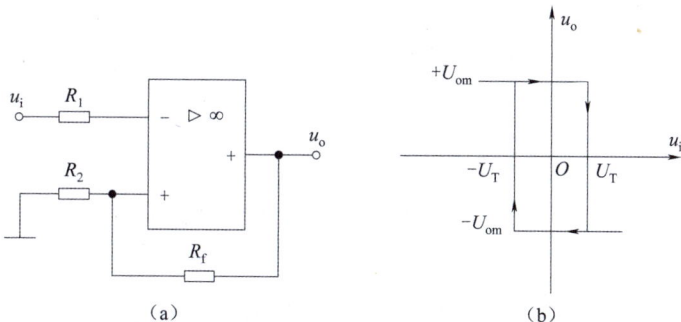

图 1.96 迟滞比较器

（a）电路图；（b）传输特性

当输出电压为+U_{om}时，同相端电压为

$$u_+ = \frac{R_2}{R_2+R_f}U_{om} = U_T \qquad (1\text{-}83)$$

当输入电压 u_i 由小到大变化时，只要 $u_i<U_T$，输出电压总是+U_{om}。一旦 u_i 从小于 U_T 逐渐增加到大于 U_T，输出电压将从+U_{om} 跃变为$-U_{om}$。

此后，当输出为$-U_{om}$时，同相端电压为

$$u_+ = \frac{R_2}{R_2+R_f}(-U_{om}) = -U_T \qquad (1\text{-}84)$$

只要 $u_i>-U_T$，输出将保持$-U_{om}$不变，一旦 u_i 由大逐渐减小到小于$-U_T$，输出电压将从$-U_{om}$跃变到+U_{om}。

可见，输出电压由正变负，又由负变正，所对应的参考电压 U_T 与$-U_T$ 是不同的值，这是因为比较器具有迟滞（回差）特性，传输特性具有迟滞回线的形状，如图1.96（b）所示。两个参考电压之差 $U_T-(-U_T)=2U_T$，称为"回差"，改变电路参数，就可以改变回差的大小。与过零比较器相比，迟滞比较器的抗干扰能力非常强。例如，输入信号因受到干扰，在零值附近反复发生微小的变化，过零比较器会在很短的时间内，输出发生多次跃变，如果用这样的一个电压去控制执行机构（如继电器），将出现频繁动作的现象，这对于设备的正常运行是很不利的，应当禁止。改用迟滞比较器后，情况有所好转，只要干扰信号的幅度不超过 U_T，则比较器的输出就不会发生翻转。另外，像温度的控制、水位的控制等都需要有回差特性。

2. 波形发生器

集成运放的另一个重要的应用是用作波形发生器，用来产生各种所需的信号，包括正弦波、矩形波、锯齿波等。这里仅对非正弦信号的产生加以介绍。

1）矩形波发生器

图1.97（a）所示为矩形波发生器电路图。

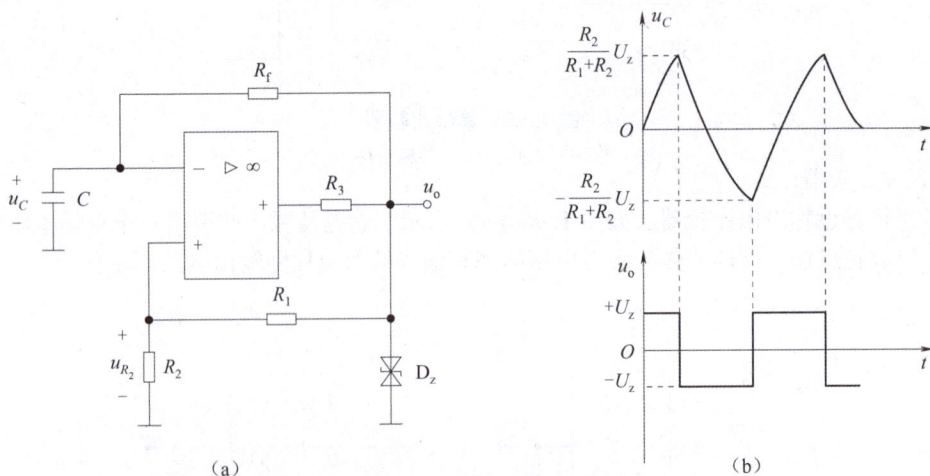

图1.97　矩形波发生器
（a）电路图；（b）波形图

矩形波发生器电路是在迟滞比较器的基础上增加一条 RC 充放电回路构成的。双向稳压管 D_z 使输出电压的幅度被限制在其稳压值$\pm U_z$之内。R_1 和 R_2 组成正反馈电路，R_f 和 C 组成负反馈电路，R_3 为限流电阻。接入电源后，由于正反馈的作用，输出电压将迅速达到饱和值+U_z 或者是

$-U_z$，因此，运放同相端的电位（即比较器的参考电压）为

$$u_+ = u_{R_2} = \pm \frac{R_2}{R_1+R_2} U_z$$

电容两端电压 u_C 是加到反相端的电压，u_C 与 u_+ 相比较的结果决定着输出电压 u_o 的极性。设电路某时刻输出达到 $u_o = +U_z$，则

$$u_+ = u_{R_2} = \frac{R_2}{R_1+R_2} u_o = \frac{R_2}{R_1+R_2} U_z$$

此时若 $u_C < u_{R_2}$，u_o 经 R_f 向 C 充电，使 u_C 按指数规律上升。在 C 充电期间，只要 $u_C < u_{R_2}$ 输出电压就维持 $+U_z$ 不变，当 u_C 升到大于 $u_{R_2} = \frac{R_2}{R_1+R_2} U_z$ 时，输出电压突然由 $+U_z$ 变为 $-U_z$。相应地，u_{R_2} 也变为负值，即 $u_{R_2} = -\frac{R_2}{R_1+R_2} U_z$。

因 u_o 变为负值，电容 C 将通过 R_f 放电，使 u_C 按指数规律下降。在放电期间，只要 $u_C > u_{R_2}$，输出电压就维持 $-U_z$ 不变。直到 C 被反充电至略低于 $u_{R_2} = -\frac{R_2}{R_1+R_2} U_z$ 时，输出电压便突然由 $-U_z$ 变为 $+U_z$。此后，电容又要正向充电，如此周期性地变化下去。电容不断地充电、放电，其端压 u_C 在 $+\frac{R_2}{R_1+R_2} U_z$ 与 $-\frac{R_2}{R_1+R_2} U_z$ 之间变化。当 u_C 充电到 $+\frac{R_2}{R_1+R_2} U_z$ 时，比较器输出发生负跳变，从 $+U_z$ 变为 $-U_z$；当 u_C 反向充电到 $-\frac{R_2}{R_1+R_2} U_z$ 时，比较器输出电压发生正跳变，从 $-U_z$ 变为 $+U_z$。因此，电容电压 u_C 近似为三角波，而比较器输出 u_o 为矩形波，如图 1.97（b）所示。

2）锯齿波发生器

锯齿波发生器电路如图 1.98（a）所示。

锯齿波发生器电路是由迟滞比较器 A_1 和反相积分器 A_2 组成的。比较器的输入信号就是积分器的输出电压 u_o，而比较器的输出信号 u_{o1} 加到积分器的输入端。比较器产生的是矩形波，而积分器产生的是锯齿波。锯齿波产生的原理如下：

迟滞比较器 A_1 的输入信号加在运放的同相输入端。输入信号共有两路：一路是自身输出信号的反馈电压，另一路是积分器的输出电压。根据叠加原理，A_1 的同相端输入电压为

$$u_+ = \frac{R_3}{R_3+R_f} u_{o1} + \frac{R_f}{R_3+R_f} u_o$$

式中，u_{o1} 为比较器 A_1 的输出电压，其值等于双向稳压管的稳压值 $\pm U_z$。

由上式可以看出，u_+ 既受比较器输出电压 u_{o1} 的影响，又受积分器输出电压 u_o 的影响。当 $u_{o1} = +U_z$ 时，积分器的输入电压为正值，其输出电压 u_o 随时间线性下降，构成锯齿波的后沿。此时二极管 D 因承受正压而导通，R_4 与 R_5 处于并联状态，由于 $R_4 < R_5$，其等效电阻很小，积分时间常数很小，使这一过程持续时间很短。在这一过程中，u_+ 亦随着 u_o 下降。当 u_+ 由正值过零变负值时，比较器 A_1 翻转，其输出电压 u_{o1} 由 $+U_z$ 迅速跃变为 $-U_z$，此时积分器的输出电压也降至最低点。

此后，由于积分器的输入电压为负值 $-U_z$，其输出电压 u_o 随时间线性上升，构成锯齿波的前沿。由于此时二极管 D 处于截止状态，积分电路中只有 R_5 起作用，积分时间常数较大，这一过程的持续时间也较长。在这一过程中，u_+ 亦随着 u_o 上升。当 u_+ 由负值过零变为正值时，比较器翻转，其输出电压 u_{o1} 由 $-U_z$ 迅速跃变为 $+U_z$，此时积分器的输出也上升到最高点。

此后，由于 $u_{o1} = +U_z$，又重复前述过程，如此周期性地变化下去。这样，在比较器的输出端产生矩形波，积分器的输出端产生锯齿波，如图 1.98（b）所示。

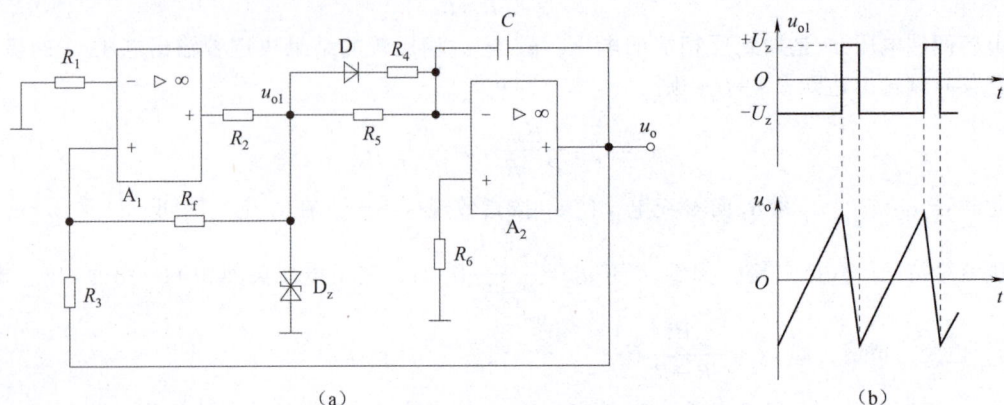

（a）　　　　　　　　　　　　　　　　　（b）

图 1.98　锯齿波发生器

（a）电路图；（b）波形图

1.4.7　集成功率放大器

功率放大器和电压放大器没有本质区别，都是将电信号放大，但是它们要完成的任务不同。对电压放大器的要求是使负载得到不失真的电压信号，讨论的主要指标是电压放大倍数、输入和输出电阻等，输出的功率不一定大。而功率放大器则不同，它的主要任务是推动负载工作，如使扬声器发声、使小功率电动机旋转、使仪表指针偏转等，因此要求功率放大器要有大的输出功率，即不但要向负载提供较大的电压，而且要向负载提供较大的电流。通常，功率放大器在大信号状态下工作，主要指标是最大输出功率、通频带、增益、输入阻抗和效率等。

功率放大器现在有很多集成电路的产品，对使用者来说，只要熟悉它们的功能和主要参数，会正确选择和使用即可，而对它们的内部电路有个大概了解就行。集成功率放大器内部电路一般由前置级、中间级、输出级及偏置电路等组成。为了保证器件在大的功率状态下安全可靠工作，集成功率放大器还常设有过流、过压以及过热保护。本节介绍两种常用的集成功放的组成及使用方法。

1. LM386 集成功率放大器的工作原理及应用

1）LM386 集成功率放大器的工作原理

LM386 是一种低电压通用型集成功率放大器，其内部电路如图 1.99（a）所示，引脚排列如图 1.99（b）所示，采用 8 脚双列直插式塑料封装。图 1.99（c）所示为典型应用电路。LM386集成功放典型应用参数：直流电源电压范围为 4～12 V；额定输出功率为 660 mW；带宽为300 kHz（引脚 1、8 开路）；输入阻抗为 50 kΩ。

由图 1.99（a）可见，LM386 内部电路一般由输入级、中间级和输出级等组成。

输入级由 V_2、V_4 组成双端输入单端输出差分放大电路，V_3、V_5 是恒流源负载，V_1、V_6 是为了提高输入电阻而设置的输入端射极跟随器，R_1、R_7 为偏置电阻，该级的输出取自 V_4、V_5 的集电极。R_5 是差分放大器的发射极负反馈电阻，当引脚 1、8 开路时，负反馈最强，整个电路的电压放大倍数最小为 20 倍。若在引脚 1、8 间外接旁路电容，以短路 R_5 两端的交流压降，可使电压放大倍数提高到 200。在实际使用中往往在 V_1、V_8 之间外接阻容串联电路，如图 1.99（c）中的 R_p 和 C_2，调节 R_p 即可使集成功放电压放大倍数在 20～200 变化。引脚 7 与地之间外接电解电容，如图 1.99（c）中的 C_5，C_5 可与 R_2 组成直流电源去耦电路。

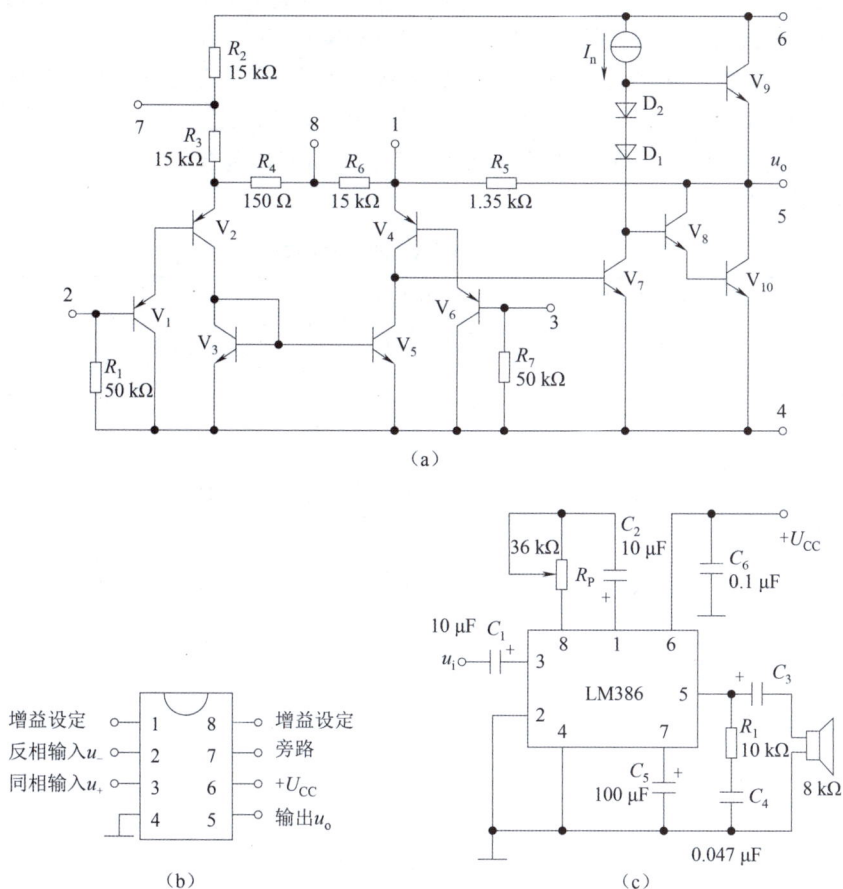

（a）

（b）

（c）

图 1.99 LM386 内部电路入应用图

（a）内部电路；（b）引脚排列；（c）典型应用电路

中间级是本集成功放的主要增益级，它由 V_7 和其集电极恒流源（I_0）负载构成共发射极放大电路，作为驱动级。

输出级由 V_8、V_{10} 复合等效为 PNP 管，与 V_9 组成准互补对称功放电路，二极管 D_1、D_2 为 V_8、V_9 提供静态偏置，以消除交越失真，R_5 是级间电压串联负反馈电阻。

2）LM386 集成功率放大器的应用

图 1.99（c）中，引脚 5 外接电容 C_3 作为功放输出电容，以便构成 OTL 电路；R_1、C_4 是频率补偿电路，用以抵消扬声器音圈电感在高频时产生的不良影响，改善功率放大电路的高频特性和防止高频自激。输入信号 u_i 由 C_1 接入同相输入端引脚 3，反相输入端引脚 2 接地，故构成单端输入方式。

2. 傻瓜 2100 功率放大器及其应用

1）性能特点

傻瓜式功放集成电路是一种音响后级功放块，它与普通功放集成电路相比，除了免外接任何元器件，免安装调试就能工作外，还具有以下特点：首先其内部采用目前先进的具有电子管特性的绝缘栅场效应管做末级推动输出，动态频响极宽，即使普通双极型功放在标称频响能与它一致时，傻瓜 IC 在现场使用更显得高低音格外丰富。傻瓜 IC 还有较宽的不失真工作电压范围，以适应不同工作环境，而当工作电压超出极限时，它又会采用自身保护，自动停止输出工作，杜绝因超压而引起电路损坏。当电压恢复正常时，能自动恢复工作。

"傻瓜 2100"中的 2 表示电路中有两路功放电路，如果这个位置是 1，表示电路中有一路功放电路，100 表示每一路功放电路的最大输出功率是 100 W，以此类推。表 1.20 所示为傻瓜 IC 的电气参数，图 1.100 所示为傻瓜 IC 的典型接线图，可以看出接线十分简洁，只要具备合适的正负电源就能正常工作。

表 1.20 傻瓜 IC 的电气参数

参数名称	AMP155 傻瓜 155	AMP175 傻瓜 175	AMP2100 傻瓜 2100	单 位
工作直流电压	18~25	25~32	30~38	V
保护电压	±28	±35	±40	V
额定输出功率	22	35	50	W
最大输出功率	55	75	100	W
静态电流	40	40	50	mA
输出失调电压	50	50	50	mV
散热器尺寸		20×15×0.3		cm×cm×cm
电压频响参数		10~50		kHz
失真度		0.7		%
增益		30		dB
输入阻抗		47		kΩ
允许工作温升		80		℃

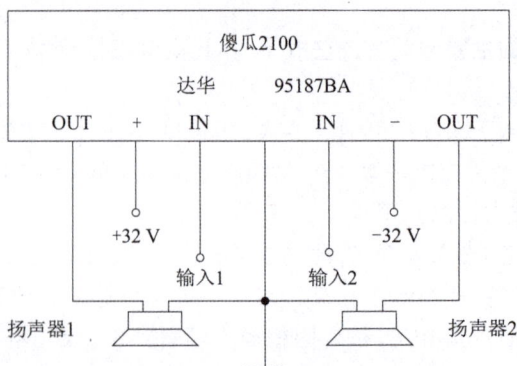

图 1.100 傻瓜 IC 的典型接线图

2）安装及使用注意事项

傻瓜 IC 必须安装散热器，其尺寸按表 1.20 设计。当实际功率比傻瓜 IC 的功率小很多时，散热器尺寸可适当减小；当经常处于满载工作环境时，散热器面积应尽量加大，以保证傻瓜 IC 表面温度不超过 70 ℃为宜，有条件的可采用风冷式散热，以达到最佳散热效果。

傻瓜 IC 的散热片已和内电路隔离，安装时无须另加绝缘片，但必须保证散热片与散热器大面积接触，并在散热片间涂上一层硅脂，以利导热。

傻瓜 IC 具有超压停止输出，电压正常时又能自动恢复功能。

傻瓜 IC 在供电超压于临界线，特别是工作于小功率时，会产生微音脉冲声，这是因为电路经常处于检测电源电压状态，属于正常现象。

傻瓜 IC 在装配时各引线勿扎在一起，应松散分开，以免造成高频自激。

傻瓜 IC 具有宽的动态频响，只有良好的功放电路而不重视音箱系统及前置放大器的音质将会失去傻瓜 IC 的意义。

傻瓜 IC 的输入阻抗很高，输入端的引线应采用屏蔽线，并尽可能做到阻抗匹配。通常输入端的信号来源于收音以及录音卡的线路输出端、分频电路的输出端、CD 机的输出端，最好不要直接在低阻抗的耳机插座上取得信号。

反馈在电子电路中应用非常广泛。特别是在放大电路中，负反馈可以多方面改善放大电路的性能，实用的放大电路都离不开负反馈，正反馈则应用于各种振荡器。前面介绍的分压式偏置电路实质上就是利用负反馈原理来稳定静态工作点。本任务从反馈的基本概念入手，抽象出反馈放大电路的方框图，分析负反馈对放大电路性能的影响，总结出引入负反馈的一般原则，并介绍放大器中常见的反馈形式以及深度负反馈放大电路的计算方法。

任务实施

实施设备与器材

±12 V 直流电源、函数信号发生器、双踪示波器、数字式万用表、差动放大电路实验板。

实施内容与步骤

（1）对照原理图熟悉实验电路。

图 1.101 所示为差动放大器的实验原理图，由两个元件参数相同的基本共射放大电路组成。当开关 K 拨向左边时，构成典型的差动放大器。调零电位器 R_P 用来调节 V_1、V_2 管的静态工作点，当输入信号 $u_i = 0$ 时，双端输出电压 $u_o = 0$。R_E 为两管共用的发射极电阻，对差模信号无负反馈作用，因而不影响差模电压放大倍数，但对共模信号有较强的负反馈作用，故可以有效地抑制零漂，稳定静态工作点。

当开关 K 拨向右边时，构成具有恒流源的差动放大器。它用晶体管恒流源代替发射极电阻 R_E，可以进一步提高差动放大器抑制共模信号的能力。

（2）连接好 ±12 V 电源，经检查无误后闭合电源开关。

（3）典型差动放大器性能测试：将开关 K 拨向左边构成典型差动放大器。

1. 测量静态工作点

（1）调节放大器零点。

信号源不接入，将放大器输入端 A、B 与地用导线短接，接通 ±12 V 直流电源，用数字式万用表测量输出电压 u_o，调节调零电位器 R_P，使 $u_o = 0$。调节要仔细，力求准确。

（2）测量静态工作点。

零点调好以后，用数字式万用表测量 V_1、V_2 管各电极电位及射极电阻 R_E 两端电压 U_{R_E}，填入表 1.21 中。

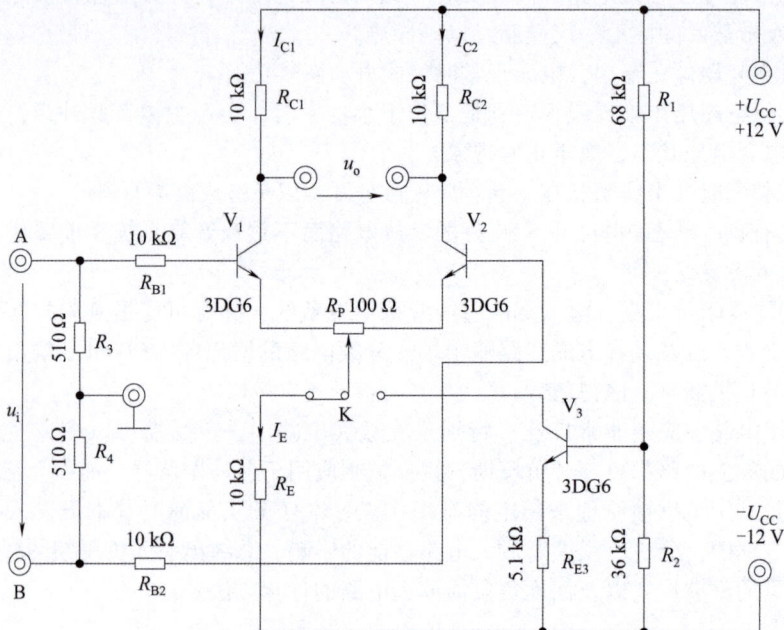

图 1.101　差动放大器的实验原理图

表 1.21　静态工作点的测量

对地电压	U_{C1}	U_{B1}	U_{E1}	U_{C2}	U_{B2}	U_{E2}	U_{R_E}
测量值/V							

2. 测量差模电压放大倍数

将函数信号发生器的输出信号调为频率 $f=1$ kHz 的正弦信号，并将幅值调节旋钮旋至最小位置，使信号发生器输出电压为零。然后再将其信号输出端接放大器输入 A 端，地端接放大器输入 B 端构成单端输入方式，用示波器监视放大器输出端（集电极 C_1 或 C_2 与地之间）波形，逐渐增大输入电压 u_i（约 100 mV，调节时用数字式万用表监测），在输出波形无失真的情况下，用数字式万用表测 u_i、u_{C1}、u_{C2}，填入表 1.22 中。观察 u_i、u_{C1}、u_{C2} 之间的相位关系，并将它们的波形绘在图 1.102 中。

3. 测量共模电压放大倍数

将放大器 A、B 端短接，信号源接 A 端与地之间，构成共模输入方式，调节输入信号 $f=1$ kHz，$u_i=1$ V，在输出电压无失真的情况下，测量 u_{C1}、u_{C2} 并填入表 1.22 中，观察 u_i、u_{C1}、u_{C2} 之间的相位关系及 u_{R_E} 随 u_i 改变而变化的情况。

4. 具有恒流源的差动放大电路性能测试

将图 1.101 电路中开关 K 拨向右边，构成具有恒流源的差动放大电路。重复前面的测量步骤，将测量结果填入表 1.22 中。

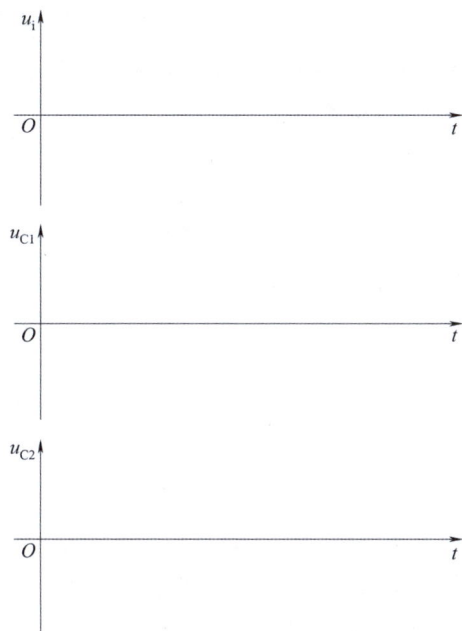

图 1.102　波形观测

表 1.22　差动电路参数测量

项目	典型差动放大电路		具有恒流源差动放大电路	
	单端输入	共模输入	单端输入	共模输入
u_i	100 mV	1 V	100 mV	1 V
u_{C1}/V				
u_{C2}/V				
u_o/V				
$A_d = u_{od}/u_{id}$		—		—
$A_c = u_{oc}/u_{ic}$	—		—	
$K_{CMR} = \left\| \dfrac{A_d}{A_c} \right\|$				

5. 定性观察温度变化引起的零点漂移现象

撤掉交流输入信号，重新静态调零，使 $u_o = 0$。然后分别测出对一个三极管加热和对两个三极管同时加热时的单端输出及双端输出电压变化情况，填入表 1.23 中。

表 1.23　差动电路零漂测量

单管加热（V_1 或 V_2）			两管同时加热		
u_{C1}	u_{C2}	u_o	u_{C1}	u_{C2}	u_o

注：因所测参数是动态变化的，因而表内不需填写具体测量数值。而是根据参数数值的变化情况填写以下内容：升高、降低、变化很大、变化很小或基本不变。

操作与训练的目的

（1）研究由集成运算放大器组成的比例、加法、减法和积分基本运算电路的功能。

（2）了解运算放大器在实际应用时应考虑的一些问题。

操作与训练的器材

（1）±12 V 直流电源。

（2）函数信号发生器。

（3）交流毫伏表。

（4）直流电压表。

（5）集成运算放大器 uA741。

（6）电阻器、电容器若干。

操作与训练的内容

1. 操作内容

本实验采用的集成运放型号为 uA741（或 F007），引脚排列如图 1.103 所示，它是 8 引脚双列直插式组件，2 脚和 3 脚分别为反相和同相输入端，6 脚为输出端，7 脚和 4 脚分别为正、负电源端，1 脚和 5 脚为失调调零端，1、5 脚之间可接入一只几十 kΩ 的电位器并将滑动触头接到负电源端；8 脚为空脚。实验前要看清集成电路各引脚的位置，电源连接正确，切忌正、负电源极性接反和输出端短路，否则将会造成集成电路损坏。

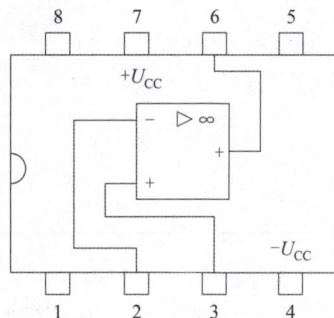

图 1.103　uA741 引脚排列

1）调零

为提高运算精度，在运算前，应首先对直流输出电位进行调零，即保证输入为零时，输出也为零。当运放有外接调零端子时，按要求接入调零电位器 R_P。调零时，将输入端接地，调零端接入电位器 R_P，用直流电压表测量输出电压 U_o，细心调节 R_P，使 u_o 为零（即失调电压为零）。

2）消振

一个集成运放自激时，表现为即使输入信号为零，也会有输出，使各种运算功能无法实现，严重时还会损坏器件。在实验中，可用示波器监视输出波形。为消除运放的自激，常采用以下措施：

（1）若运放有相位补偿端子，可利用外接 RC 补偿电路产品手册中有补偿电路及元件参数提供。

（2）电路布线、元器件布局应尽量减少分布电容。

（3）在正、负电源进线与地之间接上几十 μF 的电解电容和 0.01~0.1 μF 的陶瓷电容相并联以减小电源引线的影响。

2. 训练内容

1）反相比例运算电路

（1）按图 1.104 连接实验电路，接通 ±12 V 电源，输入端对地短路，进行调零和消振。

（2）输入 $f = 100$ Hz，$u_i = 0.5$ V 的正弦交流信号，测量相应的 u_o，并用示波器观察 u_o 和 u_i 的相位关系，填入表 1.24 中。

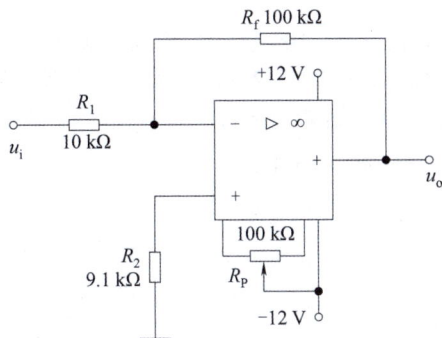

图 1.104   反相比例运算电路

表 1.24   反相比例运算电路测量（在 $u_i = 0.5$ V，$f = 100$ Hz 时）

u_i/V	u_o/V	u_i 波形	u_o 波形	A_u	
				实测值	计算值

2）同相比例及电压跟随器运算电路

按图 1.105 连接实验电路，按反相比例运算电路实验步骤测试，将结果填入表 1.25 中。

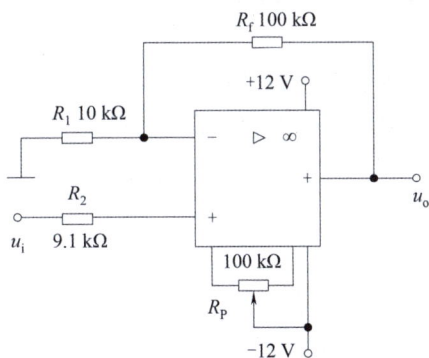

图 1.105   实验电路

表 1.25   电压跟随器测量（在 $u_i = 0.5$ V，$f = 100$ Hz 时）

u_i/V	u_o/V	u_i 波形	u_o 波形	A_u	
				实测值	计算值

3）反相加法运算电路

（1）输入信号采用直流信号，图 1.106 所示为简易可调直流信号源，由实验者自行完成。实验时要注意选择合适的直流信号幅度以确保集成运放工作在线性区。

（2）按图 1.107 连接实验电路，调零和消振。用直流电压表测量，输入 u_{i1}、u_{i2} 两个电压，并测出相对应的输出电压 u_o，填入表 1.26 中。

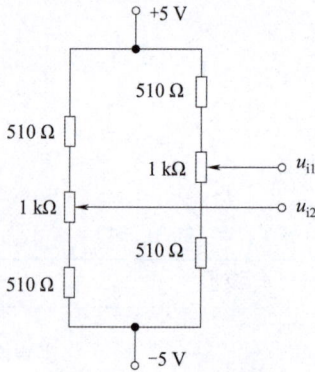

图 1.106　简易可调直流信号源

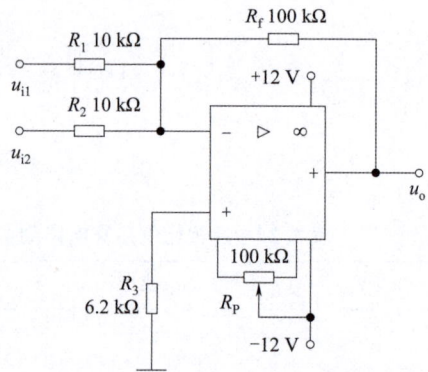

图 1.107　反相加法运算电路

表 1.26　反相加法运算电路测量

u_{i1}					
u_{i2}					
u_o					

4）减法运算电路

（1）按图 1.108 连接实验电路，调零和消振。

（2）采用直流输入信号，实验步骤同反相加法运算电路，测量数据填入表 1.27 中。

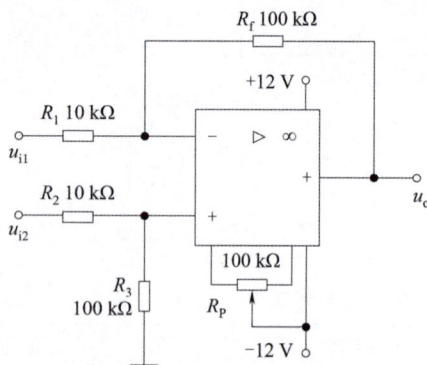

图 1.108　减法运算电路

表 1.27　减法运算电路测量

u_{i1}					
u_{i2}					
u_o					

5）积分运算电路

按图 1.109 连接实验电路。

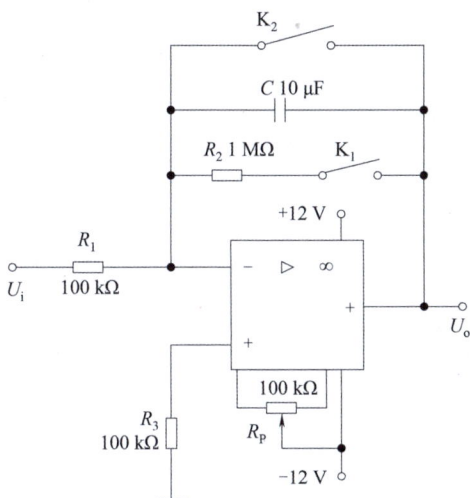

图 1.109　积分运算电路

（1）打开 K_2，闭合 K_1，对运放输出进行调零。

（2）调零完成后，再打开 K_1，闭合 K_2，使 $u_{C(o)} = 0$。

（3）预先调好直流输入电压 $U_i = 0.5$ V，接入实验电路，再打开 K_2，然后用直流电压表测量输出电压 U_o，每隔 5 s 读一次 U_o，填入表 1.28 中，直到 U_o 不继续明显增大为止。

表 1.28　积分运算电路测量

t/s	0	5	10	15	20	25	30	……
U_o/V								

（4）测定集成运算放大器电路的特性。

设计集成运放电路检测记录表。

（5）安装和测定功放电路。

设计运算电路和记录表。

检查评估

1. 任务问答

（1）运放两输入端的等效电阻是否相等？

（2）积分电路中通常在 C 两端再并联一个电阻的作用是什么？

（3）为了不损坏集成块，实验中应注意什么问题？

2. 任务评估

任务评估如表 1.29 所示。

表 1.29　任务评估

工作任务				
小组号		工作组成员		
工作时间		完成总时长		
工作任务描述				
小组分工	姓名		工作任务	
任务实施步骤				
序号	工作内容		计划时间	操作员
验收评定			验收人签名	

小结反思 NEWS!

1. 绘制思维导图。

2. 在任务实施中遇到哪些问题？是否解决？如何解决？填入表 1.30 中。

表 1.30　总结反思

遇到的问题	
解决方法	
问题反思	

任务 1.5　反馈的基本概念

任务描述

反馈在电子线路中应用非常广泛。特别是在放大电路中，负反馈可以多方面改善放大电路的性能，实用的放大电路都离不开负反馈。本任务内容从反馈的基本概念入手，抽象出反馈放大电路的框图，分析负反馈对放大电路的性能影响，总结出引入负反馈的一般原则，并介绍放大器中常见的反馈形式及应用。

任务提交：检测结论、任务问答、学习要点、思维导图、检查评估表。

学习导航

本任务参考学时：4 学时。通过本任务学习可以收获：

专业知识

1. 掌握反馈的基本概念。
2. 掌握反馈放大电路的组成框图。
3. 掌握反馈的类型及判别方法。
4. 掌握负反馈对放大电路的影响。
5. 掌握引入负反馈的一般原则。

专业技能

1. 能够判断反馈的类型。
2. 能够熟练使用示波器、信号发生器等仪表进行闭环增益和失真度的检测。

职业素养

1. 具备系统化的分析及解决问题的能力。
2. 具备团队协作及沟通的能力。
3. 养成环保与社会责任意识。

知识储备

1.5.1 反馈

1. 反馈的概念

将放大电路输出回路信号（电压或电流）的一部分或全部，经过一定的电路（称为反馈网络）反送到输入回路中，从而影响净输入信号（增强或减弱），这种信号的反送过程称为反馈。输出回路中反送到输入回路的那部分信号称为反馈信号。

2. 反馈放大电路

具有反馈的放大电路称为反馈放大电路。其组成框图如图1.110所示，图中 A 代表无反馈的放大电路，称为基本放大器。F 代表反馈网络，符号 $\otimes$ 代表信号的比较环节。其中，作用到基本放大器输入端的信号称为净输入信号，经反馈网络送回到输入端的信号称为反馈信号。在反馈放大电路中，由于净输入信号经电路放大后正向传输到输出端，而输出端信号（u_o 或

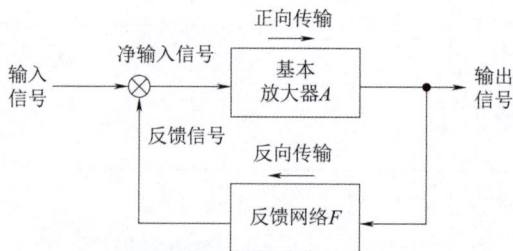

图 1.110　反馈放大电路的组成框图

i_o）又经反馈网络反向传输到输入端（即存在反馈通路）与外加输入信号（u_i 或 i_i）比较，形成闭环路，故此种情况称为闭环，所以反馈放大电路也称闭环放大电路。如果一个放大电路不存在反馈，即只存在正向传输信号的途径，则不会形成闭合环路，这种情况称为开环，没有反馈的放大电路也称开环放大电路。为了便于分析，一个反馈放大电路可以分为基本放大器和反馈网络两部分。基本放大器只起放大作用，即把输入信号放大为输出信号；反馈网络只起反馈作用，即把基本放大器的输出信号送回输入端。

因此，一个放大电路若存在反馈，必须同时满足两个条件：一是有反馈网络；二是反馈信号对净输入有影响。

1.5.2　反馈类型及判别

反馈的实质就是输出量参与控制，而参与控制的输出量是电压还是电流，输入信号与反馈信号如何叠加，以及反馈信号的成分和极性的不同就会有多种不同形式的反馈，下面进行介绍。

1. 由反馈的极性决定的反馈类型

由反馈的极性决定的反馈类型有两种，即正反馈和负反馈。

在输入信号不变的情况下，由于反馈信号的存在使得放大器的净输入量增强，称为正反馈，否则为负反馈。

判断反馈的极性，一般采用"瞬时极性法"，具体判断方法如下：

（1）假定输入信号的瞬时极性。一般假设输入信号的瞬时极性为"+"。

（2）根据放大电路输入与输出信号的相位关系，确定输出信号和反馈信号的极性。

根据反馈信号的极性，判断反馈的极性。如果反馈信号与输入信号叠加使净输入信号增加则为正反馈，否则为负反馈。

【例1.7】 如图1.111所示，判断由 R_f 引入的各反馈极性。

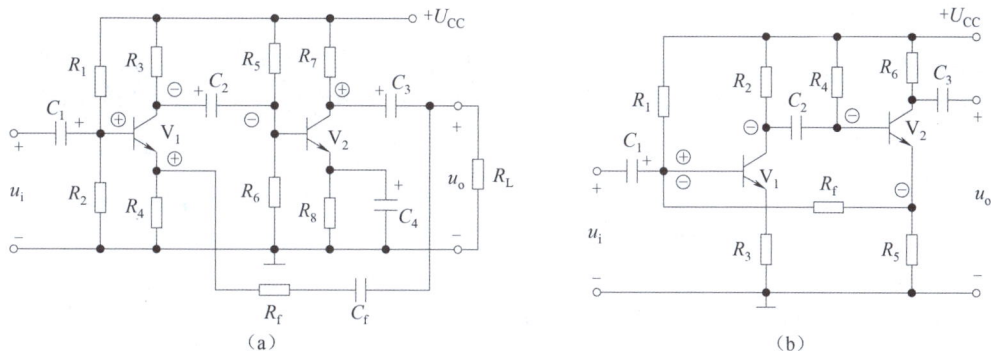

图 1.111 例 1.7 判断反馈极性

（a）判断由 R_f 引入的反馈极性（一）；（b）判断由 R_f 引入的反馈极性（二）

解： 如图 1.111（a）所示，假设 u_i 的瞬时极性为正，用⊕表示，则 u_{B1} 的瞬时极性为⊕，经 V_1 反相放大，u_{C1} 的瞬时极性为⊖，u_{B2} 的瞬时极性也为⊖，经 V_2 放大后，u_{C2} 的瞬时极性为⊕，该信号经过反馈电阻和电容后的反馈信号加至 V_1 的发射极，则 u_{E1} 的瞬时极性为⊕。由于 $u_{BE1} = u_{B1} - u_{E1}$，则净输入量 $u_i'(u_{BE1})$ 减小，故为负反馈。整个判断过程如图 1.111（a）标示，可表示为

$$u_i \uparrow \rightarrow u_{B1} \uparrow \rightarrow u_{C1}(u_{B2}) \downarrow \rightarrow u_{C2} \uparrow \rightarrow u_{E1} \uparrow \rightarrow u_{BE1} \downarrow$$

如图 1.111（b）所示，假设输入信号的瞬时极性为⊕，则 u_{B1} 的瞬时极性为⊕，经 V_1 反相放大，u_{C1} 的瞬时极性为⊖，u_{B2} 的瞬时极性也为⊖，经 V_2 放大后，三极管 V_2 的发射极的瞬时极性为⊖，经过电阻 R_f 反馈到 V_1 的基极的瞬时极性为⊖。因此，与外加的输入信号叠加后的净输入量减小，故为负反馈。对于图 1.111（b）可表示为

$$u_i \uparrow \rightarrow u_{B1} \uparrow \rightarrow u_{C1}(u_{B2}) \downarrow \rightarrow u_{E2} \downarrow \rightarrow u_f \downarrow \rightarrow u_{BE1}(u_i') \downarrow$$

【例 1.8】 判断图 1.112 的反馈极性。

解： 如图 1.112（a）所示，假设输入信号对地的瞬时极性为⊕，此电压使反相输入端的电压 u_- 的瞬时极性为⊕，由于输出端与反相输入端的极性是相反的，所以此时输出电压 u_o 的瞬时极性为⊖，输出电压经过反馈电阻传到同相输入端的极性也为⊖，因此净输入量增加了，故为正反馈。

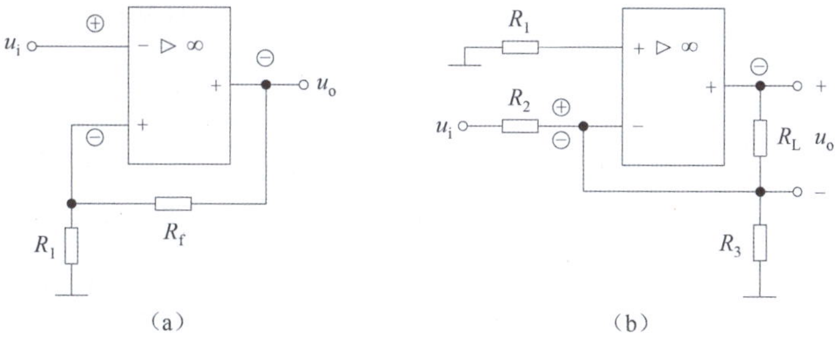

图 1.112 例 1.8 电路图

（a）判断电路的反馈极性（一）；（b）判断电路的反馈极性（二）

整个判断过程可表示为

$$u_i \uparrow \rightarrow u_o \downarrow \rightarrow u_f \downarrow \rightarrow u_i' \uparrow$$

如图 1.112（b）所示，整个判断过程可表示为

$$u_i \uparrow \rightarrow u_- \uparrow \rightarrow u_o \downarrow \rightarrow u_f \downarrow \rightarrow u_i' \downarrow$$

故为负反馈。

总结：对于由单运放组成的反馈放大电路，判断本级的反馈极性时，通过以上分析可总结出，若反馈信号送回到运放的反相输入端则为负反馈，若反馈信号送回到运放的同相输入端则为正反馈。

2. 由反馈的成分决定的反馈类型

由反馈的成分决定的反馈类型有以下三种。

（1）直流反馈。

反馈信号中只有直流信号的反馈称为直流反馈。直流反馈多用于稳定放大电路的静态工作点。

（2）交流反馈。

反馈信号中只有交流信号的反馈称为交流反馈。交流反馈多用于改善放大电路的性能。

（3）交、直流反馈。

如果反馈回来的信号中既有直流信号也有交流信号，则该反馈称为交、直流反馈。

【例 1.9】如图 1.111（a）所示，反馈回来的信号仅有交流信号，直流信号被隔断了，因此为交流反馈。

如图 1.111（b）所示，反馈信号既有直流信号又有交流信号，因此为交、直流反馈。

如图 1.113 所示，反馈回来的信号仅有直流信号，交流信号被电容旁路了，因此为直流反馈。

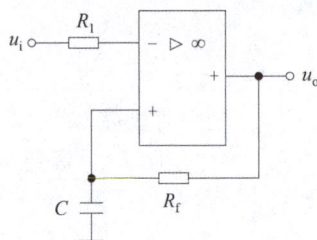

图 1.113　例 1.9 电路图

3. 由反馈在输出端取样方式的不同决定的反馈

由反馈网络的输入端对放大器输出端取样方式的不同决定的反馈有以下两种：

（1）电压反馈。

放大器的输出端与反馈网络输入端并联连接，放大器的输出电压（一部分或全部）作为反馈网络的输入信号，反馈信号正比于放大器的输出电压，这样的反馈为电压反馈，如图 1.114（a）和图 1.114（b）所示。

（2）电流反馈。

放大器的输出端与反馈网络的输入端串联连接，放大器的输出电流作为反馈网络的输入信号，反馈信号正比于放大器的输出电流，这样的反馈为电流反馈，如图 1.114（c）和图 1.114（d）所示。

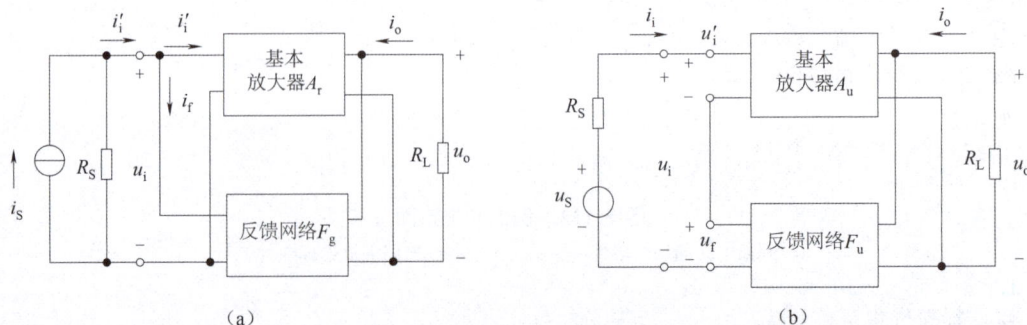

（a）

（b）

图 1.114　四种负反馈电路的组态

（a）电压并联；（b）电压串联

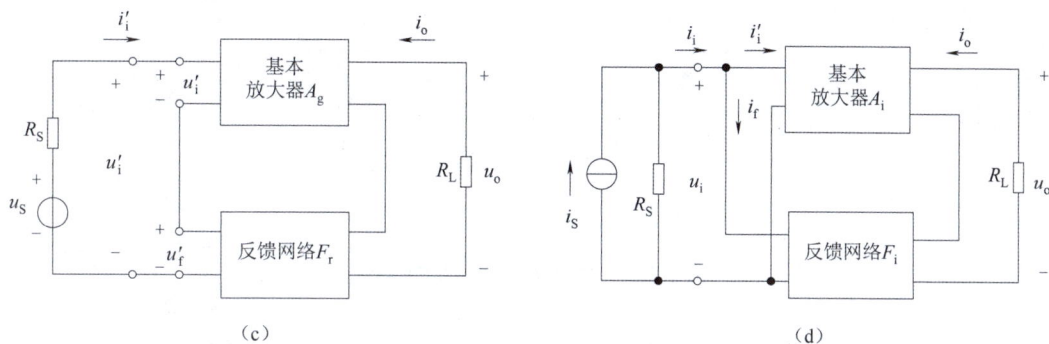

图 1.114　四种负反馈电路的组态（续）

（c）电流串联；（d）电流并联

判断电压反馈和电流反馈可采用"输出端短接法"，即假设将放大电路的输出端短接，让 $u_o = 0$，如果反馈信号为零，则为电压反馈，否则为电流反馈。

4. 由反馈信号在输入端连接方式的不同决定的反馈

由反馈信号在输入端连接方式的不同决定的反馈有以下两种：

（1）串联反馈。

在反馈放大电路的输入端，如果基本放大器的输入端和反馈网络的输出端串联连接，这样的反馈为串联反馈，如图 1.114（b）和图 1.114（c）所示。串联反馈对输入信号的影响通常以电压求和形式（相加或相减）反映出来，即反馈电压 u_f 与净输入电压 u_i 在放大器的输入端串联连接。

（2）并联反馈。

在反馈放大电路的输入端，如果基本放大器的输入端和反馈网络的输出端并联连接，这样的反馈为并联反馈，如图 1.114（a）和图 1.114（d）所示。并联反馈对输入信号的影响通常以电流求和形式（相加或相减）反映出来。

5. 负反馈放大电路的组态

四种负反馈放大电路的组态如图 1.114 所示。

以上对负反馈放大电路类型的分析都是从四个侧面进行分析的，而负反馈放大电路的组态，也就是对负反馈放大电路类型的完整描述，也应从四个方面，即

（1）电压、电流。

（2）串联、并联。

（3）交流、直流、交直流。

（4）正反馈、负反馈。

例如，图 1.111（a）是一个电压、串联、交流、负反馈放大电路，图 1.113 是一个电压、串联、直流、负反馈放大电路。

1.5.3　负反馈放大电路

1. 负反馈放大电路的框图

负反馈主要用于放大电路，正反馈主要用于振荡电路，为了分析负反馈放大电路的性能，将负反馈放大器抽象为图 1.115 所示的框图。

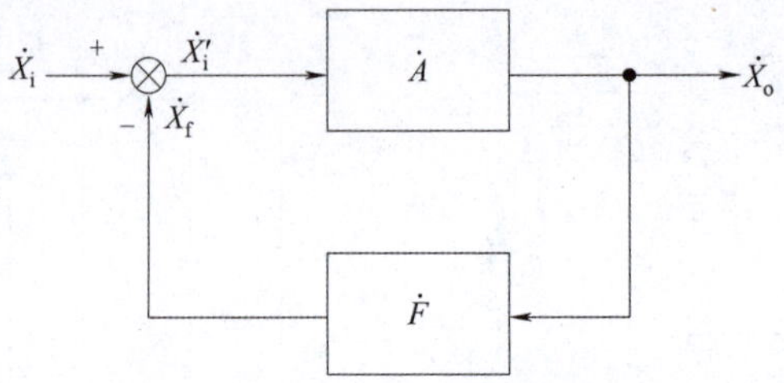

图 1.115　负反馈放大电路的框图

在框图中，$\dot{X}_i$、$\dot{X}_f$、$\dot{X}_i'$、$\dot{X}_o$ 分别表示输入信号、反馈信号、净输入信号和输出信号，它们既可以是电压信号，也可以是电流信号。箭头表示信号传输方向，符号 $\otimes$ 表示比较环节，在它的旁边标注的极性，表明输入信号和反馈信号的极性相反，即当 $\dot{X}_i$ 的极性为正时，$\dot{X}_f$ 的极性为负，所以净输入量 $\dot{X}_i'$ 小于输入信号 $\dot{X}_i$。$\dot{A}$ 为基本放大器的放大倍数；$\dot{F}$ 为反馈网络的反馈系数。

2. 负反馈放大电路的一般表达式

负反馈放大电路框图所确定的基本关系式有：

1）输入端各量的关系式

$$\dot{X}_i' = \dot{X}_i - \dot{X}_f$$

2）基本放大器的放大倍数 $\dot{A}$

$$\dot{A} = \frac{\dot{X}_o}{\dot{X}_i'}$$

3）反馈系数 $\dot{F}$

$$\dot{F} = \frac{\dot{X}_f}{\dot{X}_o}$$

4）闭环放大倍数 $\dot{A}_f$

$$\dot{A}_f = \frac{\dot{X}_o}{\dot{X}_i} = \frac{\dot{X}_o}{\dot{X}_i' + \dot{X}_f} = \frac{\dot{X}_i'\dot{A}}{\dot{X}_i' + \dot{X}_o\dot{F}} = \frac{\dot{X}_i'\dot{A}}{\dot{X}_i'(1 + \dot{A}\dot{F})} = \frac{\dot{A}}{1 + \dot{A}\dot{F}} \tag{1-85}$$

在上述各量中，当信号为正弦量时，$\dot{X}_i$、$\dot{X}_f$、$\dot{X}_i'$、$\dot{X}_o$ 为相量，$\dot{A}$ 和 $\dot{F}$ 为复数。在中频段，由于放大倍数与信号频率无关，为了方便起见，在以后的分析中认为放大器工作在中频段，各量均用实数表示。此时式（1-85）就变为

$$A_f = \frac{X_o}{X_i} = \frac{A}{1 + AF} \tag{1-86}$$

由式（1-86）可以看出，闭环放大倍数 A_f 为开环放大倍数的 $\dfrac{A}{1+AF}$ 倍。其中，乘积 AF 称为环路增益；（$1+AF$）称为反馈深度，它的大小反映了反馈的强弱。

（1）若 $1+AF>1$，则 $A_f<A$，说明放大电路引入反馈后放大倍数减小了，即输出减小了，因此电路引入的是负反馈。

（2）若 $1+AF<1$，则 $A_f>A$，说明放大电路引入反馈后放大倍数增加了，即输出增加了，因此电路引入的是正反馈。

（3）若 $1+AF=1$，则 $A_f=A$，说明放大电路的反馈消失了，没有反馈。

（4）若 $1+AF=0$，则 $A_f\rightarrow\infty$，$AF=-1$，$X_f=AFX'_i=-X'_i$，$X_i=0$，说明没有输入信号时仍然有输出，放大电路变成了振荡电路。

1.5.4 负反馈对放大电路的影响

在讨论了负反馈的组态后，下面重点讨论负反馈对放大电路性能的影响。负反馈可以多方面地改善放大电路的性能，但所有性能的改善，都是靠降低放大器的放大倍数换来的。

1. 提高放大倍数（增益）的稳定性

根据前面的分析可知，放大电路的放大倍数与负载和半导体器件的参数有关，而这些参数又受到元件本身及环境温度的影响，因此放大倍数是一个变化量，导致放大电路输出不稳定。当放大电路引入负反馈后，就可以稳定输出量，提高放大倍数的稳定性。放大倍数的稳定性常用放大倍数的相对变化量来描述。

由上一节的分析可知，引入负反馈后，放大电路的放大倍数为

$$A_f=\frac{X_o}{X_i}=\frac{A}{1+AF}$$

在上式中，对 A 求导得

$$\frac{dA_f}{dA}=\frac{(1+AF)-AF}{(1+AF)^2}=\frac{1}{(1+AF)^2}$$

即

$$dA_f=\frac{1}{(1+AF)^2}dA$$

将上式进一步整理得

$$\frac{dA_f}{A_f}=\frac{dA}{(1+AF)^2}\bigg/\frac{A}{1+AF}=\frac{1}{1+AF}\frac{dA}{A} \qquad (1-87)$$

由式（1-87）可知，闭环放大倍数的相对变化量为开环放大倍数的相对变化量的 $\frac{1}{1+AF}$，也就是说，负反馈的引入使放大器的放大倍数的稳定性提高了 $\frac{1}{1+AF}$ 倍。因此，在输入信号一定的情况下，闭环放大倍数的稳定就是输出信号的稳定。

例如，某负反馈放大器的 $A=10^4$，反馈系数 $F=0.01$，则可求出其闭环放大倍数

$$A_f=\frac{A}{1+AF}=\frac{10^4}{1+10^4\times0.01}\approx100$$

若因参数变化使 A 变化 $\pm10\%$，即 A 的变化范围为 9 000～11 000，则由式（1-87）可求出 A_f 的相对变化量为

$$\frac{dA_f}{A_f}=\frac{1}{1+AF}\times\frac{dA}{A}=\frac{1}{1+10^4\times0.01}\times(\pm10\%)\approx\pm0.1\%$$

即 A_f 的变化范围为 99.9～100.1。显然，A_f 的稳定性比 A 的稳定性提高了约 100 倍（由 10%变到 0.1%），反馈深度越大，稳定性越高。

2. 减小非线性失真

由于放大电路中元件（如晶体管）具有非线性，因而会引起非线性失真。一个无反馈的放大器，即使设置了合适的静态工作点，但当输入信号较大时，仍会使输出波形产生非线性失真。引入负反馈后，这种失真就可以减小。

图 1.116 所示为负反馈减小非线性失真。图 1.116（a）中，输入信号为标准正弦波，经基本放大器放大后的输出信号 x_o 产生了正半波大、负半波小的非线性失真。若引入了负反馈，如图 1.116（b）所示，失真的输出波形反馈到输入端，反馈信号 X_f 也将是正半波大、负半波小，与 X_o 的失真情况相似。这样，失真了的反馈信号 X_f 与原输入信号 X_i 在输入端叠加，产生的净输入信号 X_i' 就会是"正半波小、负半波大"的波形。这样的净输入信号经基本放大器放大后，由于净输入信号的"正半波小、负半波大"与基本放大器的"正半波大、负半波小"二者相互补偿，即用失真的波形来改善波形的失真，从而减小了非线性失真。

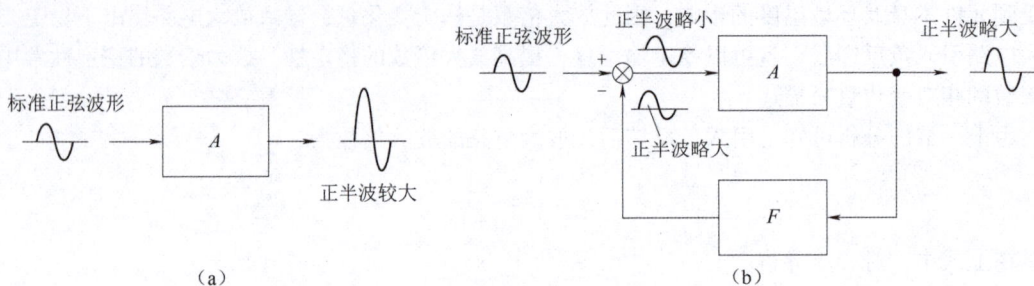

图 1.116　负反馈减小非线性失真
（a）无反馈放大器的失真；（b）有反馈放大器的失真

说明：负反馈能减小（或改善、削弱）放大器的非线性失真，而不能完全消除非线性失真，也不能减小输入信号本身固有的失真。

3. 扩展通频带

由放大器的频率特性可知，放大倍数在高频区和低频区（指阻容耦合放大器）都要下降，这是一种因频率变化而引起的内部增益变化，因此，可把频率的变化看作"变化因素"。频率变化使开环增益变化较大时，闭环增益则变化较小。如图 1.117 所示，当频率变到 f_H 值时，开环增益下降了 30%，闭环增益的下降却远小于 30%。因此，闭环电路的通频带大于开环，也就是负反馈能展宽通频带。图 1.117 中，A_{um} 为开环放大器在中频区的电压增益；f_H 和 f_L 分别为开环放大器的上、下限截止频率；A_{umf} 为闭环时中频区的电压增益；f_{Hf} 和 f_{Lf} 分别为闭环时的上、下限截止频率，则有以下关系式

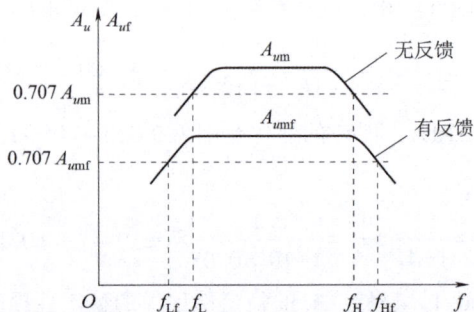

图 1.117　开环与闭环的幅频特性

$$
\left.\begin{array}{l}
A_{umf} = \dfrac{A_{um}}{1 + A_{um}F} \\[3mm]
f_{Hf} = (1 + A_{um}F)f_H \\[3mm]
f_{Lf} = \dfrac{1}{1 + A_{um}F}f_L
\end{array}\right\} \tag{1-88}
$$

上述关系式表明：闭环时中频区的电压增益减小到原来的 $1/(1+AF)$，闭环时的上限（$1+AF$）截止频率增大了（$1+AF$）倍，闭环时的下限截止频率减小了 $1/(1+AF)$。

在讨论范围内，一般有 $f_H > f_L$，$f_{Hf} > f_{Lf}$，所以通频带主要取决于上限截止频率，负反馈使上限截止频率增大了（$1+AF$）倍，因此使通频带展宽了（$1+AF$）倍，但这是以牺牲增益（$1+AF$）倍为代价的。从式（1-88）还可得

$$
A_{umf}f_{Hf} = \frac{A_{um}}{1 + A_{um}F} \times (1 + A_{um}F)f_H = A_{um}f_H \tag{1-89}
$$

上式表明：同一放大器"增益-带宽积"为一常数，即负反馈越深，增益下降越多，频带展得就越宽。

4. 对放大器的输入电阻和输出电阻的影响

放大电路引入负反馈后，其输入、输出电阻都要发生变化（与没有负反馈时基本放大器的输入、输出电阻相比较而言），不同反馈对输入、输出电阻的影响也不同。

1）对放大器输入电阻的影响

负反馈对放大器输入电阻的影响取决于反馈信号在放大电路输入端的连接方式，既是串联反馈又是并联反馈，而与输出端的连接方式无关。

（1）串联负反馈使放大器的输入电阻增大。

如图 1.118（a）所示，串联负反馈中，在放大电路的输入端，反馈网络和基本放大器是串联关系，输入电阻的增大是不难理解的。由图 1.118（a）可知，基本放大器的输入电阻 $r_i = u_i'/i_i$，故反馈放大电路的输入电阻

$$
r_{if} = \frac{u_i}{i_i} = \frac{u_i' + u_f}{i_i} = \frac{u_i' + AFu_i'}{i_i} = (1 + AF)r_i
$$

与基本放大器相比，串联负反馈使反馈放大电路的输入电阻增大为开环输入电阻 r_i 的（$1+AF$）倍，且信号源内阻越小，反馈作用越强。

注意：对于电压串联和电流串联负反馈放大电路，上式的 A、F 含义不同。

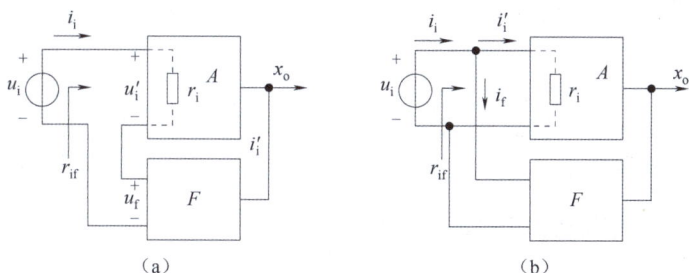

图 1.118　负反馈对输入电阻的影响

（a）串联负反馈；（b）并联负反馈

（2）并联负反馈使放大器的输入电阻减小。

在并联负反馈中，由于反馈网络的输出端和基本放大器的输入端是并联的，因此势必造成

输入电阻的减小。

由图 1.118（b）可知，基本放大器的输入电阻 $r_i = u_i/i'_i$，故反馈放大电路的输入电阻

$$r_{if} = \frac{u_i}{i_i} = \frac{u_i}{i'_i + i_f} = \frac{u_i}{i'_i + AFi'_i} = \frac{r_i}{1+AF} \qquad (1-90)$$

与基本放大器相比，并联负反馈使反馈放大电路的输入电阻减小为开环输入电阻 r_i 的 $1/(1+AF)$，且信号源内阻越大，反馈作用越强。

注意：对于电压并联和电流并联负反馈放大电路，上式中的 A、F 含义不同。

2）对输出电阻的影响

负反馈对输出电阻的影响取决于放大电路输出端的连接方式，即与电压反馈还是电流反馈有关，而与输入端的连接方式无关。

（1）电压负反馈使放大器的输出电阻减小。

根据前面的分析可知，电压负反馈具有稳定输出电压的作用，即当输入信号一定，负载变化时，输出电压的变化很小，这意味着电压负反馈放大电路的输出电阻比没有负反馈时减小了。另外，基本放大器的输出端与反馈网络的输入端并联连接，故电压负反馈使放大器的输出电阻减小了。

（2）电流负反馈使放大器的输出电阻增大。

由于电流负反馈具有稳定输出电流的作用，即当负载变化时，输出电流的变化很小，这意味着电流负反馈使放大电路的输出电阻增大了。另外，基本放大器的输出端与反馈网络的输入端串联连接，故电流负反馈使放大器的输出电阻增大了。

5. 引入负反馈的一般原则

综上所述，放大电路引入负反馈后能改善它的性能，并且各种组态的负反馈放大电路具有不同的特点，因此可以得到引入负反馈的一般原则。

（1）要稳定直流性能（如静态工作点），应引入直流负反馈；要稳定交流性能（如放大倍数、频带、失真、输入和输出电阻等），应引入交流负反馈。

（2）要稳定输出电压，应引入电压负反馈；要稳定输出电流，应引入电流负反馈。

（3）要提高输出电阻，应引入电流负反馈；要减小输出电阻，应引入电压负反馈。

（4）要提高输入电阻，应引入串联负反馈；要减小输入电阻，应引入并联负反馈。

（5）要减小放大电路向信号源索取的电流，应引入串联负反馈。

（6）要反馈效果好，在信号源为电压源（内阻较小）时应引入串联负反馈，在信号源为电流源（内阻较大）时应引入并联负反馈。

（7）负反馈深度越深，性能改善越明显。但是，反馈深度并不是越大越好。如果反馈深度太大，某些电路将因在一些频率下产生附加相移，可能使原来的负反馈变成正反馈，甚至出现自激振荡，放大电路也就无法正常放大，更谈不上性能的改善了。此外，由于负反馈使放大倍数下降，因此引入负反馈的前提条件是电路的放大倍数足够大。因此，反馈深度的大小要适当。

1.5.5 深度负反馈放大电路的计算

在对负反馈放大电路的分析基础上，可进行有关参数的计算。但是，随着反馈的加入，电路变得复杂，计算也变得非常复杂，因此，必须找出一种简便的方法。实际应用中，经常遇到的是深度负反馈的电路。因为集成运放等各种具有高开环增益的模拟集成电路已得到普遍使用，使引入负反馈不仅容易实现，而且也是改善放大电路的性能所必需的。本节中重点介绍深度负反馈放大电路的计算方法。

1. 深度负反馈的特点

在一个负反馈放大电路中，$(1+AF)$ 称为反馈深度；当 $(1+AF)>1$ 时，则称为深度负反馈。在实际中，一般情况下，当 $(1+AF) \geqslant 10$ 时，就可认为是深度负反馈。由此，在深度负反馈的条件下，由于 $(1+AF) \approx AF$，可得到

$$A_\mathrm{f} = \frac{A}{1+AF} \approx \frac{A}{AF} = \frac{1}{F}$$

此式表明：当深度负反馈时，闭环增益 A_f 仅取决于反馈系数 F 的值，若 F 值恒定，则 A_f 值就恒定。

由于 $X_\mathrm{f} = AFX'_\mathrm{i}$，因此 $X_\mathrm{f} \gg X'_\mathrm{i}$，故 $X_\mathrm{i} = X_\mathrm{f} + X'_\mathrm{i} = (1+AF)X'_\mathrm{i} \approx AFX'_\mathrm{i} = X_\mathrm{f}$。

由此得到结论，当 $1+AF \gg 1$ 时

$$A_\mathrm{f} = \frac{X_\mathrm{o}}{X_\mathrm{i}} = \frac{A}{1+AF} \approx \frac{X_\mathrm{o}}{X_\mathrm{f}} = \frac{1}{F}, \quad X_\mathrm{i} \approx X_\mathrm{f}, \quad X' \approx 0 \tag{1-91}$$

因此，深度负反馈时，反馈信号 X_f 近似等于输入信号 X_i，净输入信号 X'_i 近似为 0，但不等于 0，否则因 $X_\mathrm{o}=0$ 就没有反馈了。上述结论也可这样理解：在深度负反馈的条件下，电路的开环放大倍数 A 很大，而输出信号 X_o 为一有限的值，因此净输入信号 $X'_\mathrm{i} = X_\mathrm{o}/A$ 为一很小的值。利用这些结论就可简便地估算出电压放大倍数。

由于深度负反馈的加入，放大电路的输入电阻和输出电阻也发生变化。由于 $1+AF \gg 1$，故在理想情况下，深度负反馈放大电路的输入电阻和输出电阻可近似的认为：

串联负反馈放大电路的输入电阻 $r_\mathrm{if} \rightarrow \infty$；

并联负反馈放大电路的输入电阻 $r_\mathrm{if} \rightarrow 0$；

电压负反馈放大电路的输出电阻 $r_\mathrm{of} \rightarrow 0$；

电流负反馈放大电路的输出电阻 $r_\mathrm{of} \rightarrow \infty$。

2. 深度负反馈放大电路的计算

利用上述特点，结合具体的放大电路来进行动态参数的估算。重点分析闭环电压放大倍数、输入电阻和输出电阻。

1) 电压串联负反馈电路

图 1.119（a）所示为由运放构成的电压串联负反馈电路。根据深度负反馈的特点可知，$u_\mathrm{i} \approx 0$，$u_\mathrm{i} \approx u_\mathrm{f}$。又由于放大电路的输入电阻很大，故流入运放反相端的电流近似为零。由此可得

$$u_\mathrm{f} \approx \frac{R_1}{R_1 + R_\mathrm{f}} u_\mathrm{o}$$

因此

$$A_\mathrm{uf} = \frac{u_\mathrm{o}}{u_\mathrm{i}} \approx \frac{u_\mathrm{o}}{u_\mathrm{f}} = \frac{R_1 + R_\mathrm{f}}{R_1} = 1 + \frac{R_\mathrm{f}}{R_1}$$

在深度负反馈条件下，$1+AF \gg 1$，则 $r_\mathrm{if} \rightarrow \infty$，$r_\mathrm{of} \rightarrow 0$。

图 1.119（b）所示为由分立元件构成的电压串联负反馈电路。根据深度负反馈的特点，忽略 V_1 管发射极信号电流对 u_f 的影响，可得

$$A_\mathrm{uf} = \frac{u_\mathrm{o}}{u_\mathrm{i}} \approx \frac{u_\mathrm{o}}{u_\mathrm{f}} = \frac{R_\mathrm{E1} + R_\mathrm{f}}{R_\mathrm{E1}} = 1 + \frac{R_\mathrm{f}}{R_\mathrm{E1}}$$

$$r_\mathrm{if} \approx \infty, \quad r_\mathrm{of} \approx 0$$

注意：在计算分离元件电路时，可以将三极管的基极和发射极分别看作运放的两个输入端，

图 1.119　电压串联负反馈电路

（a）运放组成的电路；（b）分立元件组成的电路

即反相输入端和同相输入端。

　　2）电压并联负反馈

　　图 1.120（a）所示为由运放构成的电压并联负反馈电路。根据深度负反馈的特点可知，$i'_i \approx 0$，因此 $u_+ \approx u_- = 0$，$i_1 \approx i_f$，此时的电压放大倍数 A_{uf} 为

$$A_{uf} = \frac{u_o}{u_i} \approx \frac{-i_f R_f}{i_1 R_1} = -\frac{R_f}{R_1}, \quad r_{if} = \frac{u_i}{i_i} \approx R_1, r_{of} \approx 0$$

　　图 1.120（b）所示为由分立元件组成的电压并联负反馈电路。根据深度负反馈的特点可知，$i'_1 \approx 0$，而此时又有 $u_A \approx 0$，因此同样可求得

$$A_{uf} \approx -\frac{R_f}{R_1}, \quad r_{if} = R_1 + r'_{if} \approx R_1, \quad r_{of} \approx 0$$

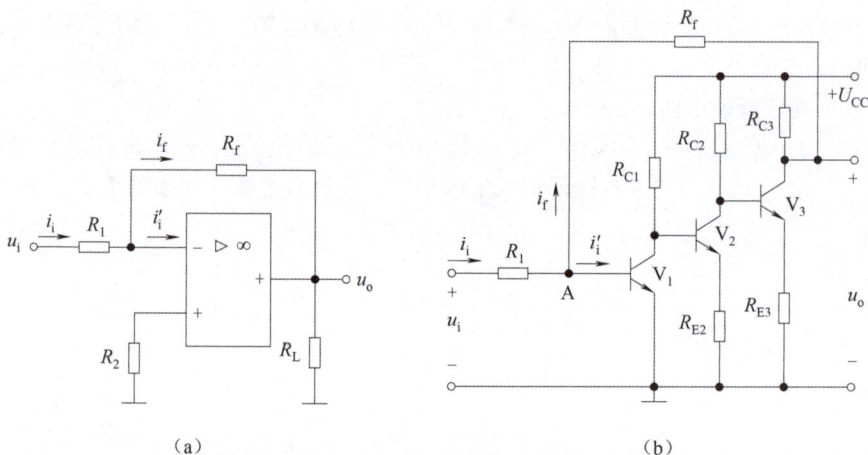

图 1.120　电压并联负反馈电路

（a）运放组成的电路；（b）分立元件组成的电路

　　3）电流串联负反馈电路

　　图 1.121 所示为由运放构成的电流串联负反馈电路。根据深度负反馈的特点可知，$u'_i \approx 0$，因此，$u_i \approx u_f$，$i_- \approx 0$，故

$$A_{uf} = \frac{u_o}{u_i} \approx \frac{u_o}{u_f}$$

因为

$$u_f = \left(\frac{R_2}{R_1+R_2+R_f} i_o \right) R_1, \quad u_o = i_o \times R_L$$

所以

$$A_{uf} \approx \frac{u_o}{u_f} = \frac{R_1+R_2+R_f}{R_1 R_2} \times R_L, \quad r_{if} \approx \infty, r_{of} \approx \infty$$

4）电流并联负反馈电路

图 1.122 所示为电流并联负反馈电路。根据深度负反馈的特点，$i'_i \approx 0$，$i_i \approx i_f$，$u_- \approx 0$，可得

$$u_i \approx i_i \times R_1$$

$$u_o = -i_L \times R_L = -\left(i_f + \frac{i_f R_f}{R_2} \right) \times R_L = -i_f \times \left(1 + \frac{R_f}{R_2} \right) \times R_L$$

因此

$$A_{uf} = \frac{u_o}{u_i} \approx -\left(1 + \frac{R_f}{R_2} \right) \times \frac{R_L}{R_1}, \quad r_{if} \approx R_1, \quad r_{of} \approx \infty$$

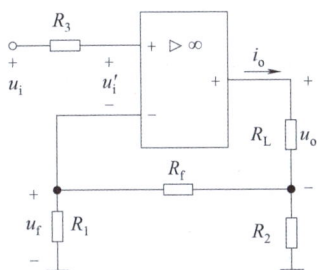

图 1.121　电流串联负反馈电路

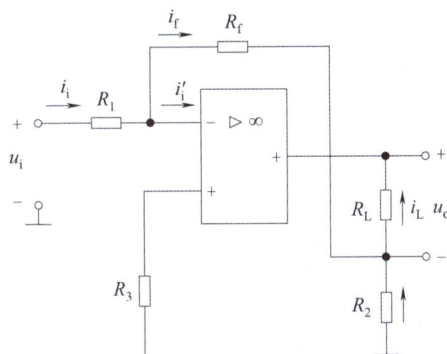

图 1.122　电流并联负反馈电路

在前面的任务中，已经对集成运算放大器的基本知识有了一定了解，集成运算放大器之所以具有此名，就是因为这种器件最早用在模拟计算机电路中，来完成对信号的数学运算。随着科学技术的发展，运放的应用范围已远远超出运算范畴，在各种模拟信号和脉冲信号的测量、处理、产生、变换等方面也都获得了广泛的应用。

项目 2　制作直流稳压电源

项目描述

　　几乎所有的电子设备都需要稳定的直流电源，交流电可以转换成直流电。直流稳压电源从宏观上看，它输入的是交流电压，而输出的是稳定的直流电压。或者说直流稳压电源的作用就是把输入的交流电压转换成输出端稳定的直流电压。这里所说的稳压是指稳定输出的直流电压，也就是当电网电压、负载和环境温度在一定范围内变化时，直流稳压电源都能自动地维持（调节）输出的直流电压基本保持不变。

　　直流稳压电源作为直流电能的提供者，它的性能良好与否直接影响整个电子产品的精度、稳定性和可靠性。随着电子技术的日益发展，电源技术也得到了很大的发展，它从过去的一个不太复杂的电子电路变为今天的具有较强功能的电子功能模块，实现电压稳定的方式，也由过去传统的线性稳压发展到今天的开关式稳压，电源技术正从过去附属于其他电子设备的状态逐渐演变为一个电子学科的独立分支。本项目将直流稳压电源分为线性稳压电源和开关电源两个部分，重点介绍线性稳压电源的组成、指标和电路的工作原理，并且介绍应用极广的三端式集成稳压器及其各种典型应用电路。之后，简单介绍开关电源的基本知识，了解它的特点以及它与线性电源的主要区别。

项目流程

　　要完成这个电路的安装任务，需要掌握该电路的四个组成部分，即整流电路、滤波电路、稳压电路和电源变压器，为了掌握这四部分电路的安装和工作原理，需要对以下内容进行学习：

　　1. 整流电路。2. 滤波电路。3. 稳压电路。

　　为了完成电路设计和安装，按照以下步骤进行学习。

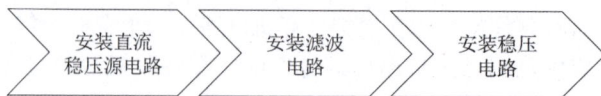

安装直流稳压源电路　→　安装滤波电路　→　安装稳压电路

任务 2.1　安装直流稳压源电路

任务描述

　　本次任务：准确安装功放电路。

　　任务提交：检测结论、任务问答、学习要点、思维导图、检查评估表。

本任务参考学时：4 学时。通过本任务学习可以收获：

专业知识

1. 掌握整流电路的特性。
2. 掌握整流电路的构成。
3. 掌握滤波电路的构成和特点。
4. 掌握稳压电路的构成和特点。
5. 掌握整流电路的分析方法。

专业技能

1. 能够分析直流稳压源电路的特性。
2. 能够选择合适的滤波电路。

职业素养

1. 通过检测元器件，提升思维能力。
2. 养成良好的安全作业意识。
3. 能够团结同学、积极协作。

知识储备

2.1.1 直流稳压电源的组成及各部分的作用

1. 直流稳压电源的组成

直流稳压电源的组成框图及各部分的波形图如图 2.1 所示，通常由电源变压器、整流电路、滤波电路和稳压电路四大部分组成。

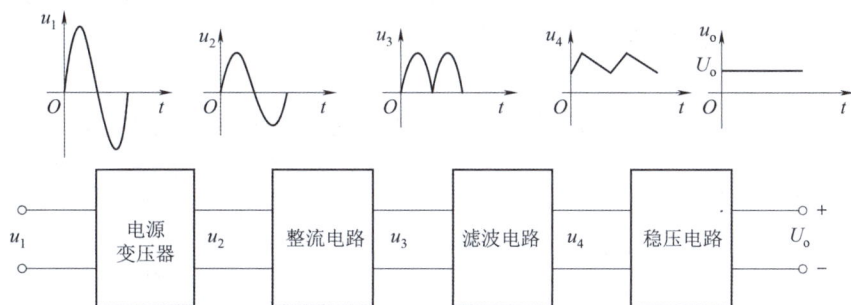

图 2.1 直流稳压电源组成框图及各部分的波形图

2. 各部分的作用

1）电源变压器

它的作用就是将电网电压转换成（通常是降低）所需要的交流电压，同时还可以起到直流电源与电网的隔离作用，且传输的功率可以很大。小功率交流降压也可以采用电容或电阻，也有一些用电设备，如彩色电视机、计算机中的开关电源，将 220 V 交流电直接整流，而不用变压器。

2）整流电路

它的作用是将交流电压转换成单方向的脉动电压。由于这种电压存在着很大的脉动成分，如果用它直接给负载供电，则由于其纹波的变化，会影响后级负载电路的性能指标。所以，还需进行滤波处理。

3）滤波电路

滤波电路的作用就是尽可能滤掉脉动直流电中的交流分量，使输出电压变得平滑，使之成为一个含交变成分很少的直流电压。

4）稳压电路

尽管经过整流滤波后的直流电压，可以充当某些电子电路的电源，但是其电压的稳定性很差。稳压电路的作用就是当输入电压、负载和环境温度在一定范围内变化时，能自动地维持（调节）其输出的直流电压基本保持不变。另外，稳压电路中通常有保护电路，主要是保护稳压电路中的大功率三极管（调整管）免遭损坏。常用的保护有过流、过压、过热和调整管安全工作区保护等。

2.1.2　直流稳压电源的主要技术指标

直流稳压电源的技术指标共分两类：一类是特性指标；另一类是质量指标。

1. 特性指标

1）最大输出电流 I_{omax}

它取决于主调整管的最大允许工作电流、变压器的容量及二极管的最大整流电流等。

2）输出电压和电压调节范围

这可按照使用对象的要求来确定。对于需要固定电源的设备，其稳压电源的调节范围最好小一些，电压值一旦调好后不再改变。对于输出电压可调的电源，其输出范围大都从 0 V 起调，通常要求调压范围大一些，且连续可调。

3）保护特性

在直流稳压电源中，当负载电流过载或短路时，容易引起调整管的损坏。因此，必须采用快速响应的过流保护电路。此外，当稳压电路出现故障时，输出会出现电压过高的现象，这就会对负载产生危害。因此，还要求有过电压保护电路。

2. 质量指标

稳压电路的输出电压 U_o 会受到输入电压 U_i、负载电流 I_o 和环境温度 T（℃）这三个因素的影响，即

$$U_o = f(U_i, I_o, T) \tag{2-1}$$

所以，稳压电源输出电压的变化量的一般表达式可记为

$$\Delta U_o = \frac{\partial U_o}{\partial U_1} \Delta U_i + \frac{\partial U_o}{\partial I_o} \Delta I_o + \frac{\partial U_o}{\partial T} \Delta T$$

或

$$\Delta U_o = S_u \Delta U_i - R_o \Delta I_o + S_T \Delta T$$

可见，反映直流稳压电源质量的三项主要指标是 S_u、R_o、S_T，下面分别说明：

1）输入调整因数和稳压系数

$$S_u = \frac{\Delta U_o}{\Delta U_i} \bigg|_{\Delta T = 0, \Delta I_o = 0} \tag{2-2}$$

将稳压电路输入电压的变化量与所引起的输出电压的变化量之比，称为输入电压调整因数。

实际上常常用输出电压和输入电压的相对变化量之比来表征电源的稳压性能，称为稳压系数，记为

$$S_r = \frac{\Delta U_o / U_o}{\Delta U_i / U_i}\Bigg|_{\Delta T = 0, \Delta I_o = 0} \tag{2-3}$$

2）输出电阻

在输入电压和温度不变的情况下，输出电压变化量和负载电流变化量之比，称为输出电阻，记为

$$R_o = -\frac{\Delta U_o}{\Delta I_o}\Bigg|_{\Delta T = 0, \Delta U_i = 0} \tag{2-4}$$

式中，负号表示 ΔU_o 与 ΔI_o 变化方向相反。

3）温度系数

在输入电压和负载电流均不变的情况下，单位温度变化引起的输出电压的变化量就是稳压电源的温度系数（也称温度漂移），记为

$$S_T = \frac{\Delta U_o}{\Delta T}\Bigg|_{\Delta I_o = 0, \Delta U_i = 0} \tag{2-5}$$

4）纹波电压

在额定工作电流的情况下，输出电压中的交流分量值，称为纹波电压。对于一个高性能的稳压电源来说，上面所述的四项指标都是越小越好。

5）效率

稳压电源是个换能器，因此，也有能量转换效率的问题。提高效率主要是降低调整管的功耗。

任务2.2 安装滤波电路

任务描述

整流滤波电路将交流输入转换为平滑直流输出，为手机、笔记本电脑等设备提供稳定供电。电容滤波适用于小电流的应用场景。通过二极管的单向导电特性，将输入的正弦交流电（AC）转换为单向脉动直流电（DC）。常见类型包括单相半波整流、单相桥式全波整流等电路。

任务提交：检测结论、任务问答、学习要点、思维导图、检查评估表。

学习导航

本任务参考学时：2学时。通过本任务学习可以收获：

专业知识

1. 掌握单相半波整流电路的工作原理。
2. 掌握单相桥式全波整流电路的工作原理。
3. 掌握电容滤波电路的工作原理。
4. 掌握关键参数的计算。

1. 通过实验操作掌握电路参数的正确选择。
2. 会进行滤波电路元件匹配及稳定性分析方法，具备从理论到实践的综合设计能力。

🎤 职业素养

1. 具备电路的搭建及综合调试能力。
2. 具备团队协作及沟通的能力。
3. 养成环保与社会责任意识。

📘 知识储备

半导体二极管的应用有很多，下面先介绍它在整流方面的应用。

2.2.1 二极管整流电路

将交流电变成脉动直流电的过程称为整流，能实现整流功能的电路称为整流电路或整流器。利用半导体二极管的单向导电性可以组成各种整流电路，既简单方便又经济实用。下面分别介绍单相半波整流电路和单相桥式全波整流电路。

1. 单相半波整流电路

1）电路组成

单相半波整流电路如图 2.2（a）中的虚线框内所示，主要是由整流二极管组成的。单相半波整流电路的前面通常接有降压电源变压器 T，后面通常接有负载。

2）工作原理

设电源变压器次级绕组交流电压为

$$u_2 = \sqrt{2}\,U_2 \sin\omega t$$

式中，U_2 为电源变压器次级绕组交流电压的有效值。u_2 的波形如图 2.2（b）所示，在 u_2 的正半波期间，变压器的次级绕组上端为正，下端为负。二极管 D 因正向偏置而导通，有电流流过二极管和负载。若略去二极管导通时的正向压降（通常小于 1 V），则 $u_L = u_2$。在 u_2 的负半波期间，变压器的次级绕组上端为负，下端为正。二极管 D 因反向偏置而截止，没有电流流过二极管和负载。R_L 的电压为零，此时，二极管如同开关断开，所以其两端电压 $u_D = u_2$。

在图 2.2（b）中还画出了负载上的电压和电流的波形图。这种电路利用二极管的单向导电性，使电源电压的半个周期有电流通过负载，负载上得到的电压是交流电压 u_2 的半个周期，称为半波整流电路。半波整流在负载上得到的是单向脉动直流电压和电流。

3）负载上的直流电压和电流的计算

直流电压是指一个周期内脉动电压的平均值。对于半波整流电路为

$$U_{L(AV)} = \frac{1}{2\pi}\int_0^{2\pi} u_L \mathrm{d}(\omega t) = \frac{1}{2\pi}\int_0^{\pi} \sqrt{2}\,U_2 \sin\omega t\,\mathrm{d}(\omega t) = \frac{2\sqrt{2}\,U_2}{2\pi} \approx 0.45U_2 \tag{2-6}$$

即

$$U_{L(AV)} = \frac{\sqrt{2}\,U_2}{\pi} \approx 0.45U_2 \tag{2-7}$$

式（2-7）表明，半波整流电路负载上得到的直流电压还不到变压器次级电压有效值的一半。流经负载的直流电流为

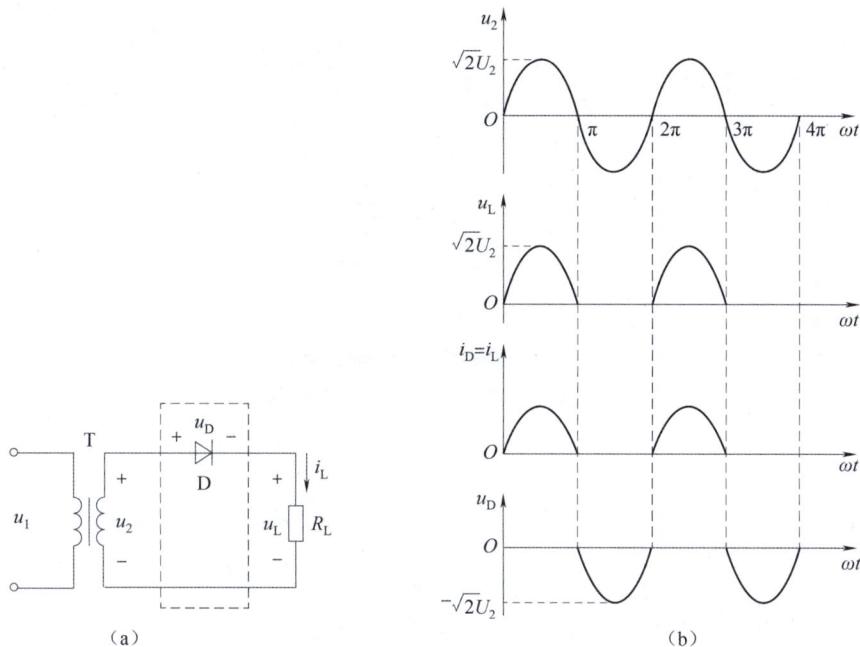

图 2.2　单相半波整流电路及波形

（a）电路；（b）波形

$$I_{L(AV)} = \frac{U_L}{R_L} \approx 0.45 \frac{U_2}{R_L} \qquad (2-8)$$

4）整流二极管的选择

流经二极管的电流 I_D 与负载电流 I_L 相等，故选用的二极管要求其

$$I_{FM} > I_{D(AV)} = I_{L(AV)} \qquad (2-9)$$

由图 2.2 可知，二极管承受的最大反向电压等于二极管截止时两端电压的最大值，即交流电源负半波的峰值。故选用的二极管要求其耐压值

$$U_{RM} > U_{DM} = \sqrt{2} U_2 \qquad (2-10)$$

根据 I_{FM} 和 U_{RM} 计算值，查阅有关半导体器件手册，选用合适的二极管型号使其定额略大于计算值，通常取 $I_{FM} = (2 \sim 4) I_{L(AV)}$，$U_{RM} = (2 \sim 3) U_{DM}$。

2. 单相桥式全波整流电路

单相半波整流电路，电路简单（只用一个二极管），但是，这种电路只利用了交流电压的半个周期，负载上得到的直流电压较低（不到 U_2 的一半，约为 $0.45 U_2$），且脉动性较大。为了克服这些缺点，可以采用单相桥式全波整流电路。

1）电路组成

如图 2.3 中虚线框内所示，四个二极管接成桥式，在四个顶点中，相同极性接在一起的一对顶点接向直流负载；不同极性接在一起的一对顶点接向交流电源。

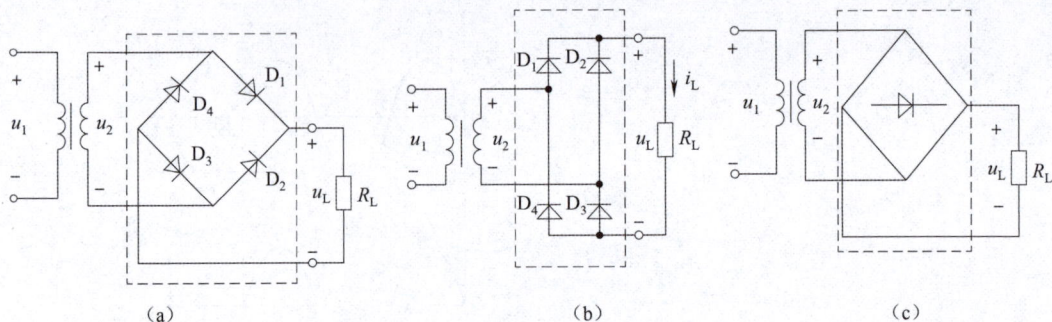

图 2.3 单相桥式全波整流电路

(a) 电路画法一；(b) 电路画法二；(c) 简化画法

2) 工作原理

设电源变压器次级交流电压为

$$u_2 = \sqrt{2}\, U_2 \sin\omega t$$

其波形如图 2.4 (a) 所示。在 u_2 的正半波期间，变压器次级绕组上端为正，下端为负，二极管 D_1、D_3 因正向偏置而导通，电流由绕组上端流出，经 D_1、R_L 和 D_3 而回到绕组下端，负载上得到上正下负的半波电压 u_L。此时，二极管 D_2、D_4 因承受反向电压而截止，没有电流通过。

在 u_2 的负半波期间，变压器次级绕组下端为正，上端为负，二极管 D_2、D_4 导通，D_1、D_3 截止，电流由绕组下端流出，经 D_2、R_L 和 D_4 而回到绕组上端，负载上仍得到上正下负的半波电压。可见，在电源电压的整个周期内，由于 D_1、D_2 和 D_3、D_4 各导通半个周期，两组二极管轮流导通，负载上得到的是全波整流电压和电流，如图 2.4 (b)、(c)、(d)、(e)、(f) 所示。

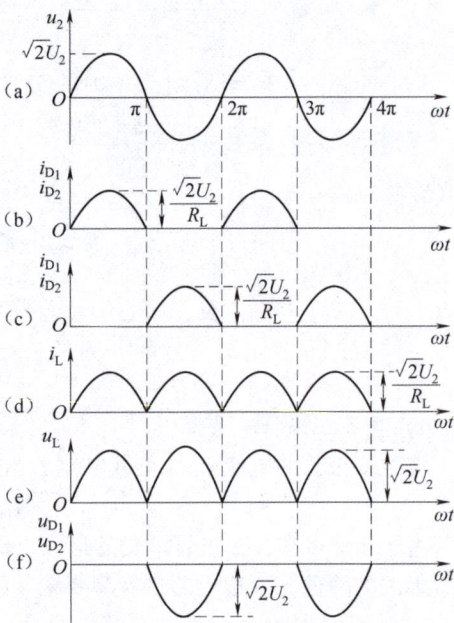

图 2.4 单相桥式全波整流电路的电压、电流波形

3) 负载上直流电压和电流的计算

单相桥式全波整流电路负载上得到的输出电压或电流是半波整流电路的 2 倍，即

$$U_{L(AV)} = \frac{2\sqrt{2}\,U_2}{\pi} \approx 0.9 U_2 \qquad (2-11)$$

$$I_{L(AV)} = \frac{U_L}{R_L} \approx 0.9 \frac{U_2}{R_L} \qquad (2-12)$$

4) 整流二极管的选择

二极管的最大整流电流

$$I_{FM} > I_{D(AV)} = \frac{1}{2} I_{L(AV)} \qquad (2-13)$$

二极管的最大反向电压，按其截止时所承受的反向峰压有

$$U_{RM} > U_{DM} = \sqrt{2}\,U_2 \tag{2-14}$$

由于单相桥式全波整流电路优点显著，所以使用很普遍。现在已生产出现成的二极管组件——硅桥堆，它们是应用集成电路技术将四个二极管集中在同一硅片上，具有体积小、特性一致、使用方便等优点。

【例 2.1】 某直流负载 $U_L = 110\ \text{V}$，$I_L = 3\ \text{A}$，要求用单相桥式全波整流电路供电，试选择整流二极管的型号和电源变压器次级电压的有效值。

解： 由式（2-11）确定变压器次级绕组的电压有效值为

$$U_2 = \frac{U_L}{0.9} = \frac{110}{0.9} \approx 122\ (\text{V})$$

二极管的最大反向电压，按式（2-14）为

$$U_{RM} > U_{DM} = \sqrt{2}\,U_2 = \sqrt{2} \times 122 \approx 173\ (\text{V})$$

二极管的最大整流电流，按式（2-13）为

$$I_{FM} > I_{D(AV)} = \frac{1}{2} I_{L(AV)} = \frac{1}{2} \times 3 = 1.5\ (\text{A})$$

2.2.2 滤波电路

上节讨论的整流电路，输出的都是脉动直流电，含有很大的交流成分。这种脉动直流电可以给蓄电池充电，或者作为小容量直流电动机、电磁铁等的直流电源，但不能直接作为电子设备的电源来使用，否则，由于脉动直流电中含有较大的交流成分，将对电子设备的工作产生严重的干扰（如音响设备出现交流噪声、电视机图像产生扭曲等）。为此需要将脉动直流电中的交流成分尽可能滤除掉，使输出电压变得平滑，接近直流电压源的电压，这一过程称为滤波。

滤波电路通常由电容、电感和电阻等元件组成。滤波电路也称滤波器，常用的有电容滤波电路、电感滤波电路和复式滤波电路。

1. 电容滤波电路

1）电路组成

电容滤波电路是一种并联滤波。图 2.5（a）所示为半波整流、电容滤波电路，滤波电容直接并联在负载两端。

2）工作原理

电容的特点是能够存储电荷，电容器两端的电压不能突变。用于滤波的电容通常是容量较大的电解电容（几百或几千 μF）。在图 2.5（a）中，当 u_2 的正半波开始时，若 $u_2 > u_C$（电容两端电压），则二极管 D 导通，C 被充电。由于充电回路电阻很小，所以充电很快。当 $\omega t = \pi/2$ 时，u_2 达到峰值，C 的两端电压也近似充至 $\sqrt{2}\,U_2$ 值。u_2 过了峰值就开始下降，由于放电回路电阻较大，C 上的存储电荷尚未放掉，这时就出现了 $u_C > u_2$ 的现象，二极管 D 因反偏而截止。D 截止后，电容 C 向 R_L 放电，放电速度较慢，当 u_2 进入负半波后，D 仍处于截止状态，电容 C 继续放电，端电压 $u_C = u_L$ 也逐渐下降。

当 u_2 的第二个周期的正半波到来时，C 仍在放电，直到 $u_2 > u_C$ 时，二极管 D 又因正偏而导通，电容 C 又再次被充电。这样，不断重复第一周期的过程，负载上的电压和电流以及通过二极管的电流的波形如图 2.5（c）所示。与无滤波的半波整流电路相比较，可见电容滤波电路负载上得到的直流电压脉动情况已大大改善。显然电路的放电时间常数 $R_L C$ 越大，放电过程就越慢，电容的端电压变化就越小，负载上得到的直流电也就越平滑，这就是电容滤波的基本原理。

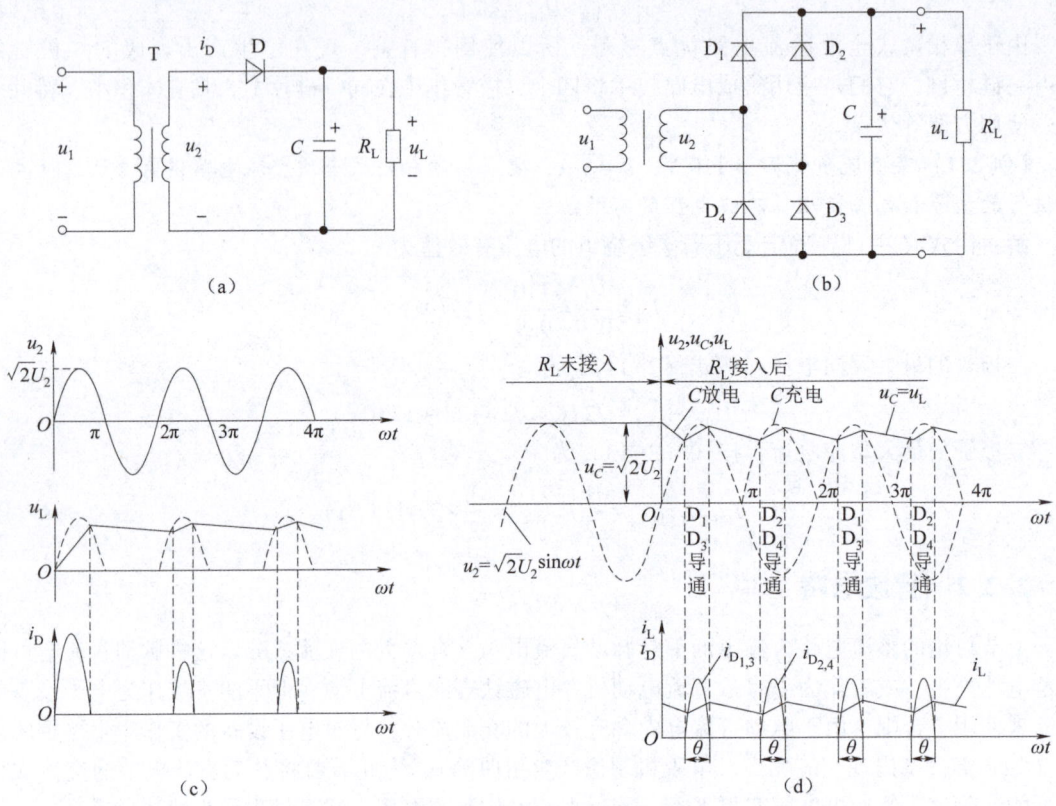

图 2.5 整流、电容滤波电路及电流、电压波形

（a）半波整流、电容滤波电路；（b）桥式全波整流、电容滤波电路；
（c）半波整流电压、电流波形；（d）全波整流电压、电流波形

图 2.5（b）、图 2.5（d）所示分别为桥式全波整流、电容滤波的电路和波形。其滤波原理与半波电路类似，由于电容的充、放电过程缩短为电源电压的半个周期重复一次，因此，输出的直流电压波形更为平滑。

3）电容滤波的特点

下面以桥式全波整流电路为例进行说明。

（1）滤波电容接入后，不但输出电压变得平滑（脉动性减小），而且输出的直流电压会升高，外特性变软。

（2）接通电源瞬间，有浪涌电流通过二极管，二极管的导电角 $\theta<\pi$。

4）滤波电容 C 的选择与负载上直流电压的估算

选取滤波电容 C 的大小与负载 R_L 和脉动电压的频率 f 有关。当 f 一定时，$R_L C$ 越大，输出电压的脉动就越小。通常取 $R_L C$ 为脉动电压中最低次谐波周期的（3～5）倍，即

$$R_L C \geqslant (3\sim 5) T_{\text{脉动电压中最低次谐波}} \tag{2-15}$$

当交流电源频率 $f=1/T=50$ Hz，R_L 的单位为 Ω 时，对于半波整流电路，由上式求得滤波电容 C，即

$$C \geqslant (3\sim 5)\frac{T}{R_L} = (3\sim 5)\frac{0.02}{R_L}\times 10^6(\,\mu\text{F}\,) \tag{2-16}$$

对于桥式全波整流电路，最低次谐波频率等于电源频率的 2 倍，得

$$C \geqslant (3 \sim 5)\frac{T}{R_L} = (3 \sim 5)\frac{0.01}{R_L} \times 10^6 (\mu F) \tag{2-17}$$

【例 2.2】 某桥式全波整流、电容滤波电路，已知 $U_L = 12$ V，$I_L = 1$ A（即 $R_L = U_L / I_L = 12$ Ω），交流电源频率 $f = 50$ Hz（$r = 0.02$ S），试选择滤波电容。

解： 按式（2-17）可得

$$C \geqslant (3 \sim 5)\frac{0.01}{R_L} \times 10^6 = (3 \sim 5)\frac{0.01}{12} \times 10^6 = (2\,500 \sim 4\,167)(\mu F)$$

C 可选标称值 3 300 μF。此外，当负载断开时，电容器两端的电压将升高至 $\sqrt{2}\,U_2$，电容器的耐压值应大于此值，通常取 $(1.5 \sim 2)U_2$，本例中可选电容器的耐压值为 25 V。

滤波电容一般采用电解电容，选择电容时要注意标称容量和标称耐压。使用电解电容时，应注意其极性不能接反，即正极接高电位，负极接低电位，若电容器的极性接反，其耐压值会大大降低，极易造成击穿损坏。

在满足式（2-16）和式（2-17）的条件下，电容器两端，也就是负载上的直流电压，可按式（2-18）估算。

$$\left. \begin{array}{l} U_L \approx U_2 \quad （半波）\\ U_L \approx 1.2U_2 \quad （全波） \end{array} \right\} \tag{2-18}$$

2. 电感滤波电路

1）电路组成

如图 2.6 所示，图 2.6（a）是一个桥式全波整流、电感滤波电路。滤波电感 L 与负载 R_L 串联，所以，这是一种串联滤波器。

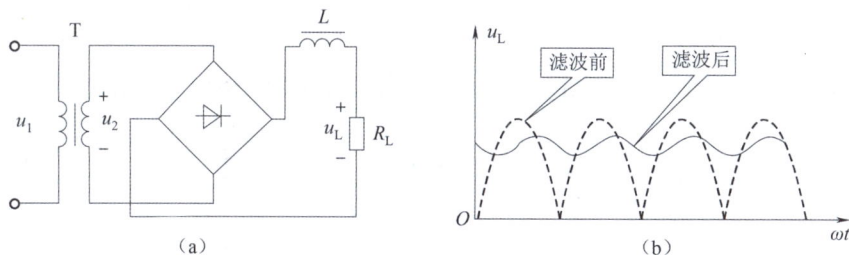

图 2.6 电感滤波电路和波形
（a）电路；（b）波形

2）工作原理

根据电磁惯性原理，电感是储能元件，电感中的电流不能突变。或者说，当电感中通过一变化的电流时，电感两端将产生自感电压 $u_L = L\dfrac{di}{dt}$ 来阻碍电流的变化，即当通过电感的电流增加时，自感电压会阻碍电流的增加，同时将电能转变成磁能储存起来，使电流缓慢增加；反之，当流过电感的电流减小时，自感电压自动反向（起电源的作用）来阻碍电流减小，同时电感将磁能转换为电能释放出来，使电流减小的速度变慢。因此利用电感可以减小输出电流的波动，使负载上得到比较平滑的直流电压和电流。

由此看来，经过电感的串联滤波后，负载两端输出电压的脉动程度便大大减小了。电感滤波的特点是：电感量越大，产生的自感电压越大，阻碍流过负载电流变动的能力越强，因此，输出电压和电流的脉动就越小，其滤波效果也就越好。但电感越大，其体积和质量越大，成本越高。

此外，电感滤波时，电感线圈中的直流电阻会产生直流电压降，所以输出电压比 $0.9U_2$ 有所降低，但外特性比电容滤波电路硬。

3. 复式滤波电路

为了进一步提高滤波效果，减小输出电压中的脉动成分，把各种滤波的优点集中起来，可以组成复式滤波电路，即 LC 型滤波电路、RC 型滤波电路、π 型 LC 滤波电路和 π 型 RC 滤波电路等，如图 2.7 所示。

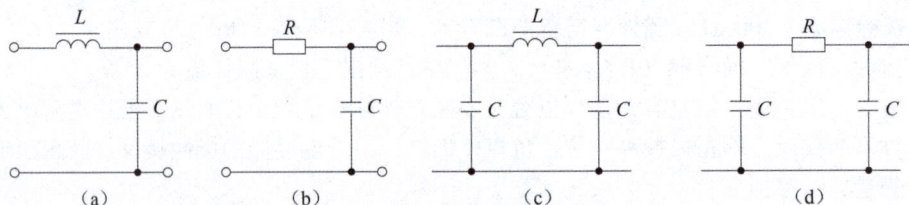

图 2.7　复式滤波电路

（a）LC 型滤波电路；（b）RC 型滤波电路；（c）π 型 LC 滤波电路；（d）π 型 RC 滤波电路

任务实施

操作与训练的目的

研究桥式全波整流、电容滤波电路的特性。

操作与训练的器材

可调工频电源、双踪示波器、交流毫伏表、直流电压表。

操作与训练的内容

按图 2.8 连接实验电路。取可调工频电源电压为 16 V，作为电路输入电压 u_2。

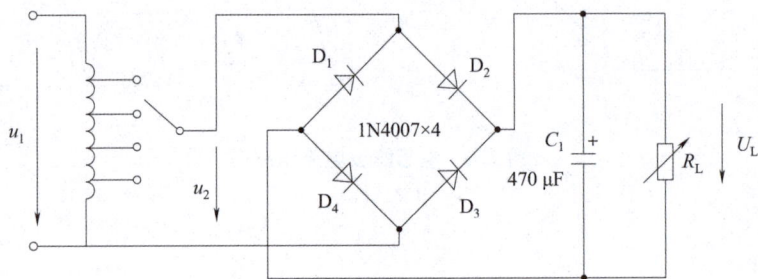

图 2.8　整流滤波电路

（1）取 $R_L = 240\ \Omega$，不加滤波电容，测量直流输出电压 U_L 及纹波电压 u_1，并用示波器观察 U_L 波形，填入表 2.1 中。

（2）取 $R_L = 240\ \Omega$，$C_1 = 470\ \mu F$，重复内容（1）的要求，填入表 2.1 中。

（3）取 $R_L = 120\ \Omega$，$C_1 = 470\ \mu F$，重复内容（1）的要求，填入表 2.2 中。

注意：

①每次改接电路时，必须切断工频电源。

②在观察不同条件下输出电压 U_L 波形的过程中，"y 轴灵敏度"旋钮位置调好以后，不要再变动，否则将无法比较各波形的脉动情况。

③观察波形，记录电压峰–峰值、频率等参数，填入表2.2中。

表 2.1　整流滤波电路测量（在 $u_2 = 16$ V 时）

电路形式		U_L/V	u_1/V	U_L 波形
$R_L = 240$ Ω	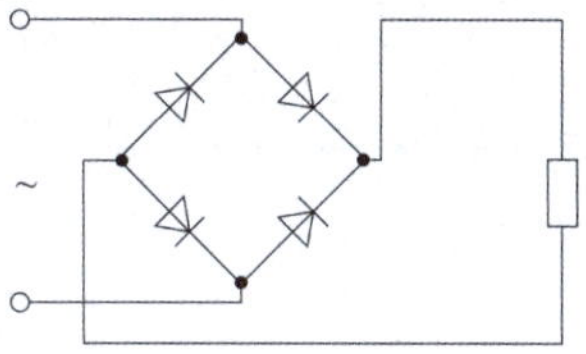			
$R_L = 240$ Ω $C_1 = 470$ μF	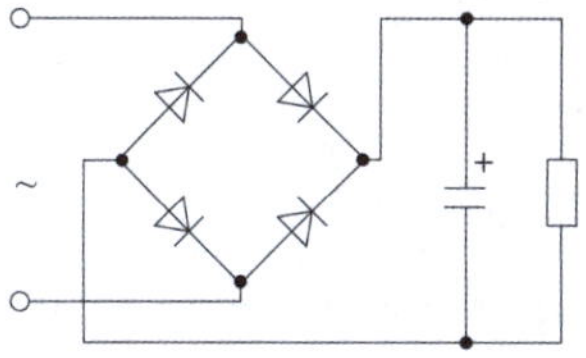			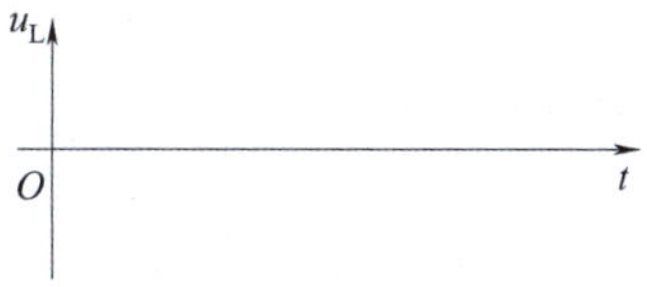
$R_L = 120$ Ω $C_1 = 470$ μF	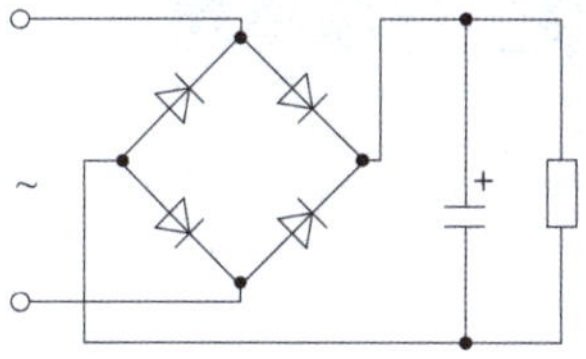			

表 2.2　实训数据表

项目	输入端数据	输出端数据
整流桥波形（文字描绘）		
电压峰–峰值/V		
频率/Hz		

小结反思

1. 绘制思维导图。

2. 在任务实施中遇到哪些问题？是否解决？如何解决？填入表 2.3 中。

表 2.3　总结反思

遇到的问题	
解决方法	
问题反思	

任务 2.3　安装串联型稳压电路

任务描述

本次任务：准确安装串联型稳压电路。

任务提交：检测结论、任务问答、学习要点、思维导图、检查评估表。

学习导航

本任务参考学时：4 学时。通过本任务学习可以收获：

专业知识

1. 掌握串联型稳压电路的特性。
2. 掌握串联型稳压电路的构成。
3. 掌握集成稳压器的分析方法。

专业技能

1. 能够安装串联型稳压电路。
2. 能够分析串联型稳压电路的结构和特性。

职业素养

1. 通过分析串联型稳压电路结构，提升思维能力。
2. 养成良好的安全作业意识。
3. 能够团结同学、积极协作。

知识储备

2.3.1　串联型稳压电路

项目 1 提到的硅稳压管稳压电路存在两个不足：一是稳压值不能随意调节；二是允许负载电

流变化不大（即 I_{omax} 较小）。针对这些不足，人们设计出了串联型稳压电路。

1. 串联型稳压电路的组成框图

串联型稳压电路的组成框图如图 2.9 所示，是由调整管、取样电路、比较放大电路和基准电路以及保护电路组成的。各部分的作用和配合可结合下面的具体电路进行说明。

2. 典型的分立元件串联型稳压电路

1）电路组成

如图 2.10 所示分立元件组成的串联型稳压电路，由于三极管 V_1 是与负载串联，输出电压 $U_o = U_i - U_{CE1}$，因此称为串联型稳压电路。V_1 起调整输出电压的作用，称为调整管，V_2 作为比较放大电路，R_1、R_P、R_2 为取样电路，稳压管电压 U_z 作为基准电压。

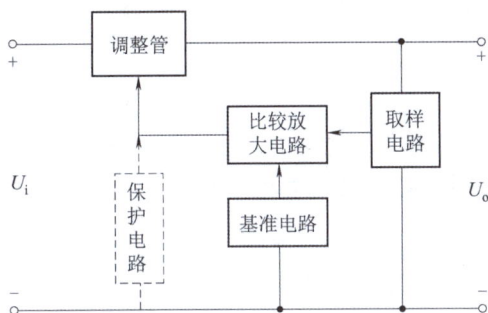

图 2.9　串联型稳压电路的组成框图

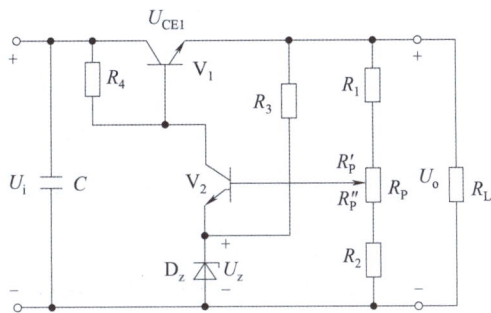

图 2.10　分立元件组成的串联型稳压电路

2）工作原理

这个电路的工作原理可从两方面来分析：一是实现输出电压随意可调的原理，二是稳压的原理。输出电压可调是通过调节电位器 R_P 来实现的。设电位器滑动触点的下部分阻值为 R''_P，忽略 U_{BE2}，则有

$$U_o \approx \frac{U_z}{R_2 + R''_P} \times (R_1 + R_P + R_2) \tag{2-19}$$

稳压的过程是通过负反馈来实现的。例如，某种变化原因使输出电压 U_o 上升，则负反馈电路能使输出电压的上升受到牵制，因此输出电压比较稳定，上述过程可表示为

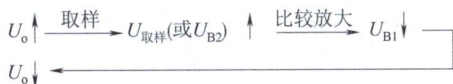

$$U_o \uparrow \xrightarrow{\text{取样}} U_{\text{取样}}(\text{或} U_{B2}) \uparrow \xrightarrow{\text{比较放大}} U_{B1} \downarrow$$
$$U_o \downarrow \longleftarrow$$

2.3.2　集成稳压器

随着半导体工艺的发展，稳压电路也制成了集成器件。这类产品的封装只有三个引线端（引脚），即输入端、输出端和公共端，称为三端稳压器。它的内部设置了过流保护、芯片过热保护及调整管安全工作区保护电路，具有使用方便、安全可靠、性能稳定和价格低廉等优点，目前得到了广泛的应用，已基本上代替了由分立元件组成的串联型稳压电路。按输出电压来分，可分为固定式稳压电路，这类器件的输出电压是预先调整好的；可调式稳压电路，这类器件可通过外接元件使输出电压能在较大范围内进行调节。下面介绍这两种常用的器件。

1. 三端固定式集成稳压器

1) 三端固定式集成稳压器的外形及引脚排列

三端固定式集成稳压器的外形、引脚排列及电路符号如图 2.11 所示。

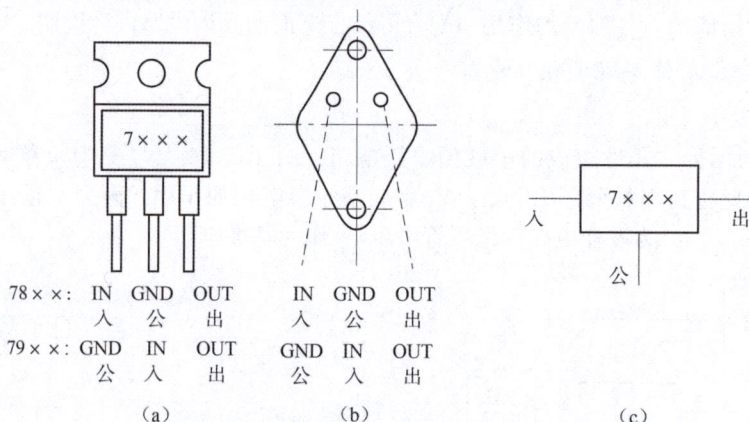

78××: IN GND OUT　　　IN GND OUT
　　　　入　公　出　　　　入　公　出
79××: GND IN OUT　　GND IN OUT
　　　　公　入　出　　　公　入　出
　　　（a）　　　　　　（b）　　　　　（c）

图 2.11　三端固定式集成稳压器的外形、引脚排列及电路符号

（a）塑封形式；（b）金属壳封装；（c）电路符号

2) 三端固定式集成稳压器的型号组成及其意义

三端固定式集成稳压器的型号组成及其意义如图 2.12 所示。

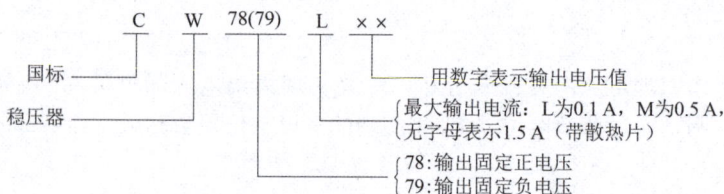

C　W　78(79)　L　××

国标——
稳压器——
　　　　　　　　　　　——用数字表示输出电压值
　　　　　　　　　　{最大输出电流：L为0.1 A，M为0.5 A，
　　　　　　　　　　 无字母表示1.5 A（带散热片）
　　　　　　　　　{78：输出固定正电压
　　　　　　　　　 79：输出固定负电压

图 2.12　三端固定式集成稳压器的型号组成及其意义

CW78××系列是三端固定正电压输出的集成稳压器。其输出电压有 5 V、6 V、9 V、12 V、15 V、18 V 和 24 V 七个挡，型号中后两位数字表示输出电压值，如 CW7805 表示输出电压为 5 V，其余类推，这个系列产品的最大输出电流 $I_{omax} = 1.5$ A。同类型的产品还有 CW78M00 系列（$I_{omax} = 0.5$ A），CW78L×× 系列（$I_{omax} = 0.1$ A），CW78H×× 系列（$I_{omax} = 5$ A）和 CW78P×× 系列（$I_{omax} = 10$ A）。

与 CW78×× 系列产品对应的负电压输出的集成稳压器是 CW79×× 系列，在输出电压挡、电流挡等方面 CW79×× 与 CW78×× 的规定都一样。

3) 下面介绍几种实用的电路

图 2.13（a）所示为输出正电压电路，图 2.13（b）所示为输出负电压电路，它们的输入电压 U_i 就是整流滤波后的输出电压。其中电容器 C_1 是在输入线较长时用以旁路高频干扰脉冲；C_2 是为了改善输出的瞬态特性并具有消振作用。当输出电压较高，且 C_2 容量较大时，必须在输入端与输出端之间跨接一个保护二极管 D，否则，一旦输入短路，C_2 上的电压将通过稳压器内部电路放电，有击穿集成块的可能。接上二极管 D 以后，C_2 可通过 D 放电。此外，还须注意防止稳压器公共接地端开路，因为当接地端断开时，其输出电位接近于不稳定的输入电位，可能使负载过压受损。

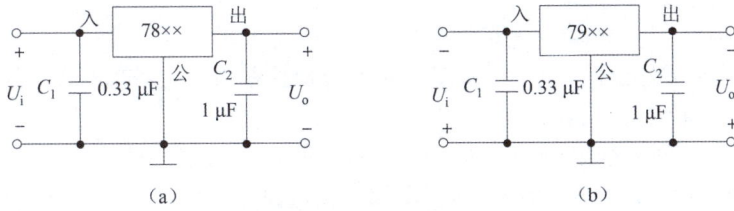

图 2.13　78、79 系列三端集成稳压器输出电压电路

（a）输出正电压电路；（b）输出负电压电路

图 2.14 所示为三端固定式集成稳压器 CW7812 应用电路，图中 C_1、C_3 是低频滤波电容，可选用 1 000 μF/50 V 左右的电解电容（其容量小了输出电压不稳定），C_2 为高频滤波电容，可选 0.33 μF 或 0.1 μF 的无极性电容。

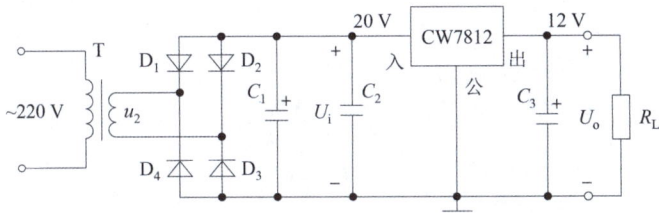

图 2.14　三端固定式集成稳压器 CW7812 应用电路

当需要同时输出正、负两组电压时，可选用正、负两块稳压器，按图 2.15 连接即可。

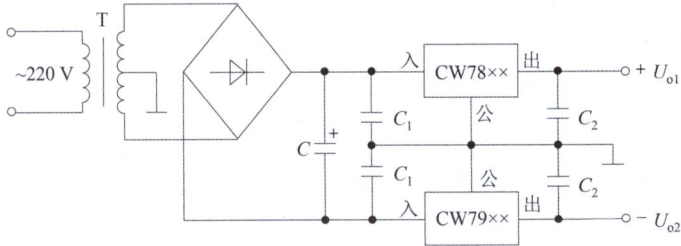

图 2.15　输出电压正负对称的稳压电源

2. 三端可调式集成稳压器

1）型号组成及意义

图 2.16 所示为三端可调式集成稳压器的型号组成及其意义。

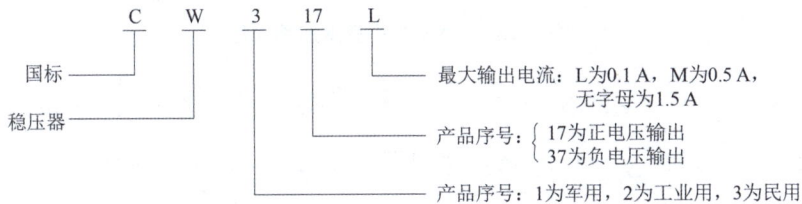

图 2.16　三端可调式集成稳压器的型号组成及其意义

三端可调式集成稳压器克服了三端固定式集成稳压器输出电压不可调的缺点，继承了三端固定式集成稳压器的诸多优点。

CW317（LM317）是三端可调式正电压输出的集成稳压器，而 CW337（LM337）则是三端可调式负电压输出的集成稳压器，器件内部具有限流等保护电路，使用时不会因过载而烧坏。

2）三端可调式集成稳压器的外形、引脚排列及电路符号

如图 2.17 所示，同三端固定式集成稳压器的外形和大功率三极管的外形一样，有输入端（IN）、输出端（OUT）和调节端（ADJ）三个端。在电路中正常工作时，输出端和调节端之间电压恒等于 1.25 V。

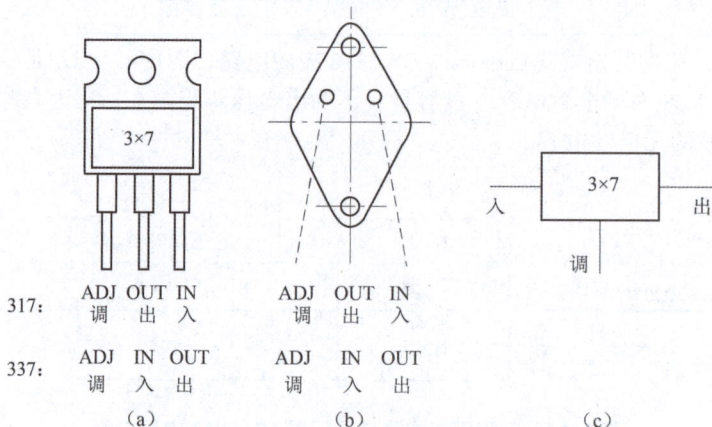

图 2.17　三端可调式集成稳压器的外形、引脚排列及电路符号

（a）塑封形式；（b）金属壳封装；（c）电路符号

3）基本应用电路

CW317 的基本应用电路如图 2.18 所示。

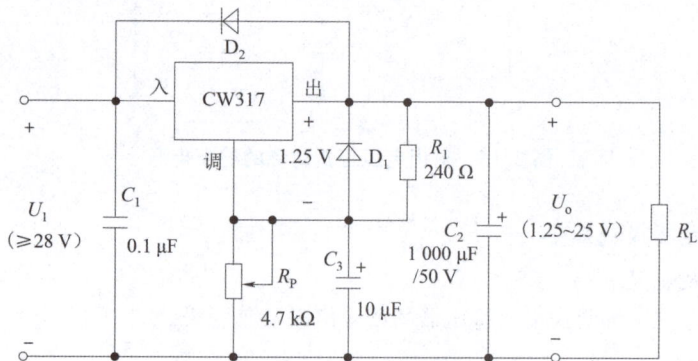

图 2.18　CW317 的基本应用电路

为了使电路正常工作，它的输出电流应不小于 5 mA，因此可选 R_1 为 240 Ω，即负载开路时集成稳压器的输出电流为 $\dfrac{1.25}{240} \approx 5.2 (\text{mA})$。由于调节端的电流很小（约 50 μA），因此，输出电压为 $U_o \approx 1.25\left(1+\dfrac{R_P}{R_1}\right) \text{V}$，式中，1.25 V 为集成稳压器输出端与调节端之间的固定参考电压 U_{REF}，是由内部电路确定的，R_1 取值为 120~240 Ω（此值保证集成稳压器在空载时也能正常工作）。调节 R_P 可改变输出电压的大小（R_P 取值视 R_1 和输出电压的大小而确定）。集成稳压器的输入电压

必须是经过整流滤波后的电压，其输入电压的范围为 5~40 V，输出电压可在 1.25~37 V 调整，负载电流可达 1.5 A（需加规定的散热片），电容 C_1 用于高频滤波，电容器 C_2 用于消振和改善输出的瞬态特性，C_3 是为消除 R_P 上的纹波和防止在调压过程中输出电压抖动而设置的。D_1 是防止输出端短路时，C_3 向 CW317 内部电路放电而损坏集成块；D_2 是防止输入端短路时，C_2 向 CW317 内部电路放电而损坏集成块。

4）集成稳压器的主要参数

CW78×× 和 CW317 的主要参数如表 2.4 所示。

表 2.4　CW78×× 和 CW317 的主要参数

参数 型号	输出电压 U_o/V	最大输出电流 I_{omax}/A	最大输入电压 U_{imax}/V	最小输入与输出电压差 $(U_{imin}-U_o)$/V	电压调整率 s_V/%	电流调整率 s_I 或输出电阻 R_o
CW78××	5、6、9、12 15、18、24	1.5	35	2~3	0.1~0.2	$R_o =$ 30~150 Ω
CW317	1.25~37	1.5	40	2~3	0.01	$s_I = 0.3\%$

3. 开关型稳压电源简介

串联型稳压器的调整管工作在输出特性曲线的放大区，处于连续通过负载电流的工作状态，这种连续控制式稳压电源结构简单、输出纹波小、稳压性能好，但它的调整管功耗大，使整个电源的效率较低，一般只有 20%~40%，这是这种稳压器的主要缺点。调整管是工作在开关状态下的开关型稳压电源，其效率可提高到 60%~80%，甚至可高达 90% 以上。

开关式稳压器的电路包括开关电路、滤波电路和反馈电路，下面简述其工作原理。

开关电路、滤波电路和波形如图 2.19 所示。U_i 为经过整流和滤波后的直流电压，开关信号为调整管 V 提供控制信号，当它输出高电平时，V 饱和导通；当它输出低电平时，V 截止。在 V 饱和导通时，输入电压 U_i 经 V 加到 A 点，A 点对地电压等于 U_i（忽略 V 的饱和压降）；在 V 截止时，A 点对地电压为零。t_{on} 表示调整管的导通时间，t_{off} 表示调整管的截止时间，则 $t_{on}+t_{off}$ 是调整管的动作周期 T_n（称为开关周期，即开关控制信号的周期）。其中导通时间 t_{on} 与开关周期 T_n 之比定义为占空比 D，即

$$D = \frac{t_{on}}{t_{on}+t_{off}} = \frac{t_{on}}{T_n}$$

在开关周期 T_n 一定的情况下，调节导通时间 t_{on} 的长短，则可以调节输出平均电压 $U_{o(AV)}$ 的大小：

$$U_{o(AV)} \approx DU_i$$

由此可见，对于一定的 U_i 值，通过调节占空比，即可调节输出电压 $U_{o(AV)}$ 的大小。

调节占空比的方法有两种：一种是调节固定开关的频率来改变脉冲的宽度 t_{on}，称为脉宽调制型开关电源，用 PWM 表示；另一种是调节固定脉冲宽度而改变开关周期，称为脉冲频率调制型开关电源，用 PFM 表示。为了减少输出电压的纹波，在开关电路的基础上，再增加 L、C 滤波电路，图中还接入了二极管 D 起续流作用。先考察 u_A 的波形，当 V 饱和导通时，$u_A = U_i$，此时二极管 D 受反向电压而截止，负载中有电流流过；当 V 截止时，滤波电感 L 中将产生自感电势，其方向是右正左负，在此自感电势作用下，二极管 D 导通，使滤波电感中的电流通过 D 构成通路，因此 R_L 中继续流过电流，这样的二极管通常称为续流二极管。此二极管导通时，如果忽略

该管的导通压降，则 A 点电压近似为零。由此可见，在控制信号作用下，工作在开关状态的调整管使输入直流电压间断地加于 A 点和地之间，u_A 的波形如图 2.19（b）的上图所示。

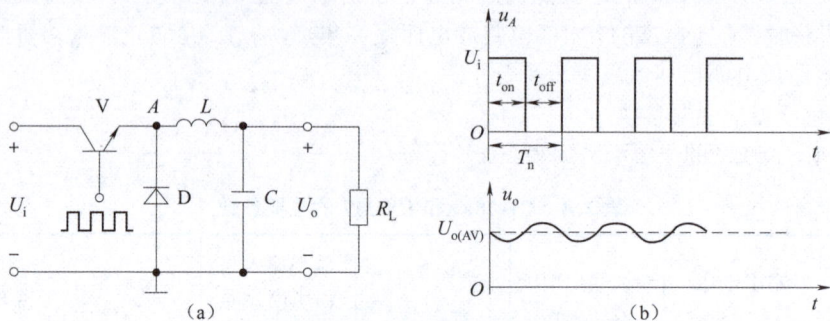

图 2.19　开关电路、滤波电路和波形

（a）开关电路和滤波电路；（b）波形

u_A 中除直流分量外，还有许多高次谐波分量。由于电感 L 的直流电阻很小，电容 C 对直流分量无分流，使负载 R_L 上的直流分量接近 u_A 中的直流分量，即 $U_o \approx U_i$。由于电感 L 对交流分量衰减很大（交流分量大部分降落在电感上），以及电容 C 对交流的旁路，使负载 R_L 上的交流分量很小，这就是输出电压中的纹波电压，其大小与电路参数 L、C 以及开关频率 $f_n\left(f_n = \dfrac{1}{T_n}\right)$ 的数值有关，L、C 值越大，f_n 越高，则滤波作用越好，纹波电压越小。常用开关频率在 $10 \sim 100\ \text{kHz}$，频率越高，需要使用的 L、C 值越小。这样，稳压器的体积和质量将会越小，成本也随之降低。另一方面，开关频率的增加将使调整管单位时间内转换的次数增加，使调整管的功耗增加，从而导致效率降低。

实际上，电源都存在内阻。开关电路的输出电压 U_o 亦是随 U_i 和 R_L 的变化而变化的，为了达到稳压目的，电路中还应有反馈控制电路，自动调节使 U_o 基本稳定。

由上可知，调整管工作在开关状态，导通时，虽然电流可能很大，但管压降为饱和压降，其值很小，因此功耗很小；截止时，虽然管压降很大接近 U_i，但电流却接近于零，因此功耗也很小，所以电路的输出功率接近于输入功率，电路的效率显著提高，这特别适合要求整机体积和质量都较小的电子设备，如电子计算机电源和电视机电源，现在都采用开关式稳压电源。

任务实施

操作与训练的目的

掌握串联型晶体管稳压电源主要技术指标的测试方法。

操作与训练的器材

可调工频电源、双踪示波器、交流毫伏表、直流电压表、直流毫安表、滑线变阻器 $200\ \Omega/1\ \text{A}$、三极管 $3DG6 \times 2$（9011×2）、$3DG12 \times 1$（9013×1）；二极管 $IN4007 \times 4$、稳压管 $IN4735 \times 1$；电阻器、电容器若干。

操作与训练的内容

（1）取可调工频电源电压为 $16\ \text{V}$，作为整流电路输入电压 u_2。

（2）串联型直流稳压电源性能测试。

切断工频电源，在桥式全波整流滤波电路的基础上按图 2.20 连接实验电路。

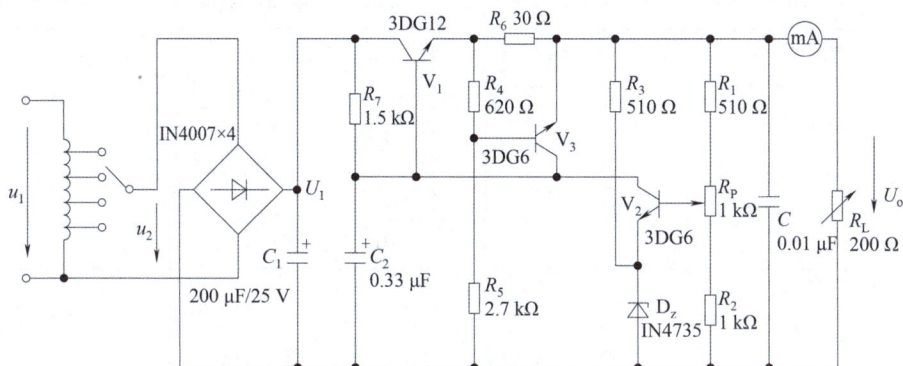

图 2.20　串联型直流稳压电源

1. 初测

稳压器输出端负载开路，断开保护电路，接通 16 V 工频电源，测量整流电路输入电压 u_2、滤波电路输入电压 U_i（稳压器输入电压）及输出电压 U_o。调节电位器 R_P，观察 U_o 的大小和变化情况，如果 U_o 能跟随 R_P 线性变化，这说明稳压电路工作基本正常。否则，说明稳压电路有故障，此时可分别检查基准电压 U_z、输入电压 U_i、输出电压 U_o，以及比较放大器和调整管各电极的电位（主要是 U_{BE} 和 U_{CE}），分析它们的工作状态是否都处在线性区，从而找出不能正常工作的原因。排除故障以后就可以进行下一步测试。

2. 测量输出电压可调范围

接入负载 R_L（滑线变阻器），并调节 R_L，使输出电流 $I_o \approx 100$ mA。再调节电位器 R_P，测量输出电压可调范围 $U_{omin} \sim U_{omax}$，且使 R_P 动点在中间位置附近时 $U_o = 12$ V。若不满足要求，可适当调整 R_1、R_2 的值，将测量结果填入表 2.5 中。

3. 测量各级静态工作点

调节输出电压 $U_o = 12$ V，输出电流 $I_o = 100$ mA，测量各级静态工作点，填入表 2.5 中。

表 2.5　静态工作点及电压调节范围测量（在 $u_2 = 16$ V 时）

电压可调范围		三极管电压/V	V_1	V_2	V_3
U_{omin}		U_B			
U_{omax}		U_C			
		U_E			

4. 测量稳压系数 s

取 $I_o = 100$ mA，按表 2.6 改变整流电路输入电压 u_2（模拟电网电压波动），分别测出相应的稳压器输入电压 U_i 及输出直流电压 U_o，填入表 2.6 中。

5. 测量输出电阻 R_o

取 $u_2 = 16$ V，改变滑线变阻器位置，使 I_o 为空载、50 mA 和 100 mA，测量相应的 U_o 值，填入表 2.7 中。

表 2.6　稳压系数测量（在 $I_o = 100$ mA 时）　　表 2.7　输出电阻测量（在 $u_2 = 16$ V 时）

测试值			计算值
u_2/V	U_i/V	U_o/V	s
14			$s_{12} =$
16		12	$s_{23} =$
18			

测试值		计算值
I_o/mA	U_o/V	R_o/Ω
空载		$R_{o12} =$
50	12	$R_{o23} =$
100		

6. 测量输出纹波电压

取 $u_2 = 16$ V，$U_o = 12$ V，$I_o = 100$ mA，测量输出纹波电压 u，记录 $u = （　　　）$。

检查评估

1. 任务问答

（1）串联型直流稳压电源的安装步骤有哪些？

（2）调整稳压管的值对输出有何影响？

（3）调节电位器，观察输出电压的大小有什么变化？

2. 任务评估

任务评估如表 2.8 所示。

表 2.8　任务评估

工作任务			
小组号		工作组成员	
工作时间		完成总时长	
工作任务描述			
小组分工	姓名		工作任务

任务实施步骤			
序号	工作内容	计划时间	操作员
验收评定		验收人签名	

小结反思

1. 绘制思维导图。

2. 在任务实施中遇到哪些问题？是否解决？如何解决？填入表2.9中。

表2.9　总结反思

遇到的问题	
解决方法	
问题反思	

项目3　制作裁判表决器

项目描述

在各种活动中，有时会在竞赛活动中用到抢答器，在征求大家意见时，还需要用到表决器，这样的设备在生活中非常常见，这样的功能型设备是如何设计和制作的呢？本项目，通过学习制作裁判表决器，来学习组合逻辑电路的内容。

项目流程

要完成这个电路的设计任务，需要按照以下步骤进行学习：首先学习基本逻辑门电路的组成、结构和特点；然后学习由基本逻辑门电路构成的具有组合逻辑关系的复合门电路；最后学习安装具有特定功能的组合逻辑电路。以表决器为例，学习如何设计和安装具有特定功能的组合逻辑电路。

为了完成电路设计和安装，按照以下步骤进行学习。

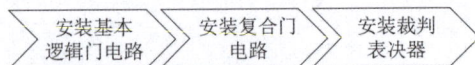

安装基本逻辑门电路 ▷ 安装复合门电路 ▷ 安装裁判表决器

任务3.1　安装基本逻辑门电路

任务描述

在数字电路中，逻辑代数是进行逻辑分析与设计的数学工具，是数字电路分析的基础。本任务介绍数字信号和数字电路的特点与分类、数制及数制间的相互转换、常用编码、逻辑代数的逻辑运算及基本定律和规则。重点介绍逻辑函数的化简方法——公式化简法和卡诺图化简法。

本次任务：准确安装基本逻辑门电路。

任务提交：检测结论、任务问答、学习要点、思维导图、检查评估表。

学习导航

本任务参考学时：4学时。通过本任务学习可以收获：

📝 专业知识

1. 掌握数字电路的特点。

2. 掌握逻辑电路的构成。

3. 掌握数字电路的分析方法。

4. 掌握卡诺图化简法。

📝 **专业技能**

1. 能够分析数字电路的特性。
2. 能够分析集成数字电路。
3. 能够选择合适的功放电路。

🎙 **职业素养**

1. 通过完成电路检测，提升思维能力。
2. 养成良好的安全作业意识。
3. 能够团结同学、积极协作。

知识储备

3.1.1　数字信号与数字电路

电子线路处理的信号大致有两类，即模拟信号和数字信号。对模拟信号进行传输和处理的电路称为模拟电路，对数字信号进行传输和处理的电路称为数字电路。

模拟信号是指时间上和数值上均连续的信号，如由温度传感器转换来的反映温度变化的电信号等。最典型的模拟信号是正弦波信号，如图 3.1（a）所示。模拟信号的优点是用精确的值表示事物，其缺点是难以度量且容易受噪声的干扰。

数字信号是指时间上和数值上均离散的信号，如开关位置、数字逻辑等，最典型的数字信号是矩形波，如图 3.1（b）所示。数字信号所表现的形式是一系列的高、低电平组成的脉冲波，即信号总在高电平和低电平间来回变化。

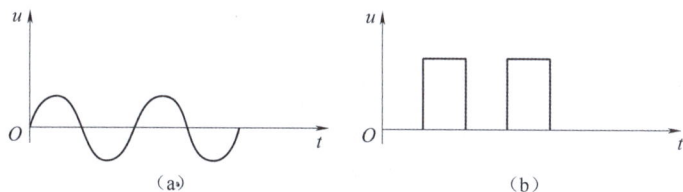

图 3.1　模拟信号和数字信号
（a）模拟信号；（b）数字信号

数字电路是用数字信号完成对数字量进行算术运算和逻辑运算的电路，主要研究电路输入、输出状态之间的逻辑关系。

1. 数字电路的特点和分类

1）数字电路的特点

（1）电路结构简单、容易制作、便于集成。

（2）抗干扰能力强、功耗低，对电路元件的精度要求不高，便于集成化和系列化生产。

（3）电路能够进行数值运算、逻辑运算和判断，因此也称数字逻辑电路或数字电路与逻辑设计。

（4）电路应用广泛。数字电路在日常生活、自动控制、测量仪器、通信等领域都有广泛应用。

2）数字电路的分类

（1）按集成度分类。

数字电路按集成度分为小规模（SSI）、中规模（MSI）、大规模（LSI）和超大规模（VLSI）集成电路，如表 3.1 所示。

表 3.1　集成电路分类

集成电路分类	集成度	电路规模与范围
小规模集成电路（SSI）	1～10 个门/片或 10～100 个元件/片	逻辑单元电路：逻辑门电路、集成触发器
中规模集成电路（MSI）	10～100 个门/片或 100～1 000 个元件/片	逻辑功能部件：译码器、编码器、选择器、计数器、寄存器及比较器等
大规模集成电路（LSI）	>100 个门/片或>1 000 个元件/片	数字逻辑系统：中央处理器、存储器及串并行接口电路等
超大规模集成电路（VLSI）	>1 000 个门/片或>10 万个元件/片	高集成度的数字逻辑系统：如在一个硅片上集成一个完整的微型计算机

（2）按电路所用器件分类。

数字电路按电路所用器件分为双极型（如 TL、ECL、HTL、I2L）和单极型（如 NMOS、PMOS、CMOS）电路。

（3）按电路结构分类。

数字电路按电路结构分为组合逻辑电路和时序逻辑电路。

2. 常见的脉冲信号和参数

1）常见的脉冲信号

脉冲的含义是指脉动和冲击，数字信号具有不连续和突变的特性，实质上是一种脉冲信号。从广义上来讲，凡是非正弦电压或电流统称为脉冲信号。脉冲信号的波形多种多样，如图 3.2 所示，它可以是周期性的，也可以是非周期性的或单次的。

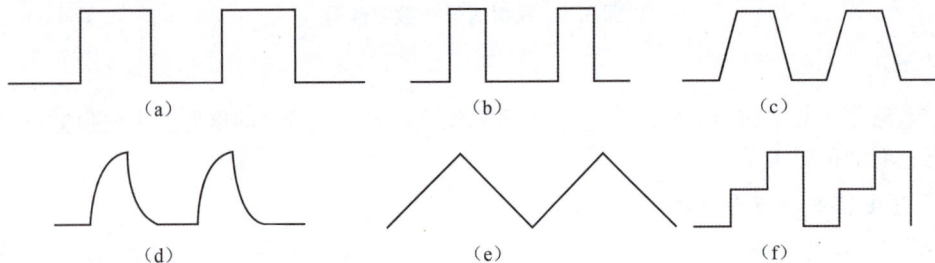

图 3.2　脉冲信号的波形

（a）方波；（b）矩形波；（c）梯形波；（d）锯齿波；（e）三角波；（f）阶梯波

数字电路常使用理想的矩形脉冲波作为电路的工作信号，如图 3.3（a）所示。实际的矩形脉冲波如图 3.3（b）所示，当它从低电平上升为高电平或从高电平下降为低电平时，并不是理想的跳变，顶部也不平坦。为了具体说明矩形脉冲波，引入以下一些参数。

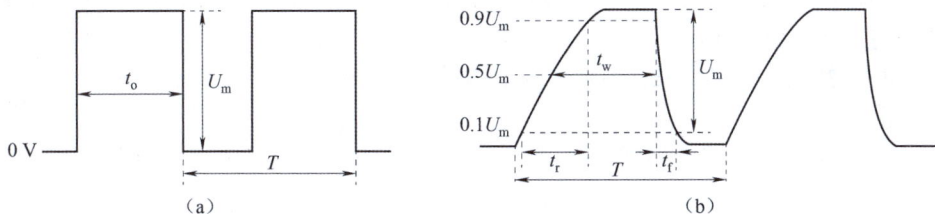

图 3.3　矩形脉冲波

（a）理想的矩形脉冲波；（b）实际的矩形脉冲波

2）常见的脉冲参数

（1）脉冲幅度 U_m。

U_m 是指脉冲信号变化量的最大值。

（2）脉冲前沿 t_r。

t_r 是指脉冲信号从 $10\%U_m$ 上升到 $90\%U_m$ 需要的时间。t_r 越短，脉冲上升越快，越接近于理想的矩形脉冲波的上升跳变。

（3）脉冲后沿 t_f。

t_f 是指脉冲信号从 $90\%U_m$ 下降到 $10\%U_m$ 所需要的时间。

（4）脉冲宽度 t_w。

t_w 是指脉冲信号从脉冲前沿的 $50\%U_m$ 到脉冲后沿的 $50\%U_m$ 所需的时间，也称脉冲持续时间、有效脉冲宽度等。

（5）脉冲周期 T。

T 是指相邻脉冲波上相应点之间的时间间隔。

（6）脉冲频率 f。

f 是指单位时间内的脉冲波数，与周期 T 的关系为 $f=1/T$。

（7）占空比 t_w/T。

t_w/T 是指脉冲宽度与脉冲周期之比。

3.1.2　数制及数制之间的相互转换

1. 数制

数制是计数的方法，是计数进位制的简称。日常生活中常使用十进制进行计数，而在数字系统中进行数字的运算与处理时，多采用二进制数、八进制数和十六进制数。

1）十进制数

十进制数是人类最熟悉的计数体制，用 0、1、2、3、4、5、6、7、8、9 十个数码表示数的大小。其运算规律是"逢十进一，借一当十"。

例如，$2\,135 = 2\times10^3+1\times10^2+3\times10^1+5\times10^0$。

式中，10 称为基数，即所用数码的数目；10^3、10^2、10^1、10^0 称为该位的权，是根据各个数码在数中的位置得来的，且都是基数 10 的整数次幂。数码与权的乘积称为加权系数，如上述的 2×10^3、1×10^2、3×10^1、5×10^0。十进制的数值是各位加权系数的和。因此，任意一个十进制数 N 可以表示为

$$[N]_{10} = \sum K_i \times 10^i \qquad (3-1)$$

式中，K_i 为第 i 位的数码（K_i 取值为 0~9 十个数码）；10^i 为第 i 位的权。

注意：i取整数；小数点前一位为第0位，即$i=0$；小数点后第一位$i=-1$，以此类推。

【例3.1】 写出$[368.137]_{10}$的按权展开式。

解： $[368.137]_{10}=3\times10^2+6\times10^1+8\times10^0+1\times10^{-1}+3\times10^{-2}+7\times10^{-3}$。

2）二进制数

二进制是数字电路中应用最广泛的计数体制，用0、1两个数码表示数的大小。其运算规律为"逢二进一，借一当二"。

任意一个二进制N可以表示为

$$[N]_2=\sum K_i\times2^i \tag{3-2}$$

式中，K_i只取0和1两个数码；2^i为第i位的权；i的取值与十进制相同。

【例3.2】 写出$[1011.01]_2$的按权展开式。

解： $[1011.01]_2=1\times2^3+0\times2^2+1\times2^1+1\times2^0+0\times2^{-1}+1\times2^{-2}$。

3）八进制数

八进制数是以8为基数的计数体制，用0、1、2、3、4、5、6、7这8个数码表示数的大小。其运算规律是"逢八进一，借一当八"。

任意一个八进制N可以表示为

$$[N]_8=\sum K_i\times8^i \tag{3-3}$$

式中，K_i取0~7共8个数码；8^i为第i位的权；i的取值与十进制相同。

【例3.3】 写出$[2341]_8$的按权展开式。

解： $[2341]_8=2\times8^3+3\times8^2+4\times8^1+1\times8^0$。

4）十六进制数

十六进制数是以16为基数的计数体制，用0、1、2、…、9、A、B、C、D、E、F这16个数码表示数的大小。其运算规律是"逢十六进一，借一当十六"。

任意一个十六进制N可以表示为

$$[N]_{16}=\sum K_i\times16^i \tag{3-4}$$

式中，K_i取0~9、A~F共16个数码；16^i为第i位的权；i的取值与十进制相同。

【例3.4】 写出$[5B7F]_{16}$的按权展开式。

解： $[5B7F]_{16}=5\times16^3+11\times16^2+7\times16^1+15\times16^0$。

2. 各种进制之间的转换

1）二进制、八进制、十六进制数转换为十进制数

将一个二进制、八进制、十六进制数转换为十进制数的方法：写出该进制数的按权展开式，然后按十进制数的计数规律相加，得到所求十进制数。

【例3.5】 将下列各种数制转换成十进制数。

（1）$[11010]_2$；

（2）$[156]_8$；

（3）$[5C3]_{16}$。

解： （1）$[11010]_2=1\times2^4+1\times2^3+1\times2^1=[26]_{10}$；

（2）$[156]_8=1\times8^2+5\times8^1+6\times8^0=[110]_{10}$；

（3）$[5C3]_{16}=5\times16^2+12\times16^1+3\times16^0=[1475]_{10}$。

2）十进制数转换为二进制、八进制、十六进制数

将十进制数转换为二进制、八进制、十六进制数的方法：对整数部分和小数部分分别进行转

换。整数部分的转换概括为"除 2、8、16 取余，余数倒序排列"；小数部分的转换概括为"乘 2、8、16 取整，整数顺序排列"。

【例 3.6】 将十进制数 $[35.625]_{10}$ 分别转换成二进制、八进制、十六进制数。

解：（1）转换成二进制数。

整数部分的转换　　　　　　　小数部分的转换

$[35]_{10} = [100011]_2$　　　　$[0.625]_{10} = [0.101]_2$

将整数部分、小数部分合起来为 $[35.625]_{10} = [100011.101]_2$。

（2）转换成八进制数。

整数部分的转换　　　　　　　小数部分的转换

$[35]_{10} = [43]_8$　　　　$[0.625]_{10} = [0.5]_8$

因此，$[35.625]_{10} = [43.5]_8$。

（3）转换成十六进制数。

整数部分的转换　　　　　　　小数部分的转换

$[35]_{10} = [23]_{16}$　　　　$[0.625]_{10} = [A]_{16}$

因此，$[35.625]_{10} = [23.A]_{16}$。

3）二进制数与八进制、十六进制数之间的互换

由于 $2^3 = 8$，因此对三位二进制数，从 000~111 共有 8 种组合状态，可以将这 8 种状态用来表示八进制数码的 0~7。这样，每一位八进制数正好相当于三位二进制数。反过来，每三位二进制数又相当于一位八进制数。

由于 $2^4 = 16$，因此四位二进制数共有 16 种组合状态，可以分别用来表示十六进制的 16 个数码。这样，每一位十六进制数正好相当于四位二进制数。反过来，每四位二进制数等值为一位十六进制数。

当要求将八进制数和十六进制数进行相互转化时，可通过二进制数来完成。

【例 3.7】 将二进制数 $[110.1101]_2$ 分别转换成八进制、十六进制数。

解：（1）转换成八进制数；

$$
\begin{array}{ccc}
110 & .\ 110 & 100 \\
\downarrow & \downarrow & \downarrow \\
6 & .\ 6 & 4
\end{array}
$$

因此，$[110.1101]_2 = [6.64]_8$。

（2）转换成十六进制数。

$$
\begin{array}{cc}
0110 & .\ 1101 \\
\downarrow & \downarrow \\
6 & .\ D
\end{array}
$$

因此，$[110.1101]_2 = [6.D]_{16}$。

3.1.3　编码

1. 编码的定义

在数字电路中，往往用 0 和 1 组成的二进制数码表示数值的大小，也可以表示各种文字、符号等，这样的多位二进制数码称为二进制代码。建立二进制代码与对象（如文字、符号和其他进制的数码等）之间对应关系的过程称为编码。

利用二进制数码表示十进制数码的编码方法称为二–十进制编码（Binary Coded Decimalsystem），简称 BCD 码。BCD 码规定用四位二进制数码表示一位十进制数码。

常用的 BCD 码有 8421BCD 码、2421BCD 码、5421BCD 码、余 3BCD 码等，如表 3.2 所示。

表 3.2　常用的 BCD 码

十进制数	8421BCD 码	2421BCD 码	5421BCD 码	余 3BCD 码
0	0000	0000	0000	0011
1	0001	0001	0001	0100
2	0010	0010	0010	0101
3	0011	0011	0011	0110
4	0100	0100	0100	0111
5	0101	1011	1000	1000
6	0110	1100	1001	1001
7	0111	1101	1010	1010
8	1000	1110	1011	1011
9	1001	1111	1100	1100

2. 二–十进制编码（BCD 码）

1）8421BCD 码

8421BCD 码是使用最多的一种编码，用四位二进制数表示一位相应的十进制数，每位二进制数都有固定的位权，所以该代码是一种有权码。每一位二进制的权从高位到低位依次为 8、4、2、1。

注意：由于十进制数仅有 0~9 十个数码，因此在 8421BCD 码中不允许出现 1010~1111 这 6 个代码。不允许出现的代码称为伪码或无关码。

8421BCD 码与十进制数之间的转换可以直接以 4 位二进制数为一组进行转换。

【例 3.8】 $[100100000100.0101]_{8421BCD}$ 转换成对应的十进制数。

解：

$$\begin{array}{cccc} 1001 & 0000 & 0100 & 0101 \\ \downarrow & \downarrow & \downarrow & \downarrow \\ 9 & 0 & 4 & 5 \end{array}$$

因此，$[100100000100.0101]_{8421BCD} = [904.5]_{10}$。

2）2421BCD 码、5421BCD 码

2421BCD 码和 5421BCD 码都属于有权码，它们的位权从高位到低位依次是 2、4、2、1 和 5、4、2、1。一般地，只要代表的十进制数为大于等于 5 的数，通常不允许用后三位表示该十进制数，如表 3.2 所示。

3）余 3BCD 码

余 3BCD 码是一种无权码，它由 8421BCD 码加 3（0011）得来。余 3BCD 码中的 0 和 9，1 和 8，2 和 7，3 和 6，4 和 5 各对码相加都为 1111，具有这种特性的代码称为"自补码"，用作十进制的数学运算非常方便。

4）格雷码

格雷码（Gray Code）是一种无权码，其特点是任意两个相邻的代码之间 0、1 的取值组合只有一位不同，且第一个代码和最后一个代码 0、1 的取值组合也只有一位不同，故格雷码也称反射循环码。格雷码属于可靠性编码，是一种错误最小化的编码方式。表 3.3 所示为十进制数、二进制数与格雷码的对照表。

表 3.3　十进制数、二进制数与格雷码的对照表

十进制数	二进制数	格雷码	十进制数	二进制数	格雷码
0	0000	0000	8	1000	1100
1	0001	0001	9	1001	1101
2	0010	0011	10	1010	1111
3	0011	0010	11	1011	1110
4	0100	0110	12	1100	1010
5	0101	0111	13	1101	1011
6	0110	0101	14	1110	1001
7	0111	0100	15	1111	1000

3.1.4　逻辑代数

逻辑代数也称布尔代数，是 19 世纪中叶英国数学家乔治·布尔（George Bole）首先提出的，是分析和设计数字电路的数学工具，是研究逻辑函数与逻辑变量之间规律的学科。

1. 基本逻辑关系

逻辑代数的基本逻辑关系有与逻辑、或逻辑、非逻辑三种。所谓逻辑关系是指条件与结果之

间的关系。相应的最基本的逻辑运算有与运算、或运算、非运算。

1）与逻辑

与逻辑关系是指决定一事件的所有条件全部满足（或具备）时，其结果才会出现，这样的一类逻辑关系称为与逻辑关系，简称与逻辑。

在如图 3.4（a）所示的开关电路中，如果规定：两个开关分别用 A、B 表示，开关闭合为条件，条件满足（开关闭合）时 A（或 B）为 1，否则为 0；灯用 Y 表示，灯亮为结果，结果出现（灯亮）时 Y 为 1，否则为 0。显然，只有当 A、B 两个开关都闭合（条件都满足）时，灯亮 Y 这个结果才会出现。显然，Y 与 A 和 B 属于与逻辑。其逻辑表达式为

$$Y = A \cdot B = AB$$

式中，"·"表示与逻辑的运算符号，可以省略不写。

与逻辑的运算规则：

$$0 \cdot 0 = 0,\ 0 \cdot 1 = 0,\ 1 \cdot 0 = 0,\ 1 \cdot 1 = 1$$

能实现与逻辑功能的数字电路称为与门，是逻辑电路中最基本的一种门电路。与门逻辑符号如图 3.4（b）所示。

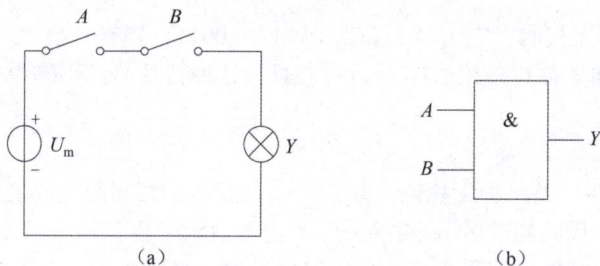

图 3.4　与逻辑关系
（a）与逻辑电路；（b）与门逻辑符号

把输入变量可能的取值组合状态及其对应的输出状态列成表格，称为真值表。表 3.4 所示为与逻辑的真值表。

表 3.4　与逻辑的真值表

条件		结果
A	B	Y
0	0	0
0	1	0
1	0	0
1	1	1

与逻辑的逻辑功能是：有 0 出 0，全 1 出 1。

2）或逻辑

或逻辑关系是指决定一事件的所有条件只要满足（或具备）一个或一个以上时，其结果就会出现。在如图 3.5（a）所示的开关电路中，只要 A、B 两个开关中有一个闭合，灯 Y 就会亮，显然，Y 与 A 和 B 属于或逻辑，其逻辑表达式为

$$Y = A + B \tag{3-5}$$

或逻辑的运算规则：

$$0+0=0，0+1=1，1+0=1，1+1=1$$

能实现或逻辑功能的数字电路称为或门。或门逻辑符号如图 3.5（b）所示。

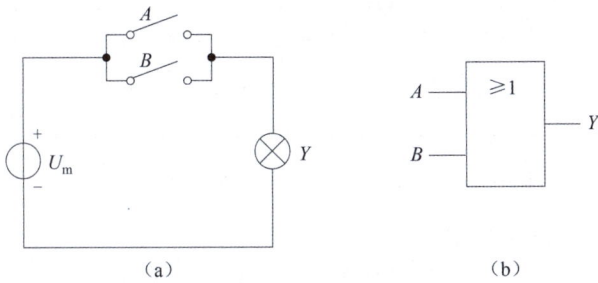

图 3.5 或逻辑关系

（a）或逻辑电路；（b）或门逻辑符号

表 3.5 所示为或逻辑的真值表，从真值表中可以看出，或逻辑的逻辑功能是：有 1 出 1，全 0 出 0。

$$Y=A \cdot B \tag{3-6}$$

表 3.5 或逻辑的真值表

A	B	Y
0	0	0
0	1	1
1	0	1
1	1	1

3）非逻辑

非逻辑的关系是指结果和条件相反。如图 3.6（a）所示一个开关和灯并联的非逻辑电路，开关 A 闭合为条件，灯亮为结果。显然，开关 A 闭合，灯 Y 不亮；开关 A 断开，灯 Y 亮。该电路满足非逻辑关系，其逻辑表达式为

$$Y=\overline{A}$$

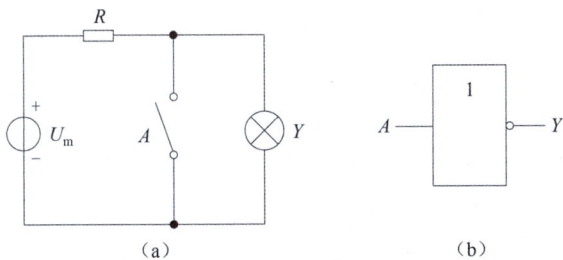

图 3.6 非逻辑关系

（a）非逻辑电路；（b）非门逻辑符号

实现非逻辑运算的电路称为非门，非门逻辑符号如图 3.6（b）所示。逻辑符号中用小圆圈

代表非，"1"表示缓冲。

表3.6所示为非逻辑的真值表。

表3.6　非逻辑的真值表

A	Y
0	1
1	0

非逻辑的逻辑功能是：有0出1，有1出0，即"始终相反"。

2. 复合逻辑关系

基本逻辑的简单组合称为复合逻辑，常见的复合逻辑关系有与非逻辑、或非逻辑、与或非逻辑、异或逻辑、同或逻辑等。

1）与非逻辑

与非逻辑运算是"与"和"非"两种逻辑运算复合而成的，其真值表如表3.7所示，其逻辑表达式为

$$Y=\overline{AB} \qquad\qquad (3-7)$$

由表3.7可看出，只要输入变量中有一个为0，函数值就为1；当输入变量全为1时，函数值才为0。因此"与非"门的逻辑功能为"有0出1，全1出0"。

实现与非逻辑运算的电路称为与非门，与非门逻辑符号如图3.7（a）所示。

2）或非逻辑

或非逻辑运算是"或"和"非"两种逻辑运算复合而成的，其逻辑表达式为

$$Y=\overline{A+B} \qquad\qquad (3-8)$$

它的真值表如表3.8所示。由真值表可见，只要变量A、B有一个为1，函数Y就为0，只有A、B全部为0时，输出Y才为1。因此，或非逻辑功能为"有1出0，全0出1"。

实现或非逻辑运算的电路称为或非门，或非门逻辑符号如图3.7（b）所示。

表3.7　与非逻辑的真值表

A	B	Y
0	0	1
0	1	1
1	0	1
1	1	0

表3.8　或非逻辑的真值表

A	B	Y
0	0	1
0	1	0
1	0	0
1	1	0

3) 与或非逻辑

与或非逻辑运算是"与""或""非"三种逻辑运算复合而成的，其逻辑符号如图3.7（c）所示。实现与或非逻辑运算的门电路称为与或非门。

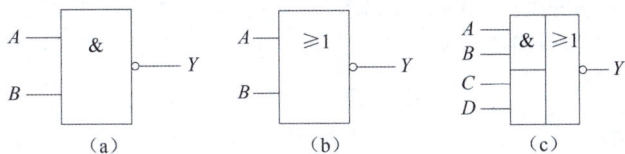

图 3.7 常用复合逻辑符号

（a）与非门逻辑符号；（b）或非门逻辑符号；（c）与或非门逻辑符号

与或非逻辑表达式为

$$Y = \overline{AB + CD}$$

表 3.9 所示为与或非逻辑的真值表。

表 3.9 与或非逻辑的真值表

A	B	C	D	Y
0	0	0	0	1
0	0	0	1	1
0	0	1	0	1
0	0	1	1	0
0	1	0	0	1
0	1	0	1	1
0	1	1	0	1
0	1	1	1	0
1	0	0	0	1
1	0	0	1	1
1	0	1	0	1
1	0	1	1	0
1	1	0	0	0
1	1	0	1	0
1	1	1	0	0
1	1	1	1	0

4) 异或逻辑

当两个输入变量 A、B 的取值不同时，输出 Y 为 1；当两个输入变量 A、B 的取值相同时，输出 Y 为 0。这种逻辑关系称为异或逻辑。其真值表如表 3.10 所示。异或逻辑的表达式为

$$Y = \overline{A}B + A\overline{B} = A \oplus B \tag{3-9}$$

式中，符号"$\oplus$"表示异或运算，实现异或逻辑运算的门电路称为异或门，其逻辑符号如图3.8（a）所示。

5）同或逻辑

当两个输入变量A、B的取值相同时，输出Y为1；当两个输入变量A、B的取值不同时，输出Y为0。这种逻辑关系称为同或逻辑，其真值表如表3.11所示，同或逻辑的表达式为

$$Y = AB + \overline{AB} = A \odot B \tag{3-10}$$

式中，符号"$\odot$"表示同或运算，实现同或逻辑运算的门电路称为同或门。其逻辑符号如图3.8（b）所示。

表 3.10　异或逻辑的真值表

A	B	Y
0	0	0
0	1	1
1	0	1
1	1	0

表 3.11　同或逻辑的真值表

A	B	Y
0	0	1
0	1	0
1	0	0
1	1	1

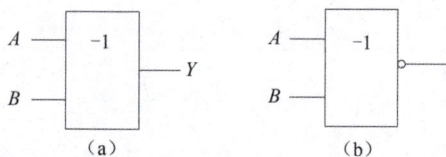

图 3.8　异或门和同或门的逻辑符号

（a）异或门逻辑符号；（b）同或门逻辑符号

比较表3.10和表3.11可以看出，异或逻辑与同或逻辑互为反函数，即

$$\overline{A \oplus B} = A \odot B \tag{3-11}$$

$$\overline{A \odot B} = A \oplus B \tag{3-12}$$

6）"正"逻辑和"负"逻辑

在逻辑电路中，用"1"表示高电位，"0"表示低电位的，称为"正"逻辑；用"0"表示高电位，"1"表示低电位的，称为"负"逻辑。一般无特殊说明，一律采用"正"逻辑。

3. 逻辑函数及其表示方法

在数字逻辑电路中，当输入变量A，B，C，…的取值确定以后，输出变量Y的值也就被唯一地确定，那么，就称Y是A，B，C，…的逻辑函数，其一般表达式记作

$$Y = f(A, B, C, \cdots) \tag{3-13}$$

这与数学上函数的定义是相似的，但在逻辑函数中，变量的取值和函数的取值只有0和1。

与、或、非和复合逻辑关系，可以看作是简单的逻辑函数，它们描述的是简单逻辑关系，对复杂的逻辑关系通常用逻辑函数描述。

逻辑函数有多种表示方法，常用的有逻辑函数表达式、真值表、逻辑图、卡诺图及波形图5种。它们各有特点、相互联系，而且可以相互转换。

1）逻辑函数表达式

逻辑函数表达式是用与、或、非等基本逻辑运算来表示输入变量和输出函数之间关系的逻辑代数式，简称逻辑表达式。如式（3-1）~式（3-8）是最基本的逻辑表达式。

逻辑函数表达式可以直接反映变量间的运算关系，不能直接反映变量取值间的对应关系，而且同一个逻辑函数有多种不同的表达式。

2）真值表

真值表是根据给定的逻辑问题，把输入逻辑变量各种可能取值的组合和对应的输出函数值排列成表格，它表示了逻辑函数与逻辑变量各种取值之间的一一对应关系。表3.10就是异或逻辑的真值表，它列出了2个变量4种组合的输入输出对应关系。

一个确定的逻辑函数只有一个真值表，即真值表具有唯一性。

真值表能够直观、明了地反映变量取值与函数值的对应关系，但它不是逻辑运算式，不便推演变换，且当变量较多时列写比较烦琐。

3）逻辑图

逻辑图是用相应的逻辑门符号将逻辑函数式的运算关系表示出来的图。

例如，用逻辑图表示同或逻辑 $Y=AB+\overline{AB}$，若各种基本门电路都有，则可以通过下面的逻辑图（图3.9）实现。

由于同一逻辑函数可以有多种逻辑表达式，进而可以对应多种逻辑图，因此逻辑图不是唯一的。

逻辑图的优点是逻辑门符号和实际电路、器件有明显的对应关系，能方便地按逻辑图构成实际电路图。它与真值表一样，不能直接进行逻辑的推演和变换。

4）卡诺图

卡诺图用来对复杂逻辑函数进行化简，也是逻辑函数的一种重要表示方法，在3.7节中有详细介绍。

5）波形图

波形图也称时序图，是反映输入变量和输出变量随时间变化的图形，如图3.10所示。它可以直观地表达输入变量和输出函数之间随时间变化的规律，便于帮助研究者掌握数字电路的工作情况和诊断电路故障，但它不能直接表示出变量间的逻辑关系。

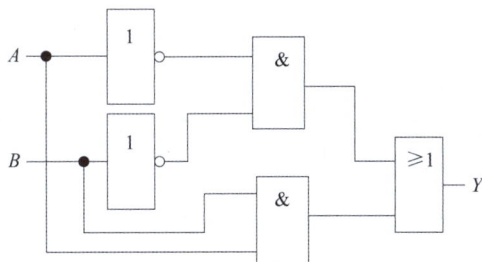

图3.9　逻辑图

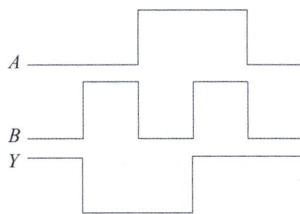

图3.10　波形图

3.1.5 逻辑代数的基本定律和规则

逻辑代数与普通代数一样，有相应的公式、定律和运算规则。应用这些公式、定律和运算规则可以对复杂逻辑函数表达式进行化简和变形，对逻辑电路进行分析和设计等。

1. 逻辑代数的基本公式和定律

逻辑代数的基本公式和定律如表 3.12 所示。

表 3.12　逻辑代数的基本公式和定律

范围说明	定律名称	逻辑关系	
常量与常量	0-1 律	$0 \cdot 0 = 0$	$0 + 0 = 0$
		$0 \cdot 1 = 0$	$0 + 1 = 1$
		$1 \cdot 0 = 0$	$1 + 0 = 1$
		$1 \cdot 1 = 1$	$1 + 1 = 1$
常量与变量		$A \cdot 0 = 0$	$A + 0 = A$
		$A \cdot 1 = A$	$A + 1 = 1$
与普通代数相似的定律	交换律	$A \cdot B = B \cdot A$	$A + B = B + A$
	结合律	$(A \cdot B) C = A \cdot (B \cdot C)$	$(A + B) + C = A + (B + C)$
	分配律	$A \cdot (B + C) = A \cdot B + A \cdot C$	$A + B \cdot C = (A + B)(A + C)$
逻辑代数特殊定律	互补律	$A \cdot \overline{A} = 0$	$A + \overline{A} = 1$
	重叠律	$A \cdot A = A$	$A + A = A$
	反演律	$\overline{A \cdot B} = \overline{A} + \overline{B}$	$\overline{A + B} = \overline{A} \cdot \overline{B}$
	还原律	$\overline{\overline{A}} = A$	

【例 3.9】　证明分配律：$A + B \cdot C = (A + B)(A + C)$。

证：右边 $= (A + B)(A + C) = A \cdot A + A \cdot C + B \cdot A + B \cdot C$

$\qquad = A + A \cdot C + A \cdot B + B \cdot C$

$\qquad = A(1 + C + B) + B \cdot C$

$\qquad = A + B \cdot C = 左边$

【例 3.10】　证明反演律。

$\overline{A \cdot B} = \overline{A} + \overline{B}$；$\overline{A + B} = \overline{A} \cdot \overline{B}$。

证：用真值表证明，如表 3.13 所示。

表 3.13　例 3.10 真值表

A	B	$\overline{A \cdot B}$	$\overline{A} + \overline{B}$	$\overline{A + B}$	$\overline{A} \cdot \overline{B}$
0	0	1	1	1	1
0	1	1	1	0	0
1	0	1	1	0	0
1	1	0	0	0	0

由表3.13可以看出：两个等式的左右两边的真值表完全相同，故等式成立。

注意：在逻辑运算中，证明等式成立一般有两种方法：一种是对等式的相对复杂的一边进行化简，使其等于另一边；另一种则是列真值表比较证明，只要等式两边的真值表完全相同则等式成立。

2. 逻辑代数的常用公式

【例3.11】证明：$AB+\bar{A}B=B$；$(A+B)(\bar{A}+B)=B$。

证：$AB+\bar{A}B=B(A+\bar{A})=B$

$(A+B)(\bar{A}+B)=A\bar{A}+AB+B\bar{A}+BB=0+B(A+\bar{A})+B=B$

【例3.12】证明：$A+AB=A$；$A(A+B)=A$。

证：$A+AB=A(1+B)=A$

$A(A+B)=AA+AB=A+AB=A$

【例3.13】证明：$AB+\bar{A}C+BC=AB+\bar{A}C$。

证：$AB+\bar{A}C+BC=AB+\bar{A}C+(A+\bar{A})BC$

$\qquad\qquad\qquad =AB+\bar{A}C+ABC+\bar{A}BC$

$\qquad\qquad\qquad =AB(1+C)+\bar{A}C(1+B)$

$\qquad\qquad\qquad =AB+\bar{A}C$

推论：$AB+\bar{A}C+BCDE=AB+\bar{A}C$（请读者自行证明）。

【例3.14】证明：$A(\bar{A}+B)=AB$；$A+\bar{A}B=A+B$。

证：$A(\bar{A}+B)=0+AB=AB$

$A+\bar{A}B=A+AB+\bar{A}B=A+B(A+\bar{A})=A+B$

【例3.15】证明：$AB+\bar{A}C=(A+C)(\bar{A}+B)$。

证：右边 $=(A+C)(\bar{A}+B)=A\bar{A}+AB+C\bar{A}+BC$

$\qquad\qquad =AB+\bar{A}C+BC=AB+\bar{A}C=$左边

以上公式是逻辑代数的基本公式和常用公式，利用这些公式可以对逻辑函数进行化简。

3. 逻辑代数的三个重要规则

逻辑代数中有三个重要规则：代入规则、反演规则和对偶规则，它们和基本定律构成了完整的逻辑代数系统，用来对逻辑函数进行描述、推导和变换。

1）代入规则

代入规则是指在任何逻辑等式中，如果把等式两边所有出现某一变量的地方，都用某一个函数表达式来代替，则等式仍成立。

【例3.16】证明：$\overline{A+B+C}=\bar{A}\cdot\bar{B}\cdot\bar{C}$。

证：由反演律知 $\overline{A+B}=\bar{A}\cdot\bar{B}$，若将等式两端的 B 用 $B+C$ 代替可得

$$\overline{A+(B+C)}=\bar{A}\cdot\overline{(B+C)}=\bar{A}\cdot\bar{B}\cdot\bar{C}$$

可见，反演律对任意多个变量都成立。由代入规则可以推出

$$\overline{A+B+C+\cdots}=\bar{A}\cdot\bar{B}\cdot\bar{C}\cdot\cdots \qquad (3-14)$$

$$\overline{ABC\cdots}=\bar{A}+\bar{B}+\bar{C}+\cdots \qquad (3-15)$$

利用代入规则，可以扩大基本公式和定律的应用范围。

2）反演规则

对于任意一个函数表达式 Y，只要将 Y 中所有原变量变成反变量，反变量变成原变量，"与"运算变成"或"运算，"或"运算变成"与"运算，"0"变成"1"，"1"变成"0"，两个或两个以上变量公用的"长非号"保持不变，即得原函数表达式 Y 的反函数 $\overline{Y}$，这个规则称为反演规则。

运用反演规则时应注意：为保证逻辑表达式的运算顺序不变，可适当增加或减少括号。

【例 3.17】求下列函数表达式的反函数。

（1） $Y=A\overline{B}+CD$；（2） $Y=\overline{A+B+\overline{C}+\overline{D}+E}$。

解：（1） $\overline{Y}=(\overline{A}+B)(\overline{C}+\overline{D})$；（2） $\overline{Y}=\overline{A}\cdot\overline{B}\cdot C\cdot\overline{\overline{D}}\cdot\overline{E}$。

3）对偶规则

对于任意一个函数表达式 Y，只要将 Y 中所有的"与"运算变成"或"运算，"或"运算变成"与"运算，"0"变成"1"，"1"变成"0"，而变量保持不变，且两个或两个以上变量公用的"长非号"保持不变，即得原函数表达式 Y 的对偶函数 Y'。对偶是相互的，因此，Y 也是 Y' 的对偶函数。

对偶规则：如果两逻辑函数相等，则它们的对偶函数也相等。

运用对偶规则时应注意：运算符号的先后顺序，掌握好括号的使用。

【例 3.18】求下列函数表达式的对偶函数。

（1） $Y=AC+B$；（2） $Y=AB+\overline{A}C$。

解：（1） $Y'=(A+C)B$；（2） $Y'=(A+B)(\overline{A}+C)$。

对偶规则的用途广泛，利用对偶规则，可使需要证明和记忆的公式数目减少一半。任何逻辑等式，经反演或对偶变换后仍相等。

3.1.6　逻辑函数的化简

1. 逻辑函数表达式的形式

【例 3.19】将与或逻辑表达式 $Y=AB+\overline{A}C$ 转换为其他形式的表达式。

解：$Y=AB+\overline{A}C$（与或表达式）

$\quad=\overline{\overline{AB}\cdot\overline{\overline{A}C}}$（与非与非表达式）

$\quad=(A+C)(\overline{A}+B)$（或与表达式）

$\quad=\overline{\overline{A+C}+\overline{\overline{A}+B}}$（或非或非表达式）

$\quad=\overline{\overline{A}\cdot C+A\overline{B}}$（与或非表达式）

以上表明，同一个逻辑函数表达式可以有多种形式，形式不同，实现函数时所用的逻辑门就不同，反之，想用什么逻辑门实现函数，就要把表达式整理成相应逻辑门表达式的形式。

2. 逻辑函数的化简

1）化简的概念

逻辑函数的化简就是在保证逻辑函数逻辑关系不变的条件下，利用逻辑代数中的基本公式和定律等方法，使函数的表达式变得简单的过程。

2）化简的意义

【例3.20】 化简逻辑函数 $Y=A+\overline{A}\ \overline{B}\ \overline{C}+\overline{A}\ BC$，并用逻辑图实现。

解： $Y=A+\overline{A}\ \overline{B}\ \overline{C}+\overline{A}\ BC$ (3-16)

        $=A+\overline{A}\ \overline{B}$ (3-17)

        $=A+\overline{B}$ (3-18)

根据逻辑函数式三种不同的表达式，可以用三种不同的逻辑图来实现，如图3.11所示。

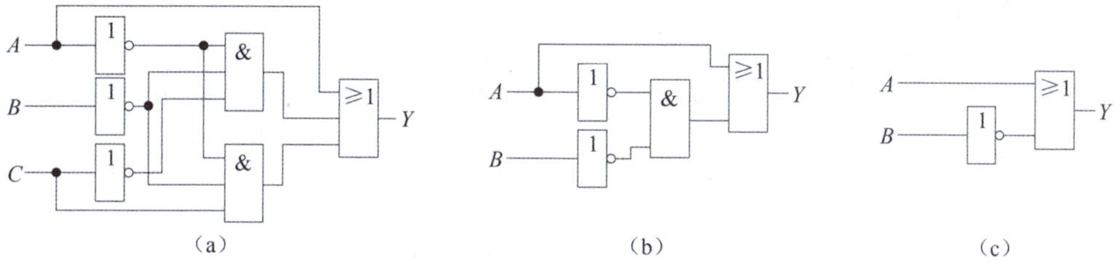

图3.11 逻辑图

（a）式（3-16）的逻辑图；（b）式（3-17）的逻辑图；（c）式（3-18）的逻辑图

3. 逻辑函数的公式化简法

逻辑函数的化简方法有公式化简法和卡诺图化简法。公式化简法也称代数法，即利用逻辑代数的基本公式、常用公式和三个重要规则，对逻辑函数进行化简。

用公式化简法对逻辑函数进行化简时，常用并项法、吸收法、消去法和配项法。表3.14所示为公式化简的常用方法及说明。

表3.14 公式化简的常用方法及说明

常用方法	所用公式	方法说明
并项法	$A+\overline{A}=1$	将两项合为一项，消去一个变量
吸收法	$A+AB=A$	消去多余的乘积项 AB
消去法	$A+\overline{A}B=A+B$	消去乘积项中的多余因子
配项法	$A+A=A$	重复写入某项，再与其他项进行化简
	$A=A(B+\overline{B})$	可将一项拆成两项，将其配项，消去多余项

3.1.7 卡诺图化简法化简逻辑函数

1. 最小项与卡诺图

1）逻辑函数的最小项

（1）最小项的定义。

在 n 个输入变量的逻辑函数中，如果一个乘积项包含 n 个变量，且乘积项中的每个变量以原变量或反变量的形式出现且仅出现一次，那么该乘积项称为该函数的一个最小项。对 n 个输入变量的逻辑函数，共有 2^n 个最小项，但对一个具体的逻辑函数，通常包含部分最小项。

例如，2个变量的逻辑函数 $Y=F(A,\ B)$，共有 $2^2=4$ 个最小项：$\overline{AB}$、$\overline{A}B$、$A\overline{B}$、AB；3个变量的逻辑函数 $Y=F(A,\ B,\ C)$，共有 $2^3=8$ 个最小项：$\overline{A}\ \overline{B}\ \overline{C}$、$\overline{A}\ \overline{B}C$、$\overline{A}B\overline{C}$、$\overline{A}BC$、$A\overline{B}\ \overline{C}$、$A\overline{B}C$、$AB\overline{C}$、$ABC$。

（2）最小项的性质。

①最小项的值是变量的取值组合代入最小项后相与的结果。对于任意一个最小项，有且仅有一组相应变量的取值组合使它的值为 1。

②任意两个不同最小项的乘积恒为 0。

③n 变量的所有最小项的和恒为 1。

④若两个最小项之间只有一个变量不同，其余各变量均相同，则称这两个最小项是逻辑相邻的。对于 n 个输入变量的函数，每个最小项有 n 个最小项与之相邻。

（3）最小项的编号。

由于 n 个输入变量的逻辑函数，共有 2^n 个最小项，为了表达方便，给每个最小项加以编号，记为 m_i，下标 i 就是最小项的编号。编号方法：先将最小项的原变量用 1 表示，反变量用 0 表示，构成二进制数，然后将二进制数转化成十进制数，即该最小项的编号。

二变量的最小项编号如表 3.15 所示。

表 3.15　二变量的最小项编号

最小项	变量取值		最小项编号
	A	B	
$\overline{A}\,\overline{B}$	0	0	m_0
$\overline{A}B$	0	1	m_1
$A\overline{B}$	1	0	m_2
AB	1	1	m_3

2）最小项表达式

任何一个逻辑函数都可以表示成若干个最小项之和的形式，这样的表达式就是函数的最小项表达式，并且该形式是唯一的。

求逻辑函数最小项表达式的方法如下：

（1）由真值表求最小项表达式。

真值表如表 3.16 所示，由真值表写出最小项表达式的方法是：使函数 $Y=1$ 的变量取值组合有 001、010、100、110 四项，与其对应的最小项是 $\overline{A}\,\overline{B}C$、$\overline{A}B\overline{C}$、$A\overline{B}\,\overline{C}$、$AB\overline{C}$，则逻辑函数 Y 的最小项表达式为

$$f(A,B,C)=\overline{A}\,\overline{B}C+\overline{A}B\overline{C}+A\overline{B}\,\overline{C}+AB\overline{C}$$
$$=m_1+m_2+m_4+m_6=x_m(1,2,4,6)$$

表 3.16　真值表

A	B	C	Y
0	0	0	0
0	0	1	1
0	1	0	1
0	1	1	0
1	0	0	1
1	0	1	0

A	B	C	Y
1	1	0	1
1	1	1	0

（2）由一般逻辑函数式求最小项表达式。

首先利用公式将表达式变换成一般与或式，再采用配项法，将每个乘积项都变为最小项。

【例 3.21】将 $f(A，B，C)=\overline{AB+\overline{A}B+C}+AC$ 转化为最小项表达式。

解：$f(A，B，C)=\overline{AB+\overline{A}B+C}+AC=\overline{AB}\cdot\overline{\overline{A}B}\cdot\overline{C}+AC=(\overline{A}+\overline{B})(A+\overline{B})\overline{C}+AC$

$=(\overline{A}\,\overline{B}+A\overline{B}+\overline{B})\overline{C}+AC(B+\overline{B})=\overline{A}\,\overline{B}\,\overline{C}+A\overline{B}\,\overline{C}+ABC+A\overline{B}C$

$=m_0+m_4+m_5+m_7=\sum m(0，4，5，7)$

3）卡诺图

卡诺图也称最小项方格图，它是把逻辑函数的最小项按格雷码的规则排在一起，每个小方格代表一个最小项，这样的方格图称为卡诺图。

所谓逻辑相邻，是指两个最小项中除了一个变量取值不同外，其余的都相同，那么这两个最小项具有逻辑上的相邻性。例如，$m_3=\overline{A}BC$ 和 $m_7=ABC$ 是逻辑相邻，$m_3=\overline{A}BC$ 和 $m_1=\overline{A}\,\overline{B}C$、$m_2=\overline{A}B\overline{C}$ 也是逻辑相邻。

所谓几何相邻，是指在卡诺图中表示两个最小项的方格图有公用边。

卡诺图的特点是几何相邻一定对应逻辑相邻。

利用卡诺图进行逻辑函数的化简的方法称为卡诺图化简法。

卡诺图的画法如下：

（1）根据输入变量的个数确定卡诺图的方格数。n 个输入变量的逻辑函数，有 2^n 个最小项，因此该函数的卡诺图将有 2^n 个小方格，排列成方格图。每个小方格和一个最小项相对应，小方格的序号和最小项的序号一样，根据方格外面行变量和列变量的取值决定。

（2）将输入变量分为行变量和列变量，通常行变量为高位组，列变量为低位组。例如，$AB=10$，$CD=01$ 对应的那个小方格的序号为 1001，即最小项 m_9。

（3）要把逻辑相邻用几何相邻实现。在排列卡诺图上输入变量的取值顺序时，不按照二进制数的顺序排列，而是按 00、01、11、10 格雷码的规律排列。

如图 3.12 所示卡诺图，图中，输入变量在左边和上边取值正交处的方格就是对应的最小项。

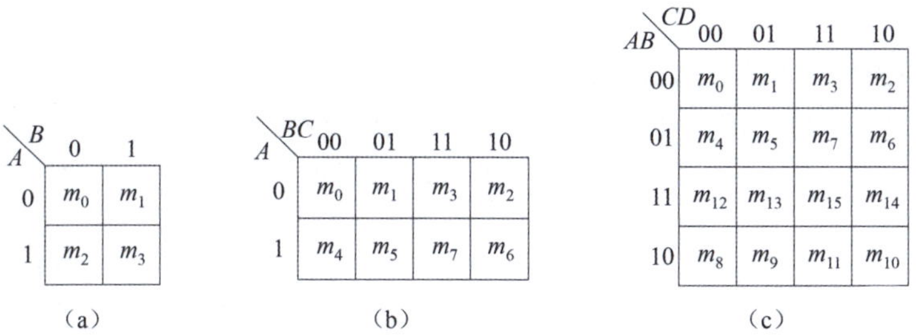

图 3.12　卡诺图

（a）二变量卡诺图；（b）三变量卡诺图；（c）四变量卡诺图

图 3.12 所示卡诺图中，m_i 对应各最小项。需要注意的是各最小项的排列顺序。

2. 逻辑函数的卡诺图表示法

一个逻辑函数 Y 不仅可以用逻辑表达式、真值表、逻辑图来表示，而且还可以用卡诺图表示。其基本方法：根据给定逻辑函数画出对应的卡诺图，按构成逻辑函数的最小项在相应的方格中填写"1"，其余的方格填写"0"或不填，便得到相应逻辑函数的卡诺图。

下面举例说明用卡诺图表示逻辑函数的方法。

1）根据真值表画卡诺图

具体画法是先画与给定函数变量数相同的卡诺图，然后根据真值表来填写每一个方格的值。也就是在相应的变量取值组合的每一小方格中，函数值为1的填上"1"，为0的填上"0"或不填，就可以得到函数的卡诺图。

【例 3.22】已知逻辑函数 Y 的真值表，如表 3.17 所示，画出 Y 的卡诺图。

解：先画出 A、B、C 三变量的卡诺图，然后按每一小方格所代表的变量取值，将真值表相同变量取值时的对应函数值填入小方格中，即得函数 Y 的卡诺图，如图 3.13 所示。

表 3.17　真值表

A	B	C	Y
0	0	0	0
0	0	1	0
0	1	0	0
0	1	1	1
1	0	0	0
1	0	1	1
1	1	0	1
1	1	1	1

2）根据逻辑函数最小项表达式画卡诺图

根据逻辑函数最小项表达式，在其最小项对应的方格中填"1"，没有最小项对应的方格内填"0"或不填，即得逻辑函数的卡诺图。

【例 3.23】将逻辑函数最小项表达式 $Y = \overline{A}BC + A\overline{B}C + AB\overline{C} + ABC$ 用卡诺图表示。

解：$Y = \overline{A}BC + A\overline{B}C + AB\overline{C} + ABC = m_3 + m_5 + m_6 + m_7 = \sum m(3，5，6，7)$，其卡诺图如图 3.13 所示。

3）根据逻辑函数一般表达式画卡诺图

根据逻辑函数一般表达式画卡诺图时，先将一般逻辑函数表达式变换为与或表达式，然后再变换为最小项表达式，则可得到相应的卡诺图。

图 3.13　函数 Y 的卡诺图

【例 3.24】将逻辑函数表达式 $Y = \overline{\overline{A} + BC} + \overline{A}\,\overline{B} + AC$ 用卡诺图表示。

解：$Y = \overline{\overline{A} + BC} + \overline{A}\,\overline{B} + AC = A\overline{BC} + \overline{A}\,\overline{B}C + AC(B + \overline{B})$

$\qquad = AB\overline{C} + \overline{A}\,\overline{B}C + AB C + A\overline{B}C = m_6 + m_2 + m_7 + m_5$

$\qquad = \sum m(2，5，6，7)$

其卡诺图如图 3.14 所示。

实际上，在根据一般逻辑表达式画卡诺图时，常常可以从一般与或式直接画卡诺图。其方法是：把每一个乘积项所包含的那些最小项所对应的小方格都填上"1"，其余的填"0"或不填，就可以直接得到卡诺图。

图 3.14　例 3.24 的卡诺图

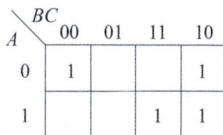

【例 3.25】 画出 $f(A, B, C) = AB + B\bar{C} + \bar{A}\bar{C}$ 的卡诺图。

解：AB 这个乘积项包含了 $A = 1$，$B = 1$ 的所有最小项，即 ABC 和 $AB\bar{C}$。$B\bar{C}$ 这个乘积项包含了 $B = 1$，$C = 0$ 的所有最小项，即 $AB\bar{C}$ 和 $\bar{A}B\bar{C}$。$\bar{A}\bar{C}$ 这个乘积项包含了 $A = 0$，$C = 0$ 的所有最小项，即 $\bar{A}B\bar{C}$ 和 $\bar{A}\bar{B}\bar{C}$。其卡诺图如图 3.15 所示。

图 3.15　例 3.25 的卡诺图

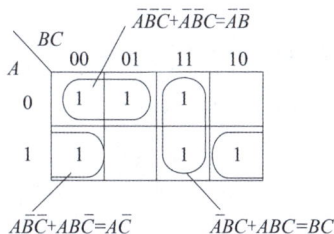

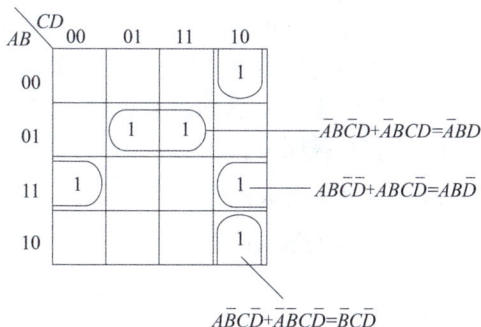

需要指出的是：

①在填写"1"时，有些小方格出现重复，只保留一个"1"即可。

②在卡诺图中，只要填入函数值为"1"的小方格，函数值为"0"的可以不填。

③上面画的是 Y 的卡诺图。若要画 $\bar{Y}$ 的卡诺图，则要将 Y 中的各个最小项用"0"填写，其余填写"1"。

3. 用卡诺图化简逻辑函数

1）最小项的合并规律

利用卡诺图合并最小项，实质上就是反复运用公式 $AB + A\bar{B} = A$，消去互补的变量 B，从而得到最简的与或式。由于卡诺图中的最小项是按照逻辑相邻关系排列的，因此凡是逻辑相邻的最小项均可合并，合并时可消去互补变量。利用卡诺图合并最小项有两种方法：圈 0 得到反函数，圈 1 得到原函数，通常采用圈 1 的方法。圈内 1 方格的个数只有满足 2^n 个才可合并，如 2、4、8 个相邻项可合并。

卡诺圈化简方法：消去不同（互补）变量，保留相同变量。

（1）2 个相邻"1"方格可以合并为一项，消去 1 个互补变量。

（2）4 个相邻"1"方格构成方形、长方形或位于四角可以合并为一项，消去 2 个互补变量。

（3）8 个相邻"1"方格可以合并为一项，消去 3 个互补变量。

图 3.16、图 3.17、图 3.18 分别画出了相邻 2 个最小项、相邻 4 个最小项及相邻 8 个最小项的合并情况。

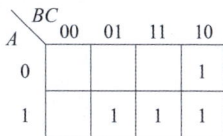

图 3.16　卡诺图中 2 个相邻项的合并

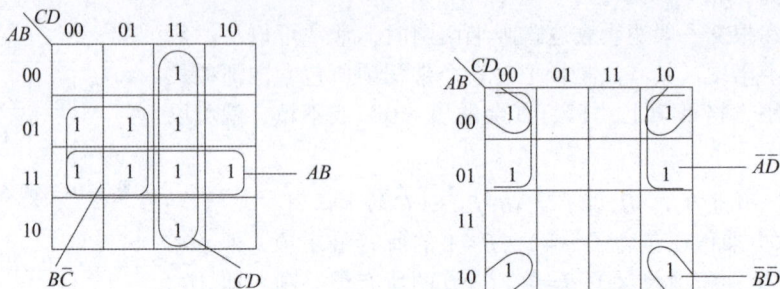

图 3.17　卡诺图中 4 个相邻项的合并

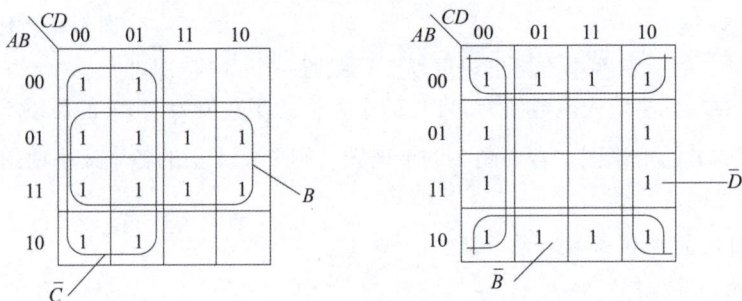

图 3.18　卡诺图中 8 个相邻项的合并

2）卡诺图化简逻辑函数

（1）用卡诺图化简逻辑函数的步骤。

①用卡诺图表示逻辑函数。

②画卡诺圈。把相邻的 1 方格用卡诺圈圈起来。

③化简卡诺圈。

④将各卡诺圈化简的结果相加，就可得到逻辑函数的最简与或表达式。

（2）用卡诺圈合并方程时遵循的原则。

需要注意的是，用卡诺圈合并 1 方格时，遵循以下原则：

①卡诺圈内必须包括 2^n 个逻辑相邻的 1 方格。

②卡诺圈越大越好，圈越大化简的结果越简单。

③卡诺圈越少越好，可使化简后的乘积项最少。

④同一个 1 方格可以被不同的卡诺圈重复包围，但新增的卡诺圈中至少要有一个新的 1 方格（尚未被别的卡诺圈圈过），否则该卡诺圈多余。

⑤所有 1 方格均被圈过，当某一个 1 方格没有相邻的 1 方格时，要单独画圈。

【例3.26】用卡诺图法化简逻辑函数 $f(A，B，C) = \sum m(2，3，5，6，7)$。

解：①根据逻辑表达式画出 3 变量的卡诺图，如图 3.19 所示。

②画卡诺圈。

③化简卡诺圈。

④各卡诺圈化简的结果相加，得到函数的最简与或表达式 $Y = B + AC$。

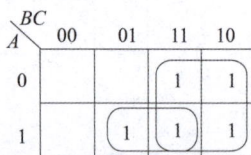

图 3.19　例 3.26 卡诺图

【例3.27】 用卡诺图法化简逻辑函数 $f(A, B, C, D) = \sum m(3, 4, 5, 7, 9, 13, 14, 15)$。

解：画出卡诺图，如图3.20所示。

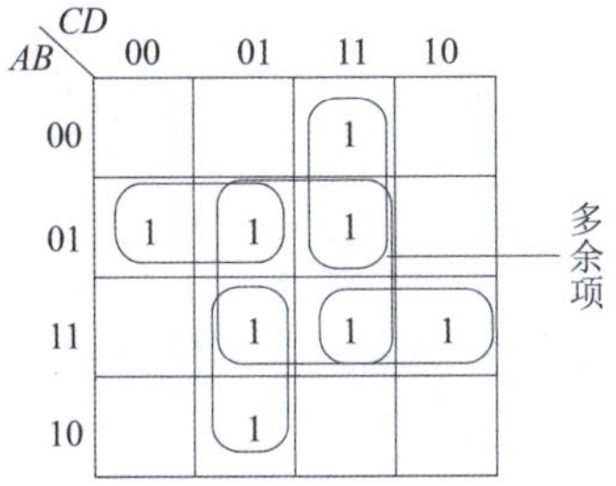

图3.20 例3.27卡诺图

画卡诺圈并化简，得到逻辑函数的最简与或表达式

$$Y = \overline{A}B\overline{C} + \overline{A}CD + A\overline{C}D + ABC$$

4. 具有约束项逻辑函数的化简

1）约束项

在实际的逻辑问题中，有些变量的取值之间是有制约的（不允许、不可能、不应该出现的），称为约束，这些不允许出现的变量取值组合所对应的最小项称为约束项，也称禁止项或无关项。所有约束项相加构成的逻辑表达式称为约束条件。由于约束项对应的取值组合不会出现，其值恒为0，所以约束项和约束条件的值为0恒成立。

例如，用8421BCD码表示十进制数，只用0000~1001共10组编码来表示0~9这10个十进制数，其余1010~1111六组编码未使用，它们是与8421BCD码无关的组合，在正常工作时，它们是不会（也不允许）出现的，因此1010~1111六种组合所对应的最小项即约束项，对应的约束条件可写为

$$\overline{A}B\overline{C}\overline{D} + \overline{A}BCD + AB\overline{C}\,\overline{D} + A\overline{B}CD + ABC\overline{D} + ABCD = 0$$

或

$$AB + AC = 0$$

或

$$xd(10, 11, 12, 13, 14, 15) = 0$$

2）具有约束项的逻辑函数的化简

研究约束项的目的是在于借助约束项可以化简逻辑函数。由于约束项的存在，它们对应的最小项均不出现，因此，对约束项来说，其函数值是0或1对逻辑函数实际取值无影响。在卡诺图中为了与0和1相区别，用"×"表示。

化简具有约束项的逻辑函数需要遵循以下原则：

（1）约束项在逻辑函数卡诺图中，既可按"0"处理，也可按"1"处理，到底按什么处理主要看是否有利于函数化简。

（2）为得到最简的逻辑式，可以将某些与最小项相邻的约束项按"1"处理，画入卡诺圈内；未画入卡诺圈内的约束项按"0"处理。

【例3.28】 用卡诺图法化简逻辑函数 $f(A, B, C, D) = xm(3, 6, 7, 9) + xd(10, 11, 12, 13, 14, 15)$。

解：本题是含有约束项的卡诺图化简，注意合理利用约束项（需要时将其看成 1 圈入卡诺圈内，不需要时看成 0 不圈）。图 3.21 所示为其卡诺图。

合并化简得：$Y=AD+BC+CD$

$AB+AC=0$（约束条件）。

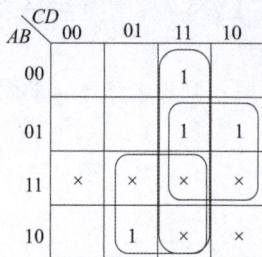

图 3.21　例 3.28 的卡诺图

任务实施

实施设备与器材

仿真机房。

实施内容与步骤

利用组合逻辑电路，验证卡诺图。

检查评估

1. 任务问答

（1）卡诺图化简方式适用于什么样的场合。

（2）随机抽查运算的基本运算规则。

（3）仿真过程中如何观察和确定简化后的电路功能是否一致？

2. 任务评估

任务评估如表 3.18 所示。

表 3.18　任务评估

工作任务			
小组号		工作组成员	
工作时间		完成总时长	
工作任务描述			
小组分工	姓名	工作任务	

164　电子技术

续表

任务实施步骤			
序号	工作内容	计划时间	操作员
验收评定		验收人签名	

学习笔记

小结反思

1. 绘制思维导图。

2. 在任务实施中遇到哪些问题？是否解决？如何解决？填入表 3.19 中。

表 3.19　总结反思

遇到的问题	
解决方法	
问题反思	

任务 3.2　**安装复合门电路**

任务描述

在理解和掌握逻辑代数的基础后，现在需要理解和掌握与、或、非的基本功能电路和与或门、与非门、异或门等最小功能电路是如何实现的，这些基本门电路是各种数字逻辑电路的基本单元。

本次任务：掌握各种基本逻辑门电路的组成和功能。

任务提交：检测结论、任务问答、学习要点、思维导图、检查评估表。

学习导航

本任务参考学时：4学时。通过本任务学习可以收获：

📝专业知识

1. 掌握分立元件门电路构成。
2. 掌握集成门电路的使用方法。
3. 掌握各种逻辑门的结构原理和注意事项。
4. 掌握逻辑门电路的分析方法。

📝专业技能

1. 能够使用分立元件搭建基本逻辑门电路。
2. 能够验证集成门电路芯片的功能。
3. 能够掌握门电路的测试方法。

🎤职业素养

1. 通过检测元器件，提升思维能力。
2. 养成良好的安全作业意识。
3. 能够团结同学、积极协作。

知识储备

能完成基本逻辑功能的电子电路称为逻辑门电路，简称门电路。常用的门电路有与门、或门、非门、与非门、或非门、异或门、与或非门等，它们是构成各种数字电路的基本单元。

按照电路结构组成的不同，逻辑门电路分为分立元件门电路和集成门电路。分立元件门电路目前已很少使用；半导体集成门电路具有体积小、功耗低、工作速度高、使用方便等特点，因而得到广泛应用，常用的集成门电路有 TL 型和 CMOS 型两大类。

本任务主要介绍基本逻辑门电路与门、或门、非门以及 TL 和 CMOS 集成逻辑门电路的结构、工作原理和使用注意事项等。

3.2.1　基本逻辑门电路

1. 与门电路

图 3.22 (a) 所示为由二极管组成的与门电路，图 3.22 (b) 所示为与门逻辑符号。A、B 是

输入变量，Y是输出变量，输入端对地的高低电平分别为 5 V 和 0 V，作为输入变量的两种状态。

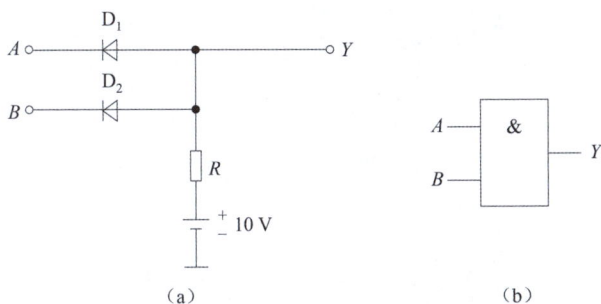

图 3.22　二极管与门电路及符号

（a）与门电路；（b）与门逻辑符号

假设二极管正向导通电压近似地认为是 0.7 V，下面分四种情况进行讨论：

（1）当 $U_A = U_B = 0$ V 时，二极管 D_1 和 D_2 都处于正向导通状态且导通压降 $U_{D_1} = U_{D_2} = 0.7$ V，$U_Y = U_A + U_{D_1} = 0 + 0.7 = 0.7(V)$。

（2）当 $U_A = 0$ V，$U_B = 5$ V 时，二极管 D_1 导通，$U_Y = U_A + U_{D_1} = 0.7$ V，而 $U_{D_2} = U_Y - U_B = 0.7 - 5 = -4.3(V)$，二极管 D_2 截止。

（3）当 $U_A = 5$ V，$U_B = 0$ V 时，二极管 D_2 导通，D_1 截止，$U_Y = U_B + U_{D_2} = 0.7$ V。

（4）当 $U_A = U_B = 5$ V 时，二极管 D_1 和 D_2 也都处于正向导通状态，此时，$U_Y = U_A + U_{D_1} = U_B + U_{D_2} = 5.7$ V。

根据上述分析，将输入和输出电平的对应关系列入表格，如表 3.20 所示，可以看出，该电路只有所有输入变量为高电平时，输出变量才为高电平，否则输出就是低电平。

假设用 0 表示低电平，用 1 表示高电平，则电平关系表可以表示成两变量的逻辑真值表，如表 3.21 所示。

表 3.20　与门电平关系表

U_A	U_B	U_Y
0	0	0.7
0	5	0.7
5	0	0.7
5	5	5.7

表 3.21　与门真值表

A	B	Y
0	0	0
0	1	0
1	0	0
1	1	1

由表 3.21 可以看出，变量 A、B 和 Y 之间是与逻辑关系，因此，把这种二极管电路称为与门，即

$$Y = A \cdot B \tag{3-19}$$

2. 或门电路

二极管组成的或门如图 3.23（a）所示，图 3.23（b）所示为或门逻辑符号。A、B 是输入变量，Y 是输出变量，输入端对地的高低电平分别为 5 V 和 0 V，作为输入变量的两种状态，二极管导通电压 $U_D = 0.7$ V。

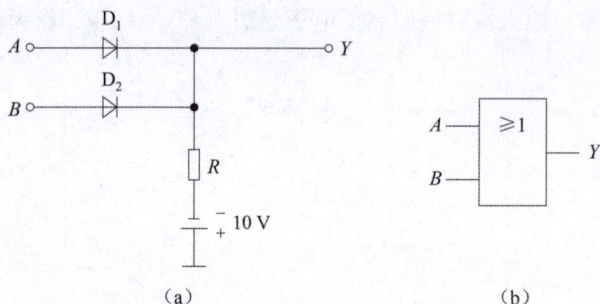

图 3.23　二极管或门电路及符号

（a）或门电路；（b）或门逻辑符号

根据二极管与门的电路分析思路，二极管或门的工作原理如下：

（1）当 $U_A = U_B = 0$ V 时，二极管 D_1 和 D_2 都处于正向导通状态且导通压降 $U_{D_1} = U_{D_2} = 0.7$ V，$U_Y = U_A - U_{D_1} = 0 - 0.7 = -0.7$（V）。

（2）当 $U_A = 0$ V，$U_B = 5$ V 时，二极管 D_2 导通，$U_Y = U_B - U_{D_2} = 4.3$ V，而 $U_{D_1} = U_A - U_Y = 0 - 4.3 = -4.3$（V），二极管 D_1 截止。

（3）当 $U_A = 5$ V，$U_B = 0$ V 时，二极管 D_1 导通，D_2 截止，$U_Y = U_A - U_D = 4.3$ V。

（4）当 $U_A = U_B = 5$ V 时，二极管 D_1 和 D_2 也都处于正向导通状态，此时，$U_Y = U_A - U_{D_1} = U_B - U_{D_2} = 4.3$ V。

根据上述分析，将输入和输出电平的对应关系列入表格，如表 3.22 所示，可以看出，该电路只要有一个或一个以上为高电平，输出变量就是高电平；所有输入变量为低电平时，输出变量才为低电平。

假设用 0 表示低电平，用 1 表示高电平，则电平关系表可以表示成两变量的逻辑真值表，如表 3.23 所示。

表 3.22　或门电平关系表

U_A	U_B	U_Y
0	0	−0.7
0	5	4.3
5	0	4.3
5	5	4.3

表 3.23　或门真值表

A	B	Y
0	0	0
0	1	1
1	0	1
1	1	1

由表 3.23 可以看出，变量 A、B 和 Y 之间是或逻辑关系，因此，把这种二极管电路称为或门电路，即

$$Y = A + B \tag{3-20}$$

3. 非门电路

非门电路可以由三极管组成，如图 3.24（a）所示，图 3.24（b）所示为其逻辑符号。A 为输入变量，输入端对地电压用 u_i 表示；Y 为输出变量，输出端对地的电压用 u_o 表示；V_{CC} 为正电源电压。

假设图 3.24（a）中三极管 $\beta = 30$，饱和时 $U_{BE} = 0.7$ V，$U_{CES} = 0.3$ V；输入电压的高电平 $U_{iH} = 5$ V，低电平 $U_{iL} = 0.3$ V。分两种情况对电路工作原理进行分析。

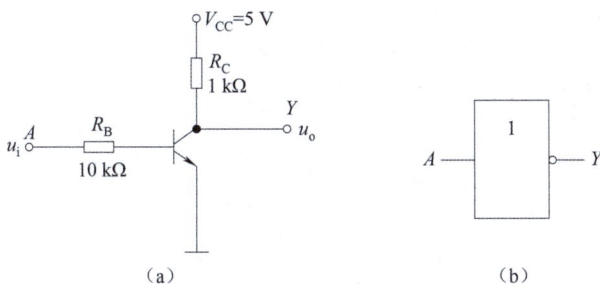

图 3. 24　三极管非门电路及符号

（a）非门电路；（b）非门逻辑符号

（1）当 $u_i = U_{iL} = 0.3$ V 时，由输入电路可知，$U_{BE} = 0.3$ V，此值小于三极管发射结导通电压，三极管截止。因此，$i_B = 0$，$i_C = 0$，输出电压 $u_o = V_{CC} = 5$ V。

（2）当 $u_i = U_{iH} = 5$ V 时，假设三极管饱和导通，则根据已知条件可以认为 $U_{BE} = 0.7$ V，$U_{CES} = 0.3$ V。根据电路求得

$$i_B = \frac{U_{iH} - U_{BE}}{R_B} = \frac{5 - 0.7}{10} = 0.43 (\text{mA})$$

$$i_{BS} = \frac{V_{CC} - U_{CES}}{\beta R_C} = \frac{5 - 0.3}{30 \times 1} = 0.16 (\text{mA})$$

所以三极管饱和导通的假设成立。根据输出电路可得

$$u_o = U_{CES} = 0.3 \text{ V}$$

由上述结果可以列出电路输入和输出的电平关系表，如表 3.24 所示。如果用 1 表示高电平，0 表示低电平，则可以列出电路的逻辑真值表，如表 3.25 所示。可见，该电路的输出变量正好是输入变量的反，所以电路称为反相器，可以实现逻辑非的功能。输出变量 Y 的逻辑表达式为

$$Y = \overline{A}$$

表 3. 24　非门电平关系表

u_i	u_o
0.3	5
5	0.3

表 3. 25　非门的真值表

u_i	u_o
0	1
1	0

3.2.2　TTL 集成逻辑门电路

数字集成电路的输入级、输出级都是由晶体管组成的，这种电路称为晶体管-晶体管逻辑门电路，即 TTL（Transistor Transistor Logic）集成电路。TTL 集成电路因其生产工艺技术成熟、产品参数稳定、工作可靠而应用广泛。

1. TTL 与非门电路

1）电路组成

如图 3.25 所示，TTL 与非门电路由输入级、中间级、输出级三部分组成。多发射极晶体管 V_1 和电阻 R 构成输入级，对输入变量 A、B、C 实现与运算；晶体管 V_2 和电阻 R_2、R_3 构成中间级，V_2 的集电极和发射极同时输出两个逻辑电平相反的信号，用来控制晶体管 V_4、V_5 的工作状态；晶体管 V_3、V_4、V_5 和电阻 R_4、R_5 构成输出级，其中，V_5 为反相管，V_3、V_4 组成的复合管是 V_5 的有源负载，完成逻辑非运算。

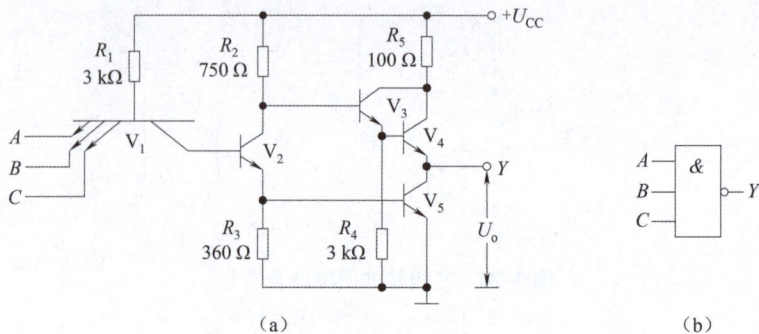

图 3.25 TTL 与非门电路及符号

(a) 与非门电路原理图；(b) 与非门逻辑符号

2）工作原理

（1）当输入端为低电平时（$U_{iL} = 0.3$ V）。

假设输入信号 A 为低电平，即 $U_A = 0.3$ V，$U_B = U_C = 3.6$ V（$A = 0$，$B = C = 1$），那么对应于 A 端的 V_1 管的发射结导通，V_1 管基极电压 U_{B1} 被钳位在 $U_{B1} = U_A + U_{BE1} = 0.3 + 0.7 = 1$（V）。为使 V_1 管的集电结、V_2 和 V_5 的发射结同时导通，U_{B1} 至少等于 2.1 V，此时 $U_{B1} < 2.1$ V，V_2 和 V_5 截止，$I_{C2} \approx 0$，R_2 中电流很小，R_2 上电压很小，$U_{C2} = V_{CC} - U_{R_2} \approx 5$ V。该电压使 V_3、V_4 正向导通，输出电压为高电平：$U_o = U_{oH} = U_{C2} - U_{BE3} - U_{BE4} = 5 - 0.7 - 0.7 = 3.6$（V），即输入有低电平时，输出为高电平。

（2）当输入端全为高电平时（$U_{iH} = 3.6$ V）。

输入信号 $U_A = U_B = U_C = 3.6$ V（$A = B = C = 1$），V_1 管的基极电位最高不超过 2.1 V，因为 $U_{B1} > 2.1$ V 时，V_1 的集电结，V_2、V_5 的发射结会同时导通，把 U_{B1} 钳位在 $U_{B1} = U_{BC1} + U_{BE2} + U_{BE5} = 0.7 + 0.7 + 0.7 = 2.1$（V），由此可知 V_1 的所有发射结均截止。电源 U_C 经过 R_1、V_1 的集电结向 V_2、V_5 提供基流，使 V_2、V_5 管饱和，输出电压 $U_o = U_{oL} = U_{CES5} = 0.3$ V，故输入全为高电平时，输出为低电平。

（3）当输入端全部悬空时。

当输入端全部悬空时，V_1 管的发射结全部截止，U_C 通过 R_1 使 V_1 的集电结及 V_2 和 V_5 的发射结同时导通，使 V_2 和 V_5 处于饱和状态，V_3 和 V_4 处于截止状态。显然有 $U_o = U_{CES5} = 0.3$ V。

通过以上分析可知，当电路输入有低电平时，输出为高电平，而输入全为高电平时，输出为低电平，电路的输入输出关系符合与非逻辑，即

$$Y = \overline{ABC} \tag{3-21}$$

可见，输入端全部悬空和输入端全部接入高电平时，电路工作状态完全相同，因此，TTL 电路的某输入端悬空，可以等效地看做该端接入高电平。实际电路中，悬空易引入干扰，故对不用的输入端一般不悬空，应做相应处理。

2. 其他 TTL 门电路

1）TTL 集电极开路与非门（OC 门）

将两个门电路的输出端直接相连，实现逻辑与的关系称为"线与"。图 3.26 所示为两个与非门"线与"的逻辑图，其输出函数可以写成

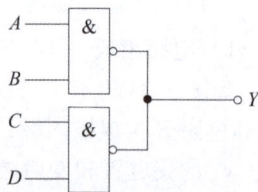

图 3.26 两个与非门"线与"的逻辑图

$$Y = \overline{AB} \cdot \overline{CD} \qquad (3-22)$$

但是，不是所有形式的与非门都可以接成"线与"电路。一般的 TTL 门电路，不论输出高电平还是低电平，输出电阻都比较低，如果将两个输出端直接相连，当一个门的输出为高电平，另一个门输出为低电平时，它们中的导通管就会在电源和地之间形成一个低阻串联通路，因此产生的大电流会导致门电路因功耗过大而损坏，而且即使门电路不被损坏，也不能输出正确的逻辑电平。

为了克服一般 TTL 门电路不能直接相连的缺点，人们研制出集电极开路（输出三极管的集电极与电源正极之间是断开的）与非门，简称 OC 门。图 3.27 所示为 OC 与非门电路原理图及其逻辑符号。

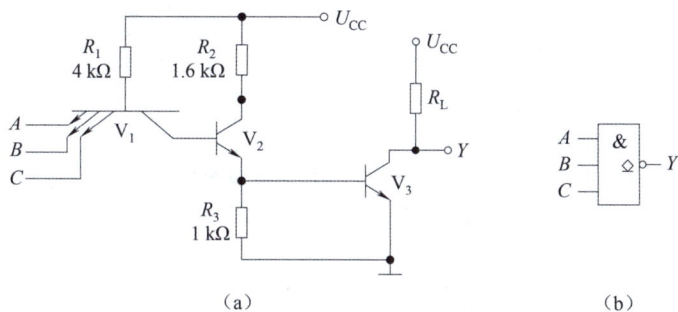

图 3.27　OC 与非门电路及符号

（a）与非门电路原理图；（b）与非门逻辑符号

图 3.27 中，外接电阻 R_L 代替 V_3、V_4 复合管组成的有源负载，工作时需要外接负载电阻 R_L 和电源。只要 R_L 选择恰当，既能保证输出高低电平符合要求，又能使输出三极管的负载电流不致过大。

综上所述，可以得出以下两种 OC 门电路。

（1）单个使用 OC 门时，在输出端与电源 U_{CC} 之间要外接负载电阻 R_L，如图 3.28 所示。

（2）两个或两个以上 OC 门的输出端并联可以实现"线与"关系，如图 3.29 所示。

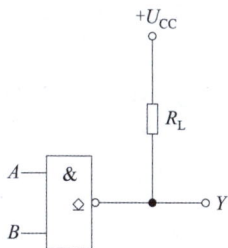

图 3.28　单个 OC 与非门电路接法图　　**图 3.29　两个 OC 与非门电路接法图**

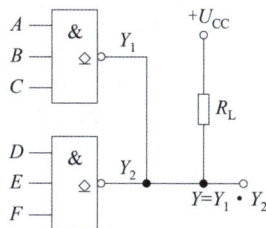

2）TTL 三态门（TS 门）

三态门就是输出有三种状态的与非门，简称 TS 门或 TSL 门。三态门可以输出高电平、低电平以及高阻状态（或称禁止状态）三种状态。图 3.30 所示为 TTL 三态门电路及其逻辑符号。

（1）工作原理。

当 $\overline{E} = 0$ 时，P 点为高电平，V_D 截止对与非门无影响，电路处于正常工作状态，$Y = \overline{AB}$。

当 $\overline{E}=1$ 时，P 点为低电平，V_D 导通，使 V_2 管的集电极电压 $U_{C2}\approx1\text{ V}$，因此 V_4 管截止。同时由于 $\overline{E}=1$，因此 V_1 管的基极电压 $U_{B1}=1\text{ V}$，则 V_2 管、V_5 管截止。这时从输出端看进去，电路处于高阻状态。其真值表如表 3.26 所示。

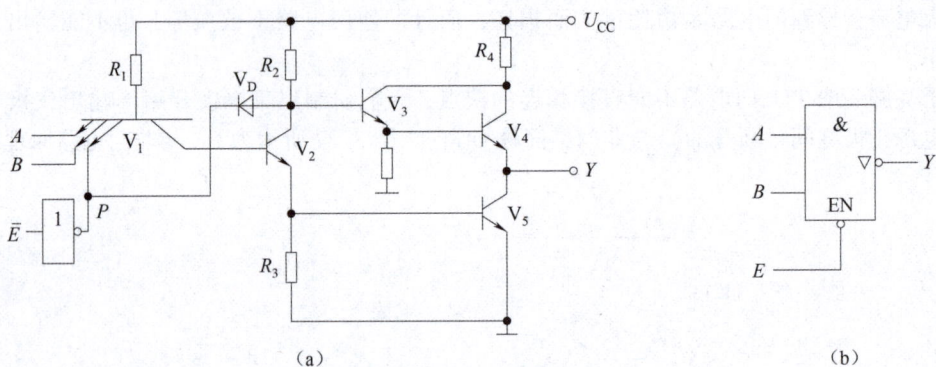

图 3.30　TTL 三态门电路及符号

（a）三态门电路原理图；（b）三态门逻辑符号

表 3.26　TSL 门的真值表

$\overline{E}$	A	B	Y
1	×	×	高阻态
0	0	0	1
0	0	1	1
0	1	0	1
0	1	1	0

从前面的分析可知，三态门在 $\overline{E}=0$ 时，与非门正常工作，所以，$\overline{E}$ 端加小圆圈表示控制端为低电平有效。在实际应用三态门时，还有一种是在控制端为高电平时与非门工作，逻辑符号中 E 端没有小圆圈。因此要注意区分控制端 E 是高电平有效还是低电平有效。

（2）常见 TTL 三态门及其逻辑符号

常见的 TTL 三态门有三态与非门、三态缓冲门、三态非门、三态与门。其逻辑符号如图 3.31 和图 3.32 所示。其中 3.31 为低电平有效的三态门，图 3.32 为高电平有效的三态门。

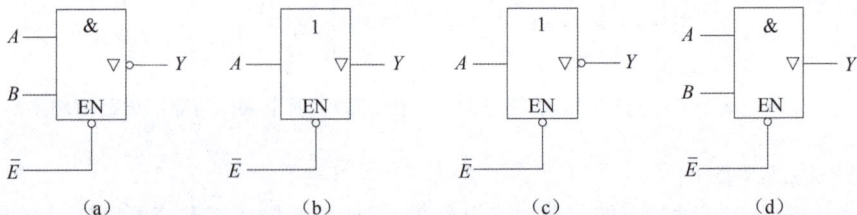

图 3.31　低电平有效的三态门逻辑符号

（a）三态与非门；（b）三态缓冲门；（c）三态非门；（d）三态与门

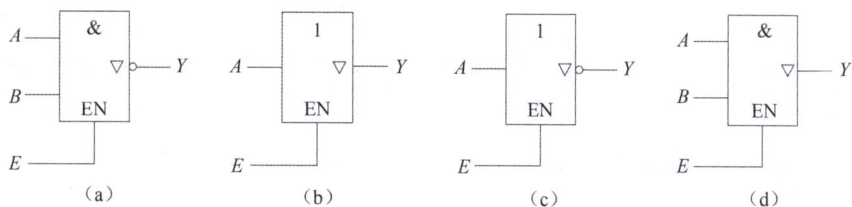

图 3.32 高电平有效的三态门逻辑符号

（a）三态与非门；（b）三态缓冲门；（c）三态非门；（d）三态与门

3. TTL 系列集成电路及使用注意事项

目前，我国 TTL 集成电路有 CT54/74、CT54H/74H、CT54S/74S、CT54LS/74LS 等 4 个系列国家标准集成电路。其中 C 表示中国，T 表示 TTL，54 表示国际通用 54 系列，74 表示国际通用 74 系列，H 表示高速系列，S 表示肖特基系列，LS 表示低功耗肖特基系列。因此，CT54/74 为国产 TTL 标准系列；CT54H/74H 为国产 TTL 高速系列；CT54S/74S 为国产 TTL 肖特基系列；CT54LS/74LS 为国产 TTL 低功耗肖特基系列。

TTL 集成电路在使用时应注意以下事项。

1）多余输入端的处理

为了防止外界干扰信号的影响，TTL 门电路多余输入端一般不要悬空，处理方法应保证电路的逻辑关系，并使其正常而稳定地工作。如与门的多余端应接高电平，或门的多余端应接低电平。

实现高、低电平的方法有两种：

（1）直接接正电源或地。

（2）通过限流电阻接正电源或地。另外，如果工作速度不高，信号源驱动能力较强，多余输入端也可同已经使用的输入端并接使用。

图 3.33 所示为与非门多余输入端的处理方法，图 3.34 所示为或非门多余输入端的处理方法。

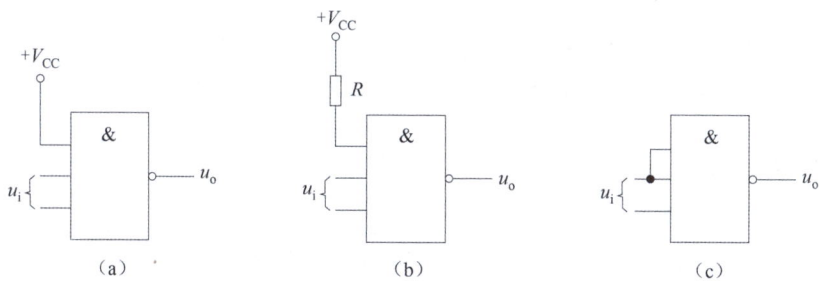

图 3.33 与非门多余输入端的处理方法

（a）接电源；（b）通过 R 接电源；（c）与使用输入端并接

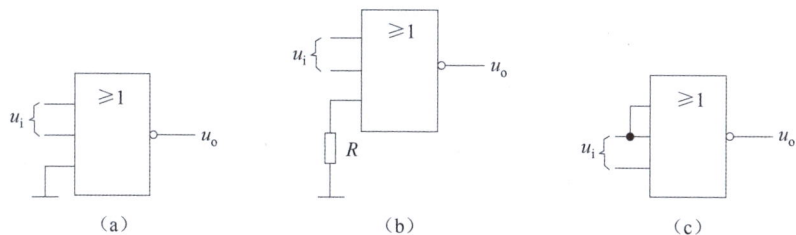

图 3.34 或非门多余输入端的处理方法

（a）接地；（b）通过 R 接地；（c）与使用输入端并接

2）输出端的使用

TTL 电路（三态门除外）的输出端不允许并联使用（即"线与"连接），也不允许直接与电源或地相连，否则将使电路的逻辑混乱并损坏器件。

3.2.3　CMOS 门电路

CMOS 门电路是由 PMOS 管和 NMOS 管构成的互补 MOS 集成电路，具有静态功耗低、抗干扰能力强、工作稳定性好、电源范围广等突出优点，是目前应用较广泛的一种集成电路。

1. CMOS 门电路

1）CMOS 与非门

图 3.35 所示为两输入的 CMOS 与非门电路。V_{N1}、V_{N2} 是两个串联的增强型 NMOS 管，用作驱动管；V_{P1}、V_{P2} 是两个并联的增强型 PMOS 管，用作负载管；A、B 是输入端，Y 是输出端；U_{DD} 为正电源。

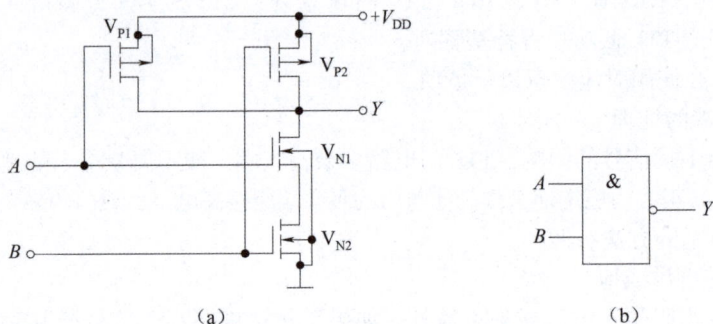

图 3.35　两输入的 CMOS 与非门电路

（a）CMOS 与非门电路图；（b）逻辑符号

下面用正逻辑赋值分析其工作原理。

（1）当 $A=B=0$ 时，V_{N1}、V_{N2} 截止，V_{P1}、V_{P2} 导通，故 $Y=1$。

（2）当 $A=1$、$B=0$ 或 $A=0$、$B=1$ 时，V_{N1}、V_{N2} 中必有一个截止，V_{P1}、V_{P2} 中必有一个导通，故 $Y=1$。

（3）当 $A=B=1$ 时，V_{N1}、V_{N2} 导通，V_{P1}、V_{P2} 截止，故 $Y=0$。

由上述结果列出真值表如表 3.27 所示。

表 3.27　CMOS 与非门的真值表

A	B	Y
0	0	1
0	1	1
1	0	1
1	1	0

可见电路能实现与非逻辑功能，即

$$Y=\overline{A \cdot B} \tag{3-22}$$

2）CMOS 漏极开路与非门（OD 与非门）

CMOS 漏极开路与非门简称 OD 与非门，其电路图及逻辑符号如图 3.36 所示。输出 MOS 管的漏极是开路的，工作时必须外接电阻 R_D 和电源 V_{DD2}，才能实现与非逻辑关系。

工作原理如下：

①当两个输入端 A、B 均输入高电平时，MOS 管导通，漏极输出低电平。

②当两个输入端 A、B 至少有一个输入低电平时，MOS 管截止，漏极输出高电平。

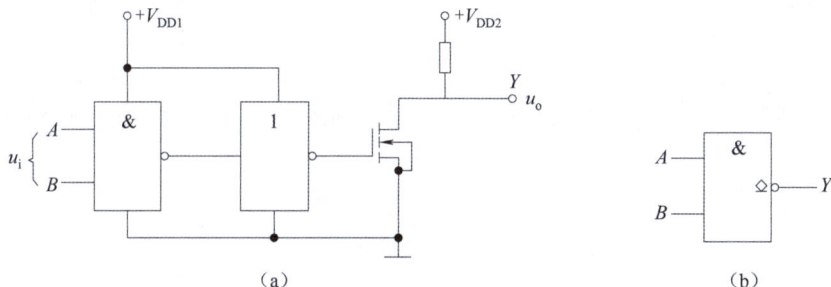

图 3.36　CMOS 漏极开路与非门电路及其逻辑符号

（a）电路图；（b）逻辑符号

3）CMOS 三态门

常见的 CMOS 三态门有多种，图 3.37 所示为 CMOS 三态非门电路及其逻辑符号。其中，V_{P1} 和 V_{N1} 组成 CMOS 反相器，V_{P2} 和 V_{P1} 串联后接电源，V_{N2} 和 V_{P2} 受控制端 $\overline{E}$ 控制，A 是输入端，Y 是输出端。

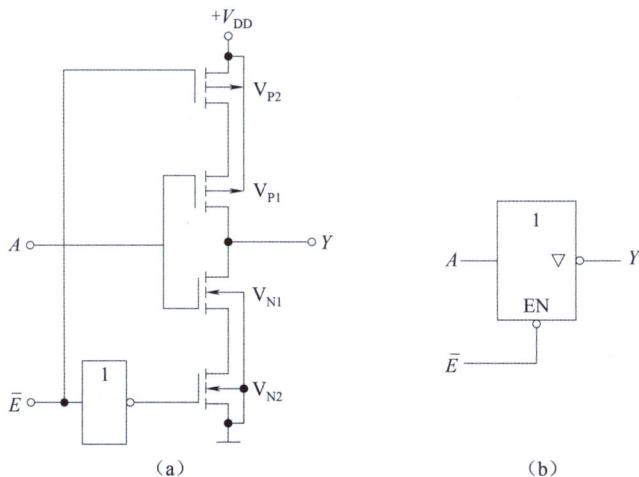

图 3.37　CMOS 三态非门电路及其逻辑符号

（a）CMOS 三态非门电路；（b）逻辑符号

CMOS 三态非门的工作原理如下：

①当 $\overline{E}=0$ 时，V_{P2}、V_{N2} 均导通，电路处于工作状态，$Y=\overline{A}$。

②当 $\overline{E}=1$ 时，V_{P2}、V_{N2} 均截止，输出端如同断开，呈高阻状态。

综上所述，CMOS 三态非门输出端有高阻、高电平、低电平三种状态，表 3.28 所示为 CMOS 三态非门的真值表。

表 3.28　CMOS 三态非门的真值表

A	$\overline{E}$	Y
0	0	1
1	0	0
×	1	高阻状态

2. CMOS 集成电路及使用注意事项

1）CMOS 集成电路产品系列

CMOS 集成逻辑门电路产品目前常用的主要有两大系列：CC4000 系列和 74C××系列。

（1）CC4000 系列。

表 3.29 所示为 CC4000 系列 CMOS 器件型号组成符号和意义。

表 3.29　CC4000 系列 CMOS 器件型号组成符号和意义

第一部分		第二部分		第三部分		第四部分	
产品制造单位		器件系列		器件品种		工作温度范围	
符号	意义	符号	意义	符号	意义	符号	意义
CC	中国制造 CMOS 类型	40	系列符号	阿拉伯数字	器件功能	C	0~70 ℃
CD	美国无线电公司产品	45				E	−40~85 ℃
TC	日本东芝公司产品	145				R	−55~85 ℃
						M	−55~125 ℃

（2）74C××系列。

74C××是普通系列，其功能和引脚排列与 TTL74 系列相同；74HC××系列是高速系列；74HCT××系列是高速且与 TTL 兼容系列；74AC××系列是新型高速系列；74ACT××系列是新型高速且与 TTL 兼容系列。

2）CMOS 集成电路使用注意事项

（1）避免静电损失。

使用 CMOS 集成电路要注意存放环境，防止外来感应电势将栅极击穿。

（2）焊接要求。

焊接时不能使用大功率电烙铁，焊接时间不宜过长，烙铁外壳应接地。

（3）多余输入端的处理方法。

CMOS 电路的输入阻抗高，易受外界干扰的影响，因此该电路的多余输入端不允许悬空，需要按照逻辑要求接电源或接地，或与其他已经使用的输入端相连。

（4）输入信号。

器件的输入信号不允许超出电压范围，若不能保证这一点，必须在输入端串联限流电阻起到保护作用。

（5）接地。

所有测试仪器，外壳必须接地良好。

实施设备与器材

①+5 V 直流电源。②逻辑电平开关。③逻辑电平显示器。④直流电压表。
⑤CD4011（74LS00）×1，CD4012（74LS20）×1，CD4072×1，CD4078×1。

实施内容与步骤

操作与训练的目的

①掌握集成门电路的逻辑功能、使用和测试方法。
②熟悉数字电路实验装置的结构、基本功能和使用方法。

操作与训练的内容

1. 测试与非门逻辑功能

（1）CMOS 集成与非门 CD4011 和 CD4012 引脚排列分别如图 3.38、图 3.39 所示。

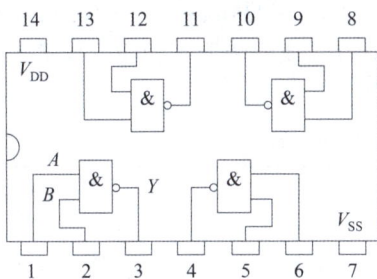

图 3.38　CD4011 引脚排列　　　　图 3.39　CD4012 引脚排列

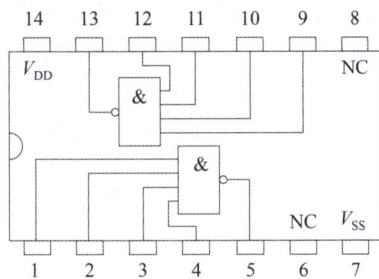

（2）验证与非门的逻辑功能。

按图 3.40 接线，不要漏接集成电路电源。门的四个输入端接逻辑输出插口，以提供"0"与"1"电平信号。控制开关向上，输出逻辑"1"，向下为逻辑"0"。门的输出端接由 LED 发光二极管组成的逻辑电平显示器（也称 0-1指示器）的显示插口，LED 亮为逻辑"1"，不亮为逻辑"0"，并用直流电压表测试其输出电平的大小。按表 3.30 的要求测试 CD4012 中与非门的逻辑功能。同样方法可验证 CD4011 中与非门的好坏。

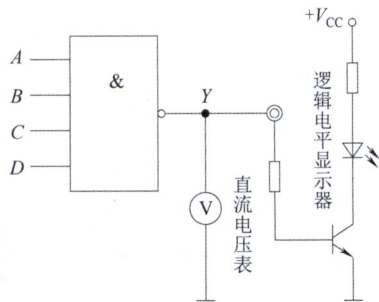

图 3.40　与非门测试电路

表 3.30　与非门逻辑功能测量

输入端				输出端	
				Y	
A	B	C	D	电位/V	逻辑状态
1	1	1	1		
0	1	1	1		
1	0	1	1		
1	1	0	1		
1	1	1	0		

2. 测试或门及或非门逻辑功能

（1）CMOS 集成或门 CD4072 和或非门 CD4078 引脚排列分别如图 3.41、图 3.42 所示。

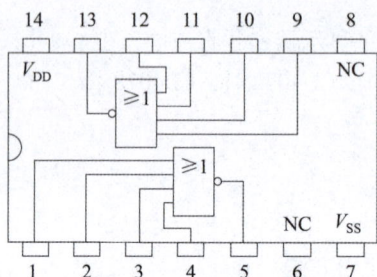

图 3.41　CD4072 引脚排列　　　　图 3.42　CD4078 引脚排列

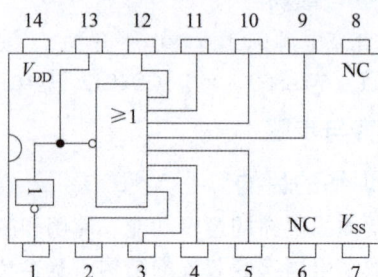

（2）验证或门和或非门的逻辑功能。

和与非门的测试方法相同，被测门电路的输入端接逻辑开关输出插口，以提供"0"与"1"电平信号，门的输出端接由 LED 发光二极管组成的逻辑电平显示器的显示插口，LED 亮为逻辑"1"，不亮为逻辑"0"，按表 3.31 中的真值测试 CD4072 或门的逻辑功能，按表 3.32 中的真值测试 CD4078 或非门的逻辑功能。

表 3.31　或门逻辑功能测量

输入端				输出端	
				1	
2	3	4	5	电位/V	逻辑状态
0	0	0	0		
0	0	0	1		
0	0	1	0		
0	1	0	0		
1	0	0	0		

表 3.32　或非门逻辑功能测量

输入端（状态）								输出端（状态）	
A	B	C	D	E	F	G	H	$Y/13$	$Y/1$
0	0	0	0	0	0	0	0		
0	0	0	0	0	0	0	1		
0	0	0	0	0	0	1	0		
0	0	0	0	0	1	0	0		
0	0	0	0	1	0	0	0		
0	0	0	1	0	0	0	0		

3. 按下面步骤用与非门组成异或门电路

（1）写出异或门的逻辑表达式，并化成与非表达式。

（2）画出用与非门组成的异或门逻辑图。

（3）按图接线，并设计表格进行测试。

检查评估

1. 任务问答

测试与非门逻辑电路的时候有哪些注意事项？

在用分立元件搭建组合逻辑电路时，如何考虑限流电阻对电路效果的影响？

多路与非门在使用时如何确定输入信号路数？

2. 任务评估

任务评估如表 3.33 所示。

表 3.33　任务评估

工作任务				
小组号		工作组成员		
工作时间		完成总时长		
工作任务描述				
小组分工	姓名		工作任务	
任务实施步骤				
序号	工作内容		计划时间	操作员
验收评定			验收人签名	

小结反思

1. 绘制思维导图。

2. 在任务实施中遇到哪些问题？是否解决？如何解决？填入表 3.34 中。

表 3.34　总结反思

遇到的问题	
解决方法	
问题反思	

任务 3.3　安装裁判表决器

任务描述

在实际使用中裁判表决器是一种常见的功能性电路，根据实际需要，完成一个裁判表决器电路的设计，是组合逻辑电路的一个经典的使用场景。

本次任务：准确安装裁判表决器电路。

任务提交：检测结论、任务问答、学习要点、思维导图、检查评估表。

学习导航

本任务参考学时：4 学时。通过本任务学习可以收获：

专业知识

1. 掌握组合逻辑电路的特性。
2. 掌握组合逻辑电路的分析方法。
3. 掌握组合逻辑电路的设计方法。
4. 掌握常用组合逻辑电路的结构及组成。

专业技能

1. 能够完成组合逻辑电路的分析。
2. 能够根据需要设计组合逻辑电路。
3. 能够对电路功能进行验证。

职业素养

1. 通过分析现有的功能电路，掌握组合逻辑电路的分析方法。
2. 养成良好的安全作业意识。
3. 能够团结同学、积极协作。

知识储备

逻辑电路按逻辑功能分为组合逻辑电路和时序逻辑电路两大类。电路在任意时刻的输出状态只取决于该时刻的输入信号，而与该时刻前电路的输出状态无关，这种数字电路称为组合逻辑电路；电路在任意时刻的输出状态不仅与该时刻的输入信号有关，而且与该时刻前电路的输出状态有关的数字电路称为时序逻辑电路。

3.3.1　组合逻辑电路概述

组合逻辑电路的特点是输出与输入的关系具有即时性。图 3.43 所示为组合电路方框图，其中 n 个输入变量（x_1，x_2，$\cdots$，x_n）共有 $2n$ 个可能的组合状态，m 个输出（z_1，z_2，$\cdots$，z_m）可用 m 个逻辑函数来描述，输出与输入之间的逻辑关系可表示为

$$z_i = f_i(x_1, x_2, \cdots, x_n), \quad i = 1, 2, \cdots, m$$

图 3.43　组合逻辑电路方框图

从电路的结构和功能上看，组合逻辑电路具有以下特点：
（1）电路中不存在输出端到输入端的反馈电路。
（2）电路主要由门电路组合而成，不包含存储信息的记忆元件。
（3）电路的输入状态一旦确定，输出状态便被唯一确定。

3.3.2　组合逻辑电路的分析

组合逻辑电路的分析，是指已知组合逻辑电路，求输出变量与输入变量之间的逻辑关系，从而了解电路所实现的逻辑功能，并对给定逻辑电路的工作性能进行评价。其大体步骤如下：
（1）由给定的逻辑图，从输入到输出逐级写出逻辑表达式。

（2）化简逻辑表达式。

（3）列出真值表。

（4）根据真值表对逻辑电路进行分析，确定逻辑功能。

【例3.29】分析图3.44所示组合逻辑电路的逻辑功能。

解： 由逻辑电路图可得

$$Y = \overline{\overline{AB} \cdot \overline{BC} \cdot \overline{AC}}$$

化简得

$$Y = AB + BC + AC$$

根据化简结果列写真值表，如表3.35所示。

图 3.44　例 3.29 逻辑电路图

表 3.35　例 3.29 的真值表

A	B	C	Y
0	0	0	0
0	0	1	0
0	1	0	0
0	1	1	1
1	0	0	0
1	0	1	1
1	1	0	1
1	1	1	1

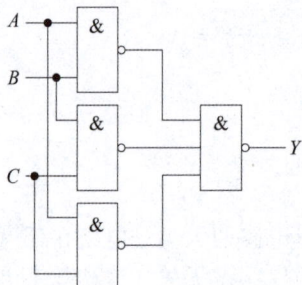

从真值表可以看出，若输入两个或者两个以上的1（或0），输出 Y 为1（或0），即输出信号 Y 总是与输入信号的多数电平相一致，此电路在实际应用中可作为多数表决电路使用。

【例3.30】分析图3.45所示组合逻辑电路，说明电路的功能，并对电路性能做出评价。

解： 由逻辑电路图可得

$$Y = \overline{AB} + \overline{\overline{A}\ \overline{B}} + \overline{AB} \tag{3-23}$$

用公式化简法得最简表达式为

$$Y = (A \oplus B) + A\overline{B} = A\overline{B} + \overline{A}B + AB = \overline{A}B + AB = A \oplus B$$

根据化简后的逻辑表达式列出真值表，如表3.36所示。

表 3.36　例 3.30 的真值表

A	B	Y
0	0	0
0	1	1
1	0	1
1	1	0

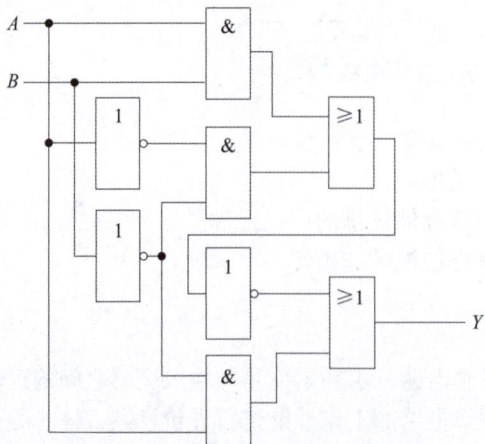

图 3.45　例 3.30 逻辑电路图

由真值表可知，该电路能够完成异或运算功能。由于本电路采用 3 个非门、3 个与门、2 个或门来实现异或功能，显然，该电路可以使用一个异或门来实现，因此该电路的设计是不经济的。

3.3.3 组合逻辑电路的设计

1. 衡量工程上最佳设计的指标

组合逻辑电路的设计和分析是互逆过程。组合逻辑电路设计的目的是根据给定的逻辑功能要求设计最佳电路。工程上的最佳设计需要用多个指标去衡量，主要有以下几个方面：

（1）所用的逻辑器件数目最少，器件的种类最少，且器件之间的连线最简单，这样的电路称为"最小化"电路。

（2）满足速度要求，应使级数尽量少，以减少门电路的延迟。

（3）功耗小，工作稳定可靠。

注意："最小化"电路不一定是"最佳化"电路，必须从经济指标和速度、功耗等多个指标综合考虑，才能设计出最佳电路。

2. 组合逻辑电路设计的大体步骤

（1）根据设计要求，确定输入、输出变量的符号和个数，并对它们进行逻辑赋值，即确定 0 和 1 代表的含义。

（2）根据逻辑功能和上面的规定，列出真值表。

（3）根据真值表得到逻辑函数表达式并化简，根据选用的门电路的类型将逻辑表达式变换成所需要的形式。

（4）根据变换后的逻辑函数表达式画出逻辑图。

【例 3.31】交叉路口的交通管制灯有三个，分红、黄、绿三色。正常工作时，应该只有一盏灯亮，其他情况均属电路故障。试设计故障报警电路，要求用与非门实现。

解：确定输入、输出变量符号和个数，并进行逻辑赋值。

设定红、黄、绿三灯分别用 R、Y、G 表示输入变量，故障报警用 Z 表示输出变量。灯亮用 1 表示，灯灭用 0 表示；故障报警用 1 表示，正常工作用 0 表示，列出真值表如表 3.37 所示。

画出卡诺图（图 3.46），得到电路的逻辑表达式为

$$Z = \overline{RGB} + RY + YG + RG = \overline{\overline{R}\,\overline{Y}\,\overline{G} \cdot \overline{RY} \cdot \overline{YG} \cdot \overline{RG}}$$

根据逻辑表达式画出故障报警逻辑电路图，如图 3.47 所示。

表 3.37　真值表

R	Y	G	Z
0	0	0	1
0	0	1	0
0	1	0	0
0	1	1	1
1	0	0	0
1	0	1	1
1	1	0	1
1	1	1	1

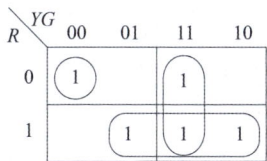

图 3.46　故障报警卡诺图

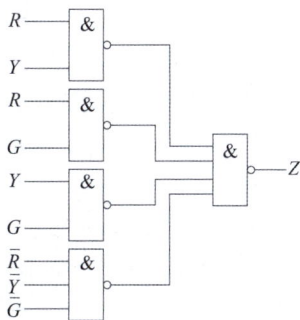

图 3.47　故障报警逻辑电路图

3.3.4　用译码器实现组合逻辑函数

译码器种类繁多，在组合逻辑电路的设计中应用较多的是3线–8线译码器74LS138，用它还可以扩展为4线–16线译码器、5线–32线译码器等，从而扩大了它的使用范围。本节重点介绍74LS138实现组合逻辑函数的方法。

1. 74LS138译码器组合电路的分析

通过3.3.1节的介绍可知，74LS138具有以下特点：

（1）功能控制端 $S_1\overline{S_2}\,\overline{S_3}=100$，正常实现译码任务，若 $S_1\overline{S_2}\,\overline{S_3}\neq100$，则全部输出端都将为高电平1。

（2）正常译码时，输出端 $\overline{Y_0}\sim\overline{Y_7}$ 分别对应 $\overline{m_0}\sim\overline{m_7}$，即输出包含了全部最小项的非，输出端是低电平0有效。

【例3.32】 分析如图3.48所示电路，要求：

（1）写出函数 Y 的表达式。

（2）列出 Y 的真值表。

（3）判断电路的功能。

解： 由电路图可得

$$Y=\overline{\overline{Y_1}\,\overline{Y_2}\,\overline{Y_4}\,\overline{Y_7}}=\overline{\overline{m_1}\,\overline{m_2}\,\overline{m_4}\,\overline{m_7}}=m_1+m_2+m_4+m_7=\sum m(1,\ 2,\ 4,\ 7) \tag{3-24}$$

由式（3-24）可得真值表，如表3.38所示。

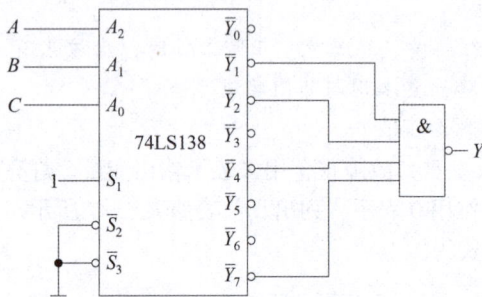

图3.48　例3.31电路图

表3.38　例3.31真值表

A	B	C	Y
0	0	0	0
0	0	1	1
0	1	0	1
0	1	1	0
1	0	0	1
1	0	1	0
1	1	0	0
1	1	1	1

分析功能：当 A、B、C 三变量中"1"的个数为奇数时，输出 $Y=1$，否则 $Y=0$，故电路为三变量判奇电路。

【例3.33】 分析如图3.49所示电路，要求：

（1）写出函数 Y_1 的表达式及 $\overline{Y_1}$ 的表达式。

（2）结合例3.32，列出 Y、Y_1、$\overline{Y_1}$ 的真值表。

（3）总结74LS138实现同一函数的规律。

解：（1）由电路图可得

$$Y_1=\overline{\overline{Y_0}\,\overline{Y_3}\,\overline{Y_5}\,\overline{Y_6}}=\overline{\overline{m_0}\,\overline{m_3}\,\overline{m_5}\,\overline{m_6}}=\overline{m_0+m_3+m_5+m_6} \tag{3-25}$$

对式两边求反，得

$$\overline{Y_1} = m_0 + m_3 + m_5 + m_6 = \sum m(0,~3,~5,~6) \qquad (3\text{-}26)$$

（2）由表达式（3-24）、式（3-25）、式（3-26）可以获得函数 Y、Y_1、$\overline{Y_1}$ 的真值表，如表 3.39 所示。

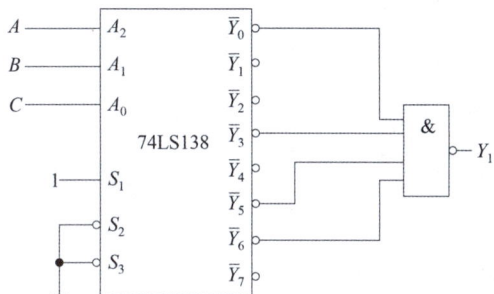

图 3.49　例 3.33 电路图

表 3.39　例 3.33 的真值表

A	B	C	Y	$\overline{Y_1}$	Y_1
0	0	0	0	1	0
0	0	1	1	0	1
0	1	0	1	0	1
0	1	1	0	1	0
1	0	0	1	0	1
1	0	1	0	1	0
1	1	0	0	1	0
1	1	1	1	0	1

（3）由表 3.39 可以看出，Y 和 $\overline{Y_1}$ 互为反函数，因此 $Y = Y_1$。总结以上特点，用 74LS138 实现同一逻辑函数有两种方法：

方法一：将真值表中对应 Y 为"1"的所有最小项的输出端通过一个"与非门"输出。

方法二：将真值表中对应 Y 为"0"的所有最小项的输出端通过一个"与门"输出。

【例 3.34】如图 3.50 所示电路，写出 Y_1、Y_2 的逻辑表达式。

解： 根据例 3.32、例 3.33 总结的规律，Y_1 是与门输出，则与门输入端连接的是对应值为"0"的最小项，不连接与门的是对应值为"1"的最小项，因此可直接得到 Y_1 的表达式。

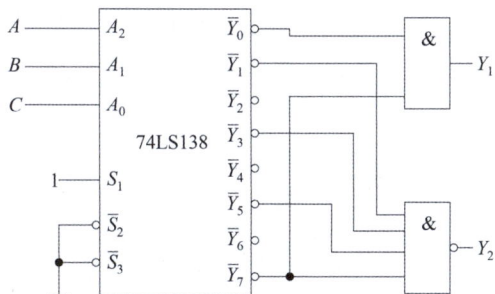

图 3.50　例 3.34 电路图

$$Y_1 = \sum m(1,~2,~3,~4,~5,~6)$$

Y_2 是与非门输出，与该与非门输入端连接的是 $Y_2 = 1$ 的最小项，所以 Y_2 的表达式为

$$Y_2 = \sum m(1,~3,~5,~7) \qquad (3\text{-}27)$$

2. 74LS138 译码器组合电路的设计

【例 3.35】试用 74LS138 和一个与非门实现三变量函数 $Y = \overline{A}BC + A\overline{B}C + ABC$。

解： $Y = \overline{A}BC + A\overline{B}C + ABC = \sum m(3,~5,~7)$，如图 3.51 所示。

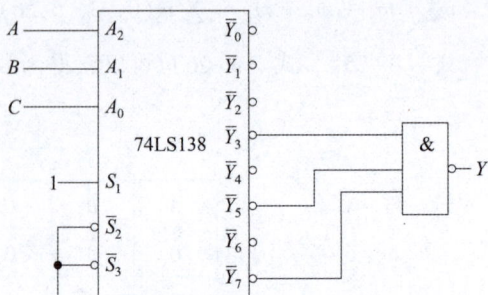

图 3.51　例 3.35 电路图

任务实施

实施设备与器材

数字电路实验室、常用与非门、四输入与门、EDA 软件。

实施内容与步骤

1）确定裁判表决器的功能

通过组员讨论，确定 4 人表决器或者 3 人表决器的功能。例如，要求如果同意通过人数大于不同意通过人数则结果为通过，反之则不通过；如果同意通过人数等于不同意通过人数，则以主裁判的决定为最终结果；裁判不可弃权，只能选择通过或者不通过。通过时有红灯亮起。

设计 4 人表决器或者 5 人表决器的功能。

2）安装和测定裁判表决电路

根据裁判表决器的功能要求，进行逻辑赋值。

根据赋值结果列写真值表。

根据真值表写出逻辑表达式。

根据已有器件选定器件。

根据化简后的逻辑表达式画出逻辑电路图。

采用软件仿真表决器电路。

列出仿真结果表。

检查评估

1. 任务问答

（1）组合逻辑电路设计过程中要求器件最少、种类最少，这样的电路是不是要求将电路表达式化简为最简式？

（2）在组合逻辑电路设计过程中包含哪几个基本步骤？

（3）设计一个三人表决电路，分别用与门和或门来实现，写出两个不同的表达式。

2. 任务评估

任务评估如表 3.40 所示。

表 3.40　任务评估

工作任务				
小组号		工作组成员		
工作时间		完成总时长		
工作任务描述				
小组分工	姓名	工作任务		
任务实施步骤				
序号	工作内容		计划时间	操作员
验收评定			验收人签名	

小结反思 NEWST

1. 绘制思维导图。

2. 在任务实施中遇到哪些问题？是否解决？如何解决？填入表 3.41 中。

表 3.41　总结反思

遇到的问题	
解决方法	
问题反思	

项目4　制作加法器

项目描述

在日常生活中，在很多的游戏环节和工作环节，都可以使用到智能抢答器，在抢答器的使用过程中需要根据抢答器的功能进行设计。

项目流程

要完成这个电路的安装任务，需要掌握该电路的几个组成部分，即编码器和译码器电路，优先译码器的使用方法，七段译码器的使用方法和智能抢答器的制作四部分。为了掌握这四部分电路的安装和工作原理，需要对以下内容进行学习：

1. 编码器和译码器电路。2. 优先译码器的使用方法。3. 七段译码器的使用方法。4. 智能抢答器。

为了完成电路设计和安装，我们按照以下步骤进行学习。

```
编码器和        优先译码器      七段译码器      智能抢答器
译码器电路
```

任务4.1　编码电路

任务描述

编码器和译码器电路。

本次任务：掌握编码器和译码器电路。

任务提交：检测结论、任务问答、学习要点、思维导图、检查评估表。

学习导航

本任务参考学时：4学时。通过本任务学习可以收获：

专业知识

1. 掌握编码器和基本结构。
2. 掌握译码电路的结构。

专业技能

1. 能够分析编码电路。
2. 能够设计译码电路。

职业素养

1. 通过设计电路养成科学严谨的分析能力。
2. 通过小组协作具备协作能力。

知识储备

在数字系统中，常常需要将某一信息变换成某一特定的代码输出。这种将特定含义的输入信号（如数字、某种文字、符号等）转换成输出端二进制代码的过程，称为编码。具有编码功能的逻辑电路称为编码器。按照编码方式不同，编码器可分为普通编码器和优先编码器；按照输出代码种类的不同，编码器可分为二进制编码器和非二进制编码器。

常用的编码器有二进制编码器、二进制优先编码器和二–十进制编码器等。

4.1.1 二进制编码器

二进制编码器是用 n 位二进制数把某种信号编成 2^n 个二进制代码的逻辑电路，属于普通编码器。常见的二进制编码器有 8 线–3 线编码器（输入端有 8 条线，输出端有 3 条线）、16 线–4 线编码器等。现以 8 线–3 线编码器为例说明其工作原理。

如图 4.1 所示，该编码器有 8 个输入信号，分别为 i_0、i_1、i_2、i_3、i_4、i_5、i_6、i_7，低电平有效；3 个输出端，分别为 Y_2、Y_1、Y_0。其真值表如表 4.1 所示。当某一个输入端为低电平时，就输出与该输入端相对应的代码。

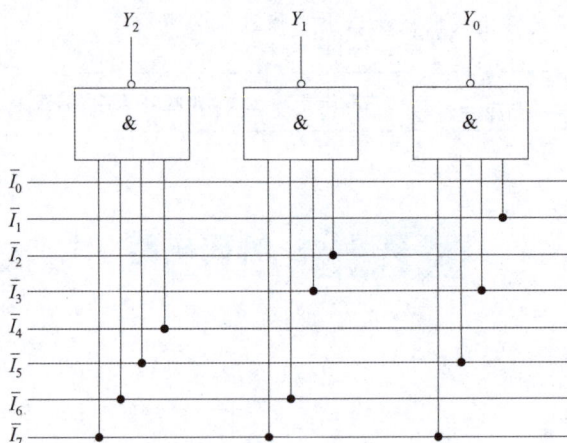

图 4.1 3 位二进制编码器

表 4.1 3 位二进制编码器真值表

输入								输出		
$\overline{I_0}$	$\overline{I_1}$	$\overline{I_2}$	$\overline{I_3}$	$\overline{I_4}$	$\overline{I_5}$	$\overline{I_6}$	$\overline{I_7}$	Y_2	Y_1	Y_0
0	1	1	1	1	1	1	1	0	0	0
1	0	1	1	1	1	1	1	0	0	1
1	1	0	1	1	1	1	1	0	1	0
1	1	1	0	1	1	1	1	0	1	1

输入								输出		
$\bar{I}_0$	$\bar{I}_1$	$\bar{I}_2$	$\bar{I}_3$	$\bar{I}_4$	$\bar{I}_5$	$\bar{I}_6$	$\bar{I}_7$	Y_2	Y_1	Y_0
1	1	1	1	0	1	1	1	1	0	0
1	1	1	1	1	0	1	1	1	0	1
1	1	1	1	1	1	0	1	1	1	0
1	1	1	1	1	1	1	0	1	1	1

由表 4.1 可得 3 位二进制编码器输出信号的逻辑表达式

$$Y_2 = \overline{\bar{I}_4 \bar{I}_5 \bar{I}_6 \bar{I}_7}$$

$$Y_1 = \overline{\bar{I}_2 \bar{I}_3 \bar{I}_6 \bar{I}_7}$$

$$Y_0 = \overline{\bar{I}_1 \bar{I}_3 \bar{I}_5 \bar{I}_7}$$

4.1.2 二进制优先编码器

普通编码器电路简单,但同时两个或更多个输入信号有效时,其输出是混乱的。在控制系统中被控对象往往不止一个,因此必须对多个对象输入的控制量进行处理。目前广泛使用的是优先编码器,它允许若干输入信号同时有效,编码器按照输入信号的优先级别进行编码。

常见的集成二进制 8 线-3 线优先编码器 74LS148,可以将 8 条输入数据线编码为二进制的 3 条输出数据线。它对输入端采用优先编码,以保证只对最高位的数据线进行编码。

图 4.2 所示为 74LS148 引脚排列,图中引脚 10、11、12、13、1、2、3、4 为 8 个输入信号端,引脚 6、7、9 为 3 个输出端,引脚 5 为使能输入端,引脚 14、15 为用于扩展功能的输出端。

表 4.2 所示为 74LS148 功能表,表中输入输出信号均为低电平有效。优先级别高低次序依次为 i_7、i_6、i_5、i_4、i_3、i_2、i_1、i_0,因此 i_7 优先级最高,i_0 最低。当 $S = 0$ 时,允许编码,且输出优先级别高的有效输入对应的编码;$S = 1$ 时,禁止编码,输出端均为无效高电平,即 $Y_2 Y_1 Y_0 = 111$,且 $Y_{EX} = 1$,$Y_S = 1$。Y_S 为使能输出端,主要用于级联,一般接到下一片的 $\bar{S}$。当 $\bar{S} = 0$ 允许工作时,如果 $i_0 \sim i_7$ 端有输入信号有效,$\bar{Y}_S = 1$;如果 $I_0 \sim I_7$ 端无输入信号有效,$Y_S = 0$。Y_{EX} 为扩展输出端,$Y_{EX} = 0$ 表示 $Y_2 Y_1 Y_0$ 的输出是输入信号编码输出的结果。

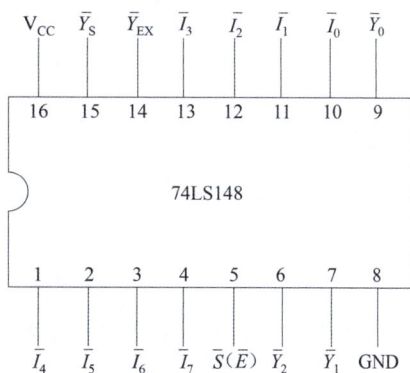

图 4.2 74LS148 引脚排列

表 4.2 74LS148 功能表

输入信号（条件）								输出信号（结果）				
$\bar{S}$	$\bar{I}_7$	$\bar{I}_6$	$\bar{I}_5$	$\bar{I}_4$	$\bar{I}_3$	$\bar{I}_2$	$\bar{I}_1$	$\bar{I}_0$	$\bar{Y}_2$	$\bar{Y}_1$	$\bar{Y}_0$	$\bar{Y}_S$	$\bar{Y}_{EX}$
1	×	×	×	×	×	×	×	×	1	1	1	1	1
0	0	×	×	×	×	×	×	×	0	0	0	1	0

输入信号（条件）									输出信号（结果）				
$\bar{S}$	$\bar{I}_7$	$\bar{I}_6$	$\bar{I}_5$	$\bar{I}_4$	$\bar{I}_3$	$\bar{I}_2$	$\bar{I}_1$	$\bar{I}_0$	$\bar{Y}_2$	$\bar{Y}_1$	$\bar{Y}_0$	$\bar{Y}_S$	$\bar{Y}_{EX}$
0	1	0	×	×	×	×	×	×	0	0	1	1	0
0	1	1	0	×	×	×	×	×	0	1	0	1	0
0	1	1	1	0	×	×	×	×	0	1	1	1	0
0	1	1	1	1	0	×	×	×	1	0	0	1	0
0	1	1	1	1	1	0	×	×	1	0	1	1	0
0	1	1	1	1	1	1	0	×	1	1	0	1	0
0	1	1	1	1	1	1	1	0	1	1	1	1	0
0	1	1	1	1	1	1	1	1	1	1	1	0	1

【例 4.1】 试用 2 片 74LS148 扩展成 16 线–4 线优先编码器。

解：如图 4.3 所示用 2 片 74LS148 扩展成 16 线–4 线优先编码器。

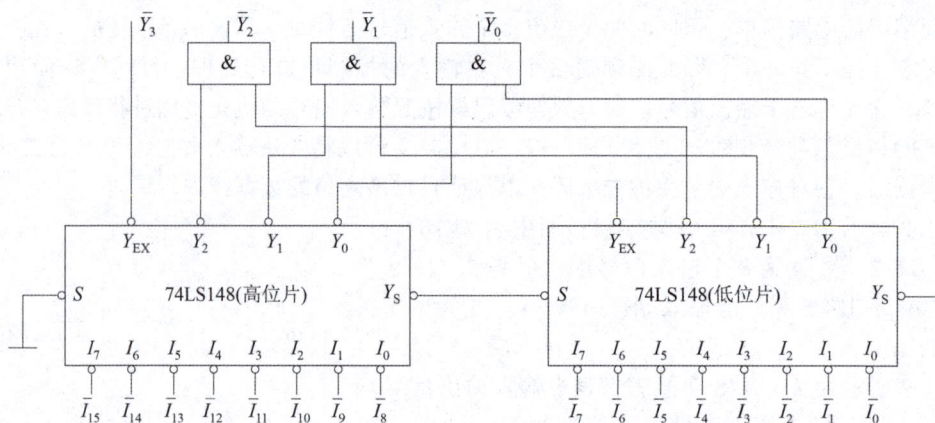

图 4.3　用 2 片 74LS148 扩展成 16 线–4 线优先编码器

4.1.3　二–十进制编码器

二–十进制编码器是将十进制的 10 个数码 0、1、2、3、4、5、6、7、8、9（或其他 10 个信息）编成二进制代码的逻辑电路。这种二进制代码也称二–十进制代码，简称 BCD 码。二–十进制编码器是 10 线–4 线编码器，即有 10 个输入端、4 个输出端。该编码器的真值表如表 4.3 所示。

表 4.3　二–十进制编码器的真值表

十进制数	输入端										输出端			
	I_0	I_1	I_2	I_3	I_4	I_5	I_6	I_7	I_8	I_9	Y_3	Y_2	Y_1	Y_0
0	1	0	0	0	0	0	0	0	0	0	0	0	0	0
1	0	1	0	0	0	0	0	0	0	0	0	0	0	1

十进制数	输入端										输出端			
	I_0	I_1	I_2	I_3	I_4	I_5	I_6	I_7	I_8	I_9	Y_3	Y_2	Y_1	Y_0
2	0	0	1	0	0	0	0	0	0	0	0	0	1	0
3	0	0	0	1	0	0	0	0	0	0	0	0	1	1
4	0	0	0	0	1	0	0	0	0	0	0	1	0	0
5	0	0	0	0	0	1	0	0	0	0	0	1	0	1
6	0	0	0	0	0	0	1	0	0	0	0	1	1	0
7	0	0	0	0	0	0	0	1	0	0	0	1	1	1
8	0	0	0	0	0	0	0	0	1	0	1	0	0	0
9	0	0	0	0	0	0	0	0	0	1	1	0	0	1

由表4.3可以写出各输出逻辑函数式为

$$Y_3 = I_8 + I_9$$

$$Y_2 = I_4 + I_5 + I_6 + I_7$$

$$Y_1 = I_2 + I_3 + I_6 + I_7$$

$$Y_0 = I_1 + I_3 + I_5 + I_7 + I_9$$

根据上述逻辑函数表达式得到最常见的8421BCD码编码器，如图4.4所示。其中，输入信号 $I_0 \sim I_9$ 代表0~9共10个十进制信号，此电路为输入高电平有效，输出信号 $Y_0 \sim Y_3$ 为相应二进制代码，其中S为拨盘开关，当需要转换某一个十进制数时，就将拨盘开关拨到相应的输入端上。

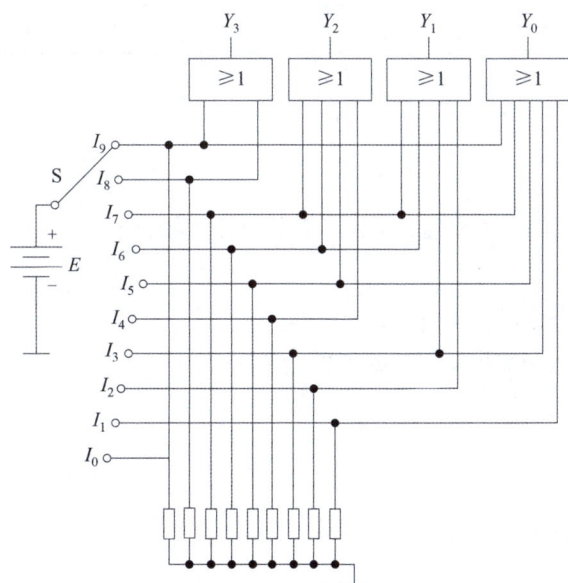

图4.4 最常见的8421BCD码编码器

4.1.4 二-十进制优先编码器

74LS147 是一种集成二-十进制优先编码器，下面以 74LS147 为例介绍二-十进制优先编码器的特点和应用。图 4.5 所示为 74LS147 的引脚排列图，表 4.4 所示为其真值表。

由表 4.4 可以看出，输入低电平有效，输出的是 8421BCD 码的反码，输入端采用优先编码，$\bar{I}_9$ 的级别最高，$\bar{I}_0$ 的级别最低，$\bar{I}_0$ 在真值表中并没有出现，当 $\bar{I}_0 \sim \bar{I}_9$ 均无效时输出为 1111，就是 $\bar{I}_0$ 的编码。

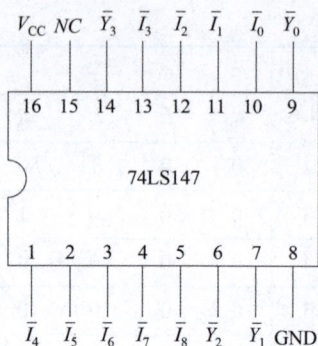

图 4.5 74LS147 引脚排列图

表 4.4 二-十进制优先编码器的真值表

$\bar{I}_1$	$\bar{I}_2$	$\bar{I}_3$	$\bar{I}_4$	$\bar{I}_5$	$\bar{I}_6$	$\bar{I}_7$	$\bar{I}_8$	$\bar{I}_9$	$\bar{Y}_3$	$\bar{Y}_2$	$\bar{Y}_1$	$\bar{Y}_0$
1	1	1	1	1	1	1	1	1	1	1	1	1
×	×	×	×	×	×	×	×	0	0	1	1	0
×	×	×	×	×	×	×	0	1	0	1	1	1
×	×	×	×	×	×	0	1	1	1	0	0	0
×	×	×	×	×	0	1	1	1	1	0	0	1
×	×	×	×	0	1	1	1	1	1	0	1	0
×	×	×	0	1	1	1	1	1	1	0	1	1
×	×	0	1	1	1	1	1	1	1	1	0	0
×	0	1	1	1	1	1	1	1	1	1	0	1
0	1	1	1	1	1	1	1	1	1	1	1	0

任务实施

实施设备与器材

电子实训台、电子元件、集成运放电路、功放电路常用仪表。

实施内容与步骤

1. 用 LS148 搭建一个 16 线-4 线优先编码器。
2. 记录编码器的输入和输出结果，验证译码器的功能。

检查评估

1. 任务问答

编码器的主要功能是什么？

2. 任务评估

任务评估如表 4.5 所示。

表 4.5 任务评估

工作任务			
小组号		工作组成员	
工作时间		完成总时长	
工作任务描述			
小组分工	姓名	工作任务	
任务实施步骤			
序号	工作内容	计划时间	操作员
验收评定		验收人签名	

小结反思 NEWS!

1. 绘制思维导图。

学习笔记

2. 在任务实施中遇到哪些问题？是否解决？如何解决？填入表4.6中。

表 4.6　总结反思

遇到的问题	
解决方法	
问题反思	

任务 4.2　译码器的使用

任务描述

在使用过程中，除了需要编码，还需要使用译码电路。译码电路具有什么功能？我们如何设计译码电路？

本次任务：准确安装译码电路。

任务提交：检测结论、任务问答、学习要点、思维导图、检查评估表。

学习导航

本任务参考学时：4学时。通过本任务学习可以收获：

专业知识

1. 掌握译码电路的特性。

2. 掌握译码电路的构成。

3. 掌握译码电路的分析方法。

专业技能

1. 能够分析译码电路的特性。

2. 能够分析译码电路。

3. 能够选择合适的电路和元件构成译码电路。

职业素养

1. 通过译码电路的构成和结构，提升分析能力。

2. 养成良好的安全作业意识。

3. 能够团结同学，积极协作。

译码是编码的逆过程，译码器的功能是将输入的二进制代码译成与代码对应的输出信号。实现译码功能的数字电路称为译码器。译码器分为变量译码器和显示译码器。变量译码器有二进制译码器和非二进制译码器。

4.2.1 二进制译码器

将二进制代码译成对应的输出信号的电路称为二进制译码器。图 4.6 所示为二进制译码器的方框图。

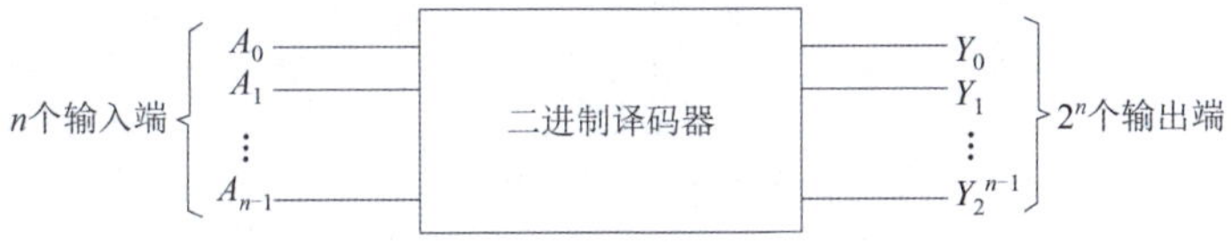

图 4.6 二进制译码器的方框图

图 4.6 中，输入信号是二进制代码，输出信号是一组高低电平信号。对应输入信号的任何一种取值组合，只有一个相应的输出端为有效电平，其余输出端均为无效电平。若输入是 n 位二进制代码，译码器必然有 2^n 根输出线。因此，2 位二进制译码器有 4 根输出线，也称 2 线–4 线译码器；3 位二进制译码器有 8 根输出线，也称 3 线–8 线译码器。

74LS138 是由 TTL 与非门组成的 3 线–8 线译码器。它的逻辑图如图 4.7（a）所示，其符号如图 4.7（b）所示。

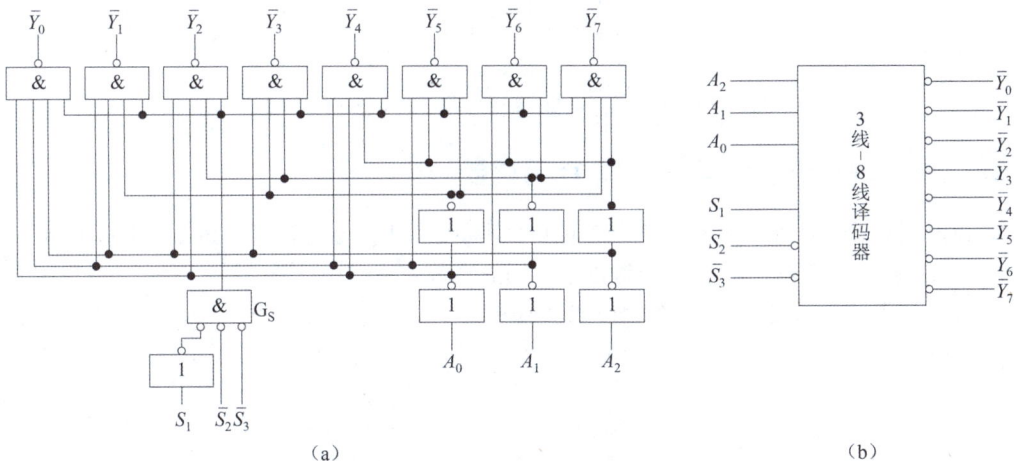

（a）

（b）

图 4.7 74LS138 逻辑图及符号

（a）逻辑图；（b）符号

当附加控制门 G_s 的输出为高电平（$S=1$）时，可由逻辑图写出

$$\overline{Y_0}=\overline{\overline{A_2}\,\overline{A_1}\,\overline{A_0}S},\quad \overline{Y_1}=\overline{\overline{A_2}\,\overline{A_1}A_0S},\quad \overline{Y_2}=\overline{\overline{A_2}A_1\overline{A_0}S},\quad \overline{Y_3}=\overline{\overline{A_2}A_1A_0S}$$

$$\overline{Y_4}=\overline{A_2\overline{A_1}\,\overline{A_0}S},\quad \overline{Y_5}=\overline{A_2\overline{A_1}A_0S},\quad \overline{Y_6}=\overline{A_2A_1\overline{A_0}S},\quad \overline{Y_7}=\overline{A_2A_1A_0S}$$

式中，$S=S_1\overline{S_2}\,\overline{S_3}$。$S_1$、$\overline{S_2}$、$\overline{S_3}$ 是 74LS138 设有的 3 个附加的控制端，也称"片选"输入端（或称

功能控制端）。当 $S_1=1$，$\bar{S}_2=\bar{S}_3=0$ 时，G_s 的输出端为高电平（$S=1$），译码器处于工作状态，否则译码器被禁止，所有的输出端被封锁在高电平。利用片选端的作用可以将多片 74LS138 连接起来以扩展译码器的功能。

【例 4.2】 试用 2 片 74LS138 实现 4 线-16 线译码器。

解： 把 2 片 74LS138 适当连接可以实现 4 线-16 线译码器，如图 4.8 所示。

D、C、B、A 为输入，其中 C、B、A 作为低三位，直接与 $1^\#$ 或 $2^\#$ 片的 A_2、A_1、A_0 相连，D 为最高位用来作片选信号，$L_0 \sim L_{15}$ 为输出。

当 $D=0$ 时，$1^\#$ 片工作，$2^\#$ 片禁止工作；当 $D=1$ 时，$2^\#$ 片工作，$1^\#$ 片禁止工作。

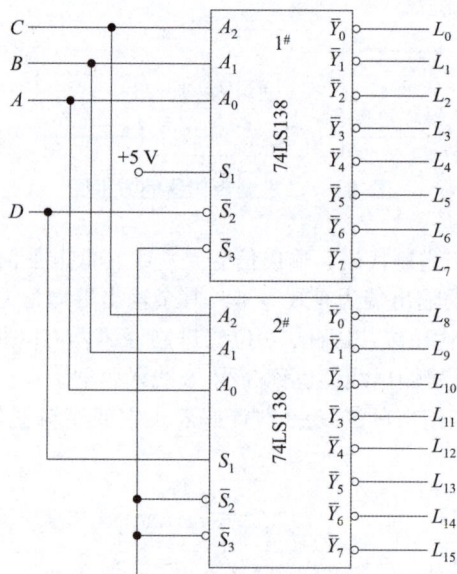

图 4.8　2 片 74LS138 连接实现 4 线-16 线译码器

4.2.2　二-十进制译码器（BCD 译码器）

将 BCD 代码译成十个对应的输出信号的电路称为二-十进制译码器。BCD 代码是由 4 个变量组成的，故电路有 4 个输入端、10 个输出端，因此也称 4 线-10 线译码器。

图 4.9 所示为二-十进制译码器 74LS42 的逻辑图。

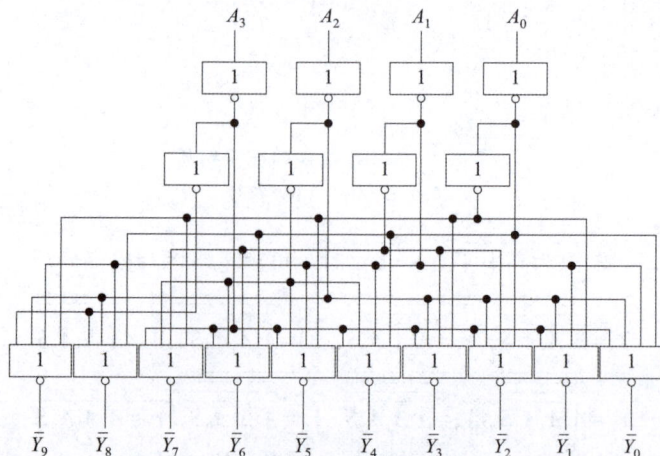

图 4.9　二-十进制译码器 74LS42 的逻辑图

由图 4.9 可以得到逻辑表达式

$$\overline{Y}_0 = \overline{\overline{A}_3\overline{A}_2\overline{A}_1\overline{A}_0},\ \overline{Y}_1 = \overline{\overline{A}_3\overline{A}_2\overline{A}_1A_0},\ \overline{Y}_2 = \overline{\overline{A}_3\overline{A}_2A_1\overline{A}_0},\ \overline{Y}_3 = \overline{\overline{A}_3\overline{A}_2A_1A_0},$$

$$\overline{Y}_4 = \overline{\overline{A}_3A_2\overline{A}_1\overline{A}_0},\ \overline{Y}_5 = \overline{\overline{A}_3A_2\overline{A}_1A_0},\ \overline{Y}_6 = \overline{\overline{A}_3A_2A_1\overline{A}_0},\ \overline{Y}_7 = \overline{\overline{A}_3A_2A_1A_0},$$

$$\overline{Y}_8 = \overline{A_3\overline{A}_2\overline{A}_1\overline{A}_0},\ \overline{Y}_9 = \overline{A_3\overline{A}_2\overline{A}_1A_0}$$

根据逻辑表达式列出真值表，如表 4.7 所示。

表 4.7　二-十进制译码器的真值表

序号	输入				输出									
	A_3	A_2	A_1	A_0	$\overline{Y}_0$	$\overline{Y}_1$	$\overline{Y}_2$	$\overline{Y}_3$	$\overline{Y}_4$	$\overline{Y}_5$	$\overline{Y}_6$	$\overline{Y}_7$	$\overline{Y}_8$	$\overline{Y}_9$
0	0	0	0	0	0	1	1	1	1	1	1	1	1	1
1	0	0	0	1	1	0	1	1	1	1	1	1	1	1
2	0	0	1	0	1	1	0	1	1	1	1	1	1	1
3	0	0	1	1	1	1	1	0	1	1	1	1	1	1
4	0	1	0	0	1	1	1	1	0	1	1	1	1	1
5	0	1	0	1	1	1	1	1	1	0	1	1	1	1
6	0	1	1	0	1	1	1	1	1	1	0	1	1	1
7	0	1	1	1	1	1	1	1	1	1	1	0	1	1
8	1	0	0	0	1	1	1	1	1	1	1	1	0	1
9	1	0	0	1	1	1	1	1	1	1	1	1	1	0
伪码	1	0	1	0	1	1	1	1	1	1	1	1	1	1
	1	0	1	1	1	1	1	1	1	1	1	1	1	1
	1	1	0	0	1	1	1	1	1	1	1	1	1	1
	1	1	0	1	1	1	1	1	1	1	1	1	1	1
	1	1	1	0	1	1	1	1	1	1	1	1	1	1
	1	1	1	1	1	1	1	1	1	1	1	1	1	1

由表 4.7 可知，该电路的输入是 8421BCD 码，10 个译码输出端为 $\overline{Y}_0 \sim \overline{Y}_9$，译码器中仅有一路输出为 0，否则为 1。当输入端 $A_3 \sim A_0$ 出现 1010~1111 六个伪码时，输出 $Y_0 \sim Y_9$ 均为 1，所以它具有拒绝伪码的功能。

任务实施

操作与训练的目的

（1）验证半加器和全加器的逻辑功能。

（2）了解二进制数的运算规律。

操作与训练的器材

（1）+5 V 直流电源。

（2）逻辑电平开关。

（3）逻辑电平显示器。

（4）直流电压表。

（5）CD4011（74LS00）×2、CD4012（74LS20）×1、CD4070×1。

操作与训练的内容

1. 测试半加器逻辑功能

1）测试与非门组成的半加器逻辑功能

从 CD4011 和 CD4012 中任选 5 个与非门，按图 4.10 接线，组成半加器。并根据表 4.8 对输入端 A、B 的要求输入高低电平，测出相应的输出端的状态，结果填入表 4.8 中。

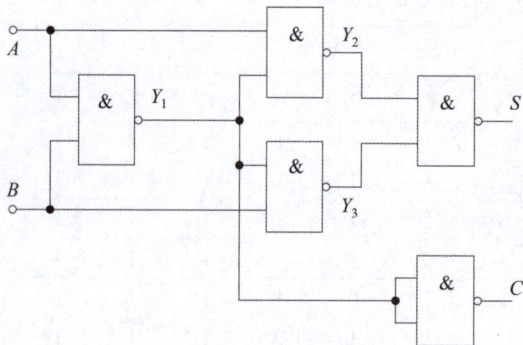

图 4.10　与非门组成的半加器

表 4.8　半加器功能测试

输入端		输出端	
A	B	S	C
0	0		
0	1		
1	0		
1	1		

2）测试异或门和与非门组成的半加器逻辑功能

异或门 CD4070 的引脚排列如图 4.11 所示。

按图 4.12 接线，用异或门和与非门组成半加器。并根据表 4.9 对输入端 A、B 的要求，测出相应的输出端的状态，结果填入表 4.9 中。

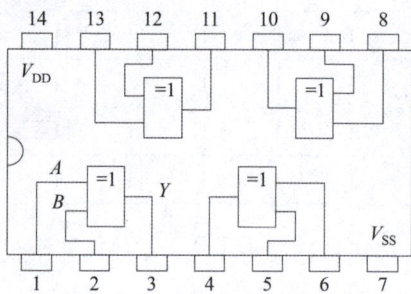

图 4.11　异或门 CD4070 的引脚排列

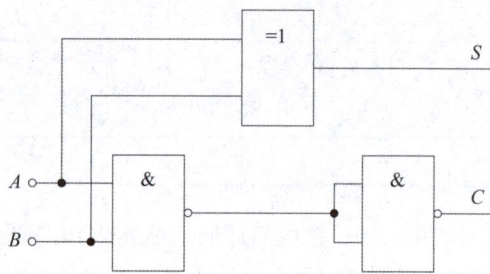

图 4.12　异或门和与非门组成的半加器

表 4.9　半加器功能测试

输入端		输出端	
A	B	S	C
0	1		
1	1		
0	0		
1	0		

2. 测试全加器的逻辑功能

1）测试与非门组成的全加器逻辑功能

从 CD4011×2 和 CD4012×1 中任选 9 个与非门，按图 4.13 接线，组成全加器。并根据表 4.10 对输入端 A_i、B_i、C_{i-1} 的要求，测出相应的输出端的状态，结果填入表 4.10 中。

2）测试异或门和与非门组成的全加器逻辑功能

根据全加器的逻辑表达式，进行化简，自己画出用异或门和与非门组成的全加器。并根据表 4.11 对输入端 A_i、B_i、C_{i-1} 的要求，测出相应的输出端的状态，结果填入表 4.11 中。

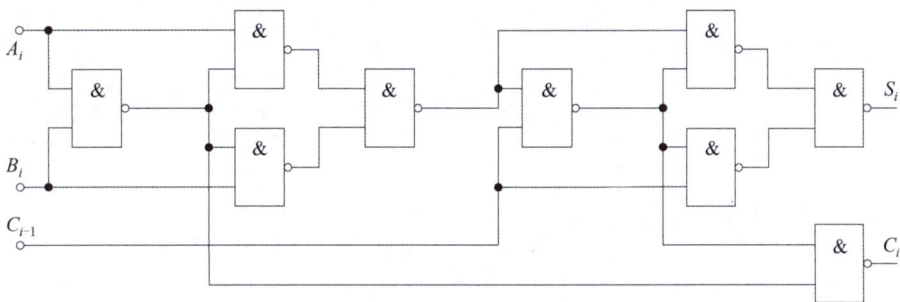

图 4.13　与非门组成的全加器

表 4.10　与非全加器功能测试

输入端			输出端	
A_i	B_i	C_{i-1}	S_i	C_i
0	0	0		
0	0	1		
0	1	0		
0	1	1		
1	0	0		
1	0	1		
1	1	0		
1	1	1		

表 4.11　异或全加器功能测试

输入端			输出端	
A_i	B_i	C_{i-1}	S_i	C_i
0	0	1		
0	1	0		
0	1	1		
1	0	0		
1	0	1		
1	1	0		
1	1	1		
0	0	0		

检查评估

1. 任务问答

译码器在使用中和编码器的区别是什么？

如何正确分析编码器功能？

如何使用 3 线–8 线译码器制作 4 线–16 线译码器？

2. 任务评估

任务评估如表 4.12 所示。

表 4.12　任务评估

工作任务			
小组号		工作组成员	
工作时间		完成总时长	
工作任务描述			
小组分工	姓名	工作任务	
任务实施步骤			
序号	工作内容	计划时间	操作员
验收评定		验收人签名	

小结反思 NEWS

1. 绘制思维导图。

2. 在任务实施中遇到哪些问题？是否解决？如何解决？填入表4.13中。

表 4.13　总结反思

遇到的问题	
解决方法	
问题反思	

任务 4.3　显示译码器的设计和使用

任务描述

显示电路是在仪器仪表中将数据显示出来。

本次任务：准确掌握显示译码电路的使用。

任务提交：检测结论、任务问答、学习要点、思维导图、检查评估表。

学习导航

本任务参考学时：4学时。通过本任务学习可以收获：

专业知识

1. 掌握显示电路的特性。
2. 掌握显示电路的构成。

专业技能

1. 能够分析功放电路的特性。
2. 能够分析集成运放电路。
3. 能够选择合适的功放电路。

职业素养

1. 通过检测元器件，提升思维能力。
2. 养成良好的安全作业意识。
3. 能够团结同学、积极协作。

4.3.1 显示译码器

在数字测量仪表和各种数字系统中，都需要将数字量直观地显示出来，一方面供人们直接读取测量和运算的结果，另一方面用于监视数字系统的工作情况。专门用来驱动数码管工作的译码器称为显示译码器。显示译码器的种类很多，下面主要介绍常用的 BCD 码七段显示译码器和集成 BCD 码七段显示译码器 74LS48。

图 4.14 所示为由发光二极管组成的七段显示译码器字形图及其接法。a~g 是由 7 个发光二极管组成的，有共阳极和共阴极两种接法。根据发光二极管的特性，当为共阳极接法时，阴极接收到低电平的发光二极管发光；当为共阴极接法时，阳极接收到高电平的发光二极管发光。例如，如果为共阴极接法，当 a~g 为 1011011 时，显示数字 "5"。

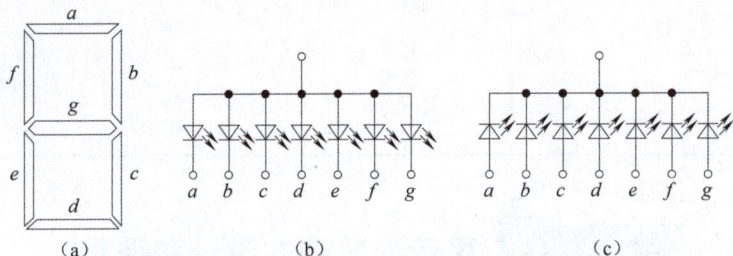

图 4.14　由发光二极管组成的七段显示译码器字形图及其接法

（a）字形图；（b）共阳极接法；（c）共阴极接法

常用的集成 BCD 码七段显示译码器的种类很多，有 74LS47、74LS48、CC4511 等多种型号。图 4.15 所示为 74LS48 的引脚排列。

A、B、C、D 为 BCD 码输入端，A 为最低位，a~g 为输出端，高电平有效，通过限流电阻，分别驱动显示译码器的 a~g 输出端，其他端为使能控制端。74LS48 的功能表如表 4.14 所示。

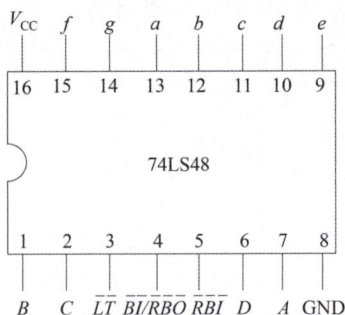

图 4.15　74LS48 的引脚排列

表 4.14　74LS48 的功能表

十进制数	输入信号（条件）						控制端	输出信号（结果）						
	$\overline{LT}$	$\overline{RBI}$	D	C	B	A	$\overline{BI}/\overline{RBO}$	a	b	c	d	e	f	g
0	1	1	0	0	0	0	1/	1	1	1	1	1	1	0

十进制数	$\overline{LT}$	$\overline{RBI}$	D	C	B	A	$\overline{BI}/\overline{RBO}$	a	b	c	d	e	f	g
	输入信号（条件）						控制端	输出信号（结果）						
1	1	×	0	0	0	1	1/	0	1	1	0	0	0	0
2	1	×	0	0	1	0	1/	1	1	0	1	1	0	1
3	1	×	0	0	1	1	1/	1	1	1	1	0	0	1
4	1	×	0	1	0	0	1/	0	1	1	0	0	1	1
5	1	×	0	1	0	1	1/	1	0	1	1	0	1	1
6	1	×	0	1	1	0	1/	0	0	1	1	1	1	1
7	1	×	0	1	1	1	1/	1	1	1	0	0	0	0
8	1	×	1	0	0	0	1/	1	1	1	1	1	1	1
9	1	×	1	0	0	1	1/	1	1	1	0	0	1	1
10	1	×	1	0	1	0	1/	0	0	0	1	1	0	1
11	1	×	1	0	1	1	1/	0	0	1	1	0	0	1
12	1	×	1	1	0	0	1/	0	1	0	0	0	1	1
13	1	×	1	1	0	1	1/	1	0	0	1	0	1	1
14	1	×	1	1	1	0	1/	0	0	0	1	1	1	1
15	1	×	1	1	1	1	1/	0	0	0	0	0	0	0
灭灯$\overline{BI}$	×	×	×	×	×	×	0/	0	0	0	0	0	0	0
动态灭0	1	0	0	0	0	0	/0	0	0	0	0	0	0	0
试灯$\overline{LT}$	0	×	×	×	×	×	1/	1	1	1	1	1	1	1

分析功能表与七段显示译码器的关系可知，只有输入 8421BCD 码时，才能显示数字 0～9。当输入的四位码不是 8421BCD 码时，显示的字形就不是十进制数。

74LS48 功能说明如下：

（1）$\overline{LT}$ 为试灯输入端。当 $\overline{LT}=0$，$\overline{BI}/\overline{RBO}=1$ 时，不管其他输入状态如何，$a\sim g$ 七段全亮，用以检查各段发光二极管的好坏。

（2）$\overline{BI}/\overline{RBO}$ 为熄灯输入端/动态灭"0"输出端，低电平有效。$\overline{BI}$ 和 $\overline{RBO}$ 是线与逻辑，既可以作输入信号 $\overline{BI}$ 为熄灯输入端，也可作输出信号 $\overline{RBO}$ 为动态灭"0"输出端，它们共用一根外引线，以减少端子的数目。当 $\overline{BI}=0$ 时，$a\sim g$ 七段全灭；当作输出信号 $\overline{RBO}$ 为动态灭"0"时，$\overline{RBO}=1$；当本位灭"0"时，$\overline{RBO}=0$，控制下一位的 $\overline{RBI}$，作为灭"0"输入。

（3）$\overline{RBI}$ 为灭"0"输入端，其作用是将能显示的"0"熄灭。在多位显示时，利用 $\overline{RBI}$ 和 $\overline{RBO}$ 的适当连接，可以灭掉高位或低位多余的 0，使显示的结果更加符合人们的习惯。

从功能表可以看出，当输入 $DCBA$ 为 0000～1001 时，显示数字 0～9；当输入 $DCBA$ 为 1010～1110 时，显示稳定的非数字信号；当输入 $DCBA$ 为 1111 时，7 个显示段全部熄灭。

4.3.2 用译码器实现组合逻辑函数

译码器种类繁多，在组合逻辑电路的设计中应用较多的是 3 线–8 线译码器 74LS138，用它还可以扩展为 4 线–16 线译码器、5 线–32 线译码器等，从而扩大了它的使用范围。本节重点介绍 74LS138 实现组合逻辑函数的方法。

1. 74LS138 译码器组合电路的分析

通过 3.3.4 节的介绍可知，74LS138 具有以下特点：

（1）功能控制端 $S_1\overline{S_2}\overline{S_3} = 100$，正常实现译码任务，若 $S_1\overline{S_2}\overline{S_3} \neq 100$，则全部输出端都将为高电平 1。

（2）正常译码时，输出端 $\overline{Y_0} \sim \overline{Y_7}$ 分别对应 $\overline{m_0} \sim \overline{m_7}$，即输出包含了全部最小项的非，输出端是低电平 0 有效。

【例 4.3】 分析如图 4.16 所示电路，要求：

（1）写出函数 Y 的表达式。

（2）列出 Y 的真值表。

（3）判断电路的功能。

解： 由电路图可得

$$Y = \overline{\overline{Y_1}\,\overline{Y_2}\,\overline{Y_4}\,\overline{Y_7}} = \overline{\overline{m_1}\,\overline{m_2}\,\overline{m_4}\,\overline{m_7}} = m_1 + m_2 + m_4 + m_7 = \sum m(1,2,4,7)$$

由上式可得真值表，如表 4.15 所示。

表 4.15 例 4.3 真值表

A	B	C	Y
0	0	0	0
0	0	1	1
0	1	0	1
0	1	1	0
1	0	0	1
1	0	1	0
1	1	0	0
1	1	1	1

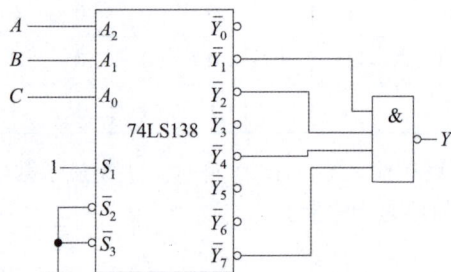

图 4.16 例 4.3 电路图

分析功能：当 A、B、C 三变量中"1"的个数为奇数时，输出 $Y = 1$，否则 $Y = 0$，故电路为三变量判奇电路。

4.3.3 数据选择器

在数字系统中，要将多路数据远距离传输时，为了减少传输线的数目，往往是多个数据通道共用一条传输总线来传送信息。数据选择器能够从多个输入数据中，根据地址控制信号的要求选择其中的某一个传送到输出端（数据传输总线上），它是一个多输入单输出的组合逻辑电路，由地址译码器和多路数字开关组成。数据分配器与数据选择器的功能相反，能把数据传输总线上的信息（输入数据），根据地址控制信号的要求传送到不同的输出端。数据选择器与数据分配器的功能相当于一个单刀多掷开关，如图 4.17 所示。

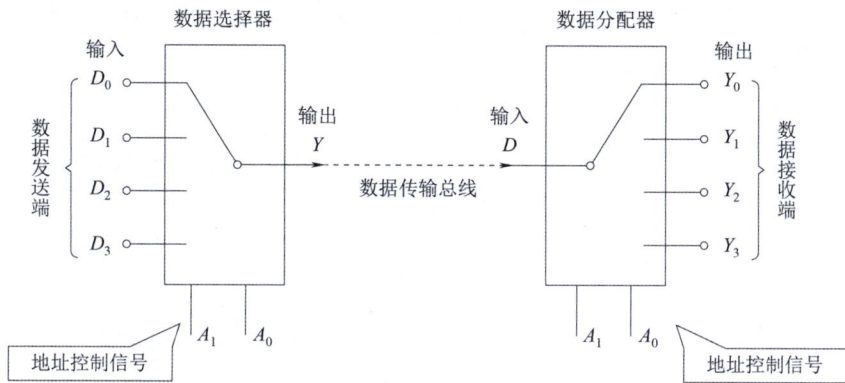

图 4.17 数据选择器与数据分配器的方框图

常用的数据选择器有四选一的 74LS153、八选一的 74LS151，另外还有十六选一、三十二选一等多种型号的数据选择器。它们的结构大同小异，只是在地址输入端和数据输入端数目上有差别。

4.3.4 四选一数据选择器

图 4.18 所示为四选一数据选择器的逻辑图。

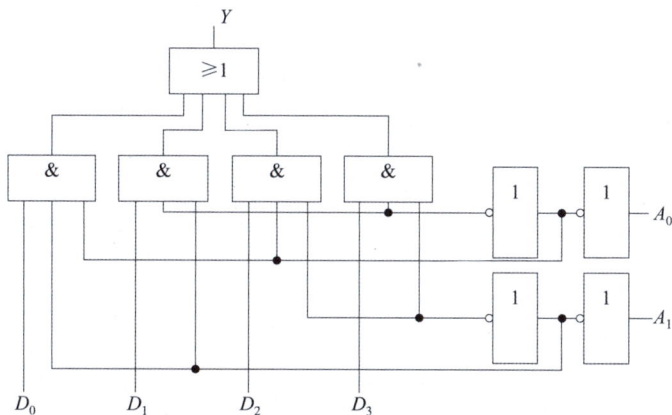

图 4.18 四选一数据选择器的逻辑图

它的功能是根据地址码 A_1、A_0 从 4 个输入数据 D_0、D_1、D_2、D_3 中选择一个送到输出端 Y。由逻辑图不难得出逻辑函数表达式

$$Y = \overline{A_1}\,\overline{A_0}D_0 + \overline{A_1}A_0 D_1 + A_1\overline{A_0}D_2 + A_1 A_0 D_3$$

可见，输出端 Y 取决于地址输入端 A_1 和 A_0 的不同组合。当 $A_1 A_0 = 00$ 时，Y 取 D_0；当 $A_1 A_0 = 01$ 时，Y 取 D_1；当 $A_1 A_0 = 10$ 时，Y 取 D_2；当 $A_1 A_0 = 11$ 时，Y 取 D_3。

4.3.5 集成数据选择器

1. 双四选一数据选择器

74LS153 是一个双四选一数据选择器，其引脚排列如图 4.19 所示。其中，D_{10}、D_{11}、D_{12}、

D_{13}、Y_1、$\overline{ST_1}$ 为一个数据选择器的引脚，D_{20}、D_{21}、D_{22}、D_{23}、Y_2、$\overline{ST_2}$ 为另一个数据选择器的引脚，A_1、A_0 为两个数据选择器的公共地址端，V_{CC} 为电源端，GND 为接地端。双四选一数据选择器的功能表如表 4.16 所示。

图 4.19　74LS153 的引脚排列

表 4.16　双四选一数据选择器的功能表

$\overline{ST_1}$	$\overline{ST_2}$	A_1	A_0	Y_1	Y_2
0	0	0	0	D_{10}	D_{20}
0	0	0	1	D_{11}	D_{21}
0	0	1	0	D_{12}	D_{22}
0	0	1	1	D_{13}	D_{23}
1	1	×	×	0	0

由表 4.16 可得双四选一数据选择器的逻辑表达式为

$$Y_1 = (\overline{A_1}\,\overline{A_0}D_{10} + \overline{A_1}A_0D_{11} + A_1\overline{A_0}D_{12} + A_1A_0D_{13})ST_1$$
$$Y_2 = (\overline{A_1}\,\overline{A_0}D_{20} + \overline{A_1}A_0D_{21} + A_1\overline{A_0}D_{22} + A_1A_0D_{23})ST_2$$

2. 八选一数据选择器

74LS151 是一个八选一数据选择器，其引脚排列如图 4.20 所示。

它有 8 个数据输入端 $D_0 \sim D_7$，3 个地址输入端 A_2、A_1、A_0，一个选通控制端 S，低电平有效，2 个互补的输出端 Y、$\overline{Y}$。其功能表如表 4.17 所示。

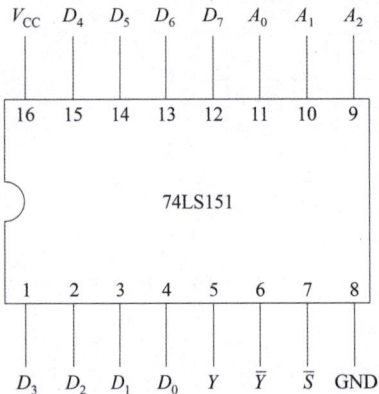

图 4.20　74LS151 的引脚排列

表 4.17　八选一数据选择器的功能表

输入					输出	
D	A_2	A_1	A_0	$\overline{A}$	Y	$\overline{Y}$
×	×	×	×	1	0	1
D_0	0	0	0	0	D_0	$\overline{D_0}$
D_1	0	0	1	0	D_1	$\overline{D_1}$
D_2	0	1	0	0	D_2	$\overline{D_2}$
D_3	0	1	1	0	D_3	$\overline{D_3}$
D_4	1	0	0	0	D_4	$\overline{D_4}$
D_5	1	0	1	0	D_5	$\overline{D_5}$
D_6	1	1	0	0	D_6	$\overline{D_6}$
D_7	1	1	1	0	D_7	$\overline{D_7}$

从功能表可以看出，当 $\overline{Y}=1$ 时，数据选择器被禁止，无论地址码是什么，Y 总是等于 0；当 $\overline{S}=0$ 时，数据选择器被选中，Y 依据地址 $A_2A_1A_0$ 取值的不同，选择数据 $D_0 \sim D_7$ 中的一个输出，此时有

$$Y = D_0\overline{A_2}\,\overline{A_1}\,\overline{A_0} + D_1\overline{A_2}\,\overline{A_1}A_0 + D_2\overline{A_2}A_1\overline{A_0} + D_3\overline{A_2}A_1A_0 +$$
$$D_4A_2\overline{A_1}\,\overline{A_0} + D_5A_2\overline{A_1}A_0 + D_6A_2A_1\overline{A_0} + D_7A_2A_1A_0$$

4.3.6　用数据选择器实现逻辑函数

用数据选择器实现逻辑函数的依据，简单讲就是函数需要什么数，就在数据选择器的输入端准备好什么数，它与3线-8线译码器不同之处有两点：

（1）数据选择器只能输出一个函数，而译码器可同时输出多个函数。

（2）数据选择器是在数据输入端预先准备好函数所需要的数据，而译码器则是在输出端准备好各个最小项的非，函数需要什么最小项就连接什么最小项。

【例4.4】 试用八选一数据选择器74LS151实现三变量多数表决器。

解： 三变量 A、B、C 多数表决器的真值表及与数据选择器 D_i 的对应关系如表4.18所示。

表 4.18　多数表决器的真值表及与数据选择器 D_i 的对应关系

A	B	C	Y	D_i
0	0	0	0	D_0
0	0	1	0	D_1
0	1	0	0	D_2
0	1	1	1	D_3
1	0	0	0	D_4
1	0	1	1	D_5
1	1	0	1	D_6
1	1	1	1	D_7

根据表4.18的对应关系，使用八选一数据选择器74LS151实现三变量多数表决器，如图4.21所示。

根据例4.4可以归纳出用数据选择器实现任意单输出函数的组合逻辑电路的一般方法为：

（1）首先根据输入变量的个数 n，确定选择 2^n 选一的数据选择器。例如，输入变量有2个，选择四选一数据选择器来实现；输入变量有3个，则选择八选一的数据选择器来实现，以此类推。

（2）列出函数的真值表，对应表中输入变量二进制的取值 i，在数据选择器的数据输入端 D_i 标出该真值表对应的最小项的取值即可。

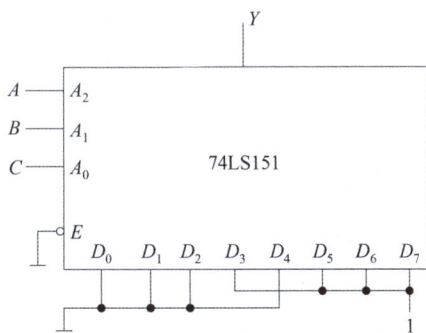

图 4.21　用 74LS151 实现三变量多数表决器

4.3.7　数据分配器

数据分配器有一个输入端，多个输出端。它的功能是将一个输入数据根据地址控制信号的要求传送到某一个输出端。

图4.22（a）所示为1路-4路数据分配器的逻辑图，图中，D 是数据输入端，A_1 和 A_0 是地址控制端，$Y_3 \sim Y_0$ 是4个输出端。图4.22（b）所示为其方框图，图中DX是总限定符。

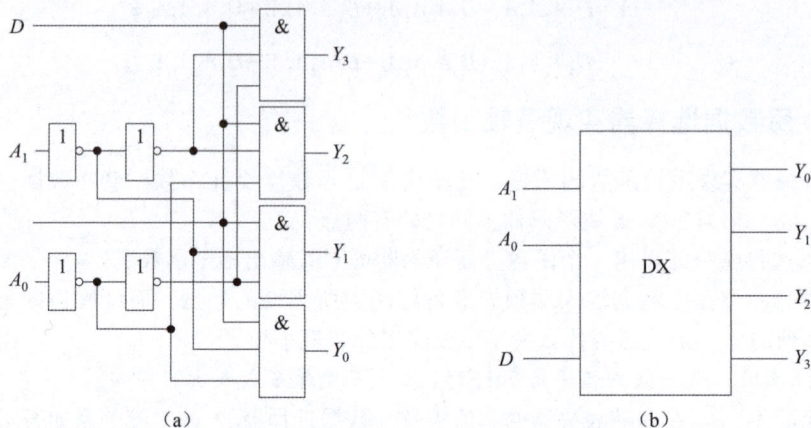

图 4.22　1 路-4 路数据分配器的逻辑图及方框图

（a）逻辑图；（b）方框图

由逻辑图可写出逻辑表达式

$$Y_0 = \overline{A_1}\,\overline{A_0}D \qquad Y_1 = \overline{A_1}A_0D \qquad Y_2 = A_1\overline{A_0}D \qquad Y_3 = A_1A_0D$$

由上式列出数据分配器的功能表，如表 4.19 所示。A_1、A_0 有 4 种组合，分别将数据 D 分配给 4 个输出端，从而构成 1 路-4 路分配器。

表 4.19　1 路-4 路数据分配器的功能表

控制		输出			
A_1	A_0	Y_3	Y_2	Y_1	Y_0
0	0	0	0	0	D
0	1	0	0	D	0
1	0	0	D	0	0
1	1	D	0	0	0

任务实施

实施设备与器材

电子实训台，电子元件，集成运放电路，与门、或门等门电路。

实施内容与步骤

1. 确定加法器和数值比较器的具体功能要求

在数字系统中，加法器和数值比较器是两种常用的组合逻辑电路，加法器是运算器的核心，用于二进制加法运算；数值比较器用于比较两个二进制数的数值关系。

1）半加器

半加器就是能实现两个一位二进制数相加的运算电路，它不考虑从相邻低位来的进位数。因此一般有两个输入端、两个输出端。常用的逻辑符号如图 4.23 所示，A 和 B 为输入端，S 为本位和数，C 为向高位送出的进位数。

半加器的真值表如表 4.20 所示。由真值表可直接写出逻辑表达式为

图 4. 23 半加器逻辑符号

（a）逻辑符号；（b）国际符号

$$\begin{cases} S = A\overline{B} + \overline{A}B \\ C = AB \end{cases}$$

由上式可知，半加器可以用一个异或门和一个与门构成的电路实现，如图 4.24 所示。

表 4. 20 半加器的真值表

输入		输出	
A	B	S	C
0	0	0	0
0	1	1	0
1	0	1	0
1	1	0	1

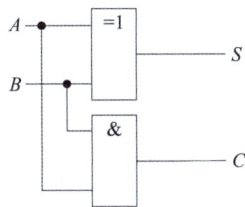

图 4. 24 半加器逻辑电路

2）全加器

考虑来自低位的进位数和两个相同位数二进制数相加的运算电路称为全加器。

若用 A_i 和 B_i 表示两个同位加数，用 C_{i-1} 表示由相邻低位来的进位数，S_i 和 C_i 分别表示运算后的全加和及向高位的进位数。按照加法运算规则，可以列出全加器的真值表。

3）多位加法器

能够实现多位二进制相加运算的电路称为多位加法器。

根据以上的学习内容，设计多位加法器电路，写出真值表，设计电路结构，并验证多位加法器（4 位或 8 位）电路的功能。

2. 数值比较器电路

1）1 位数值比较器

1 位数值比较器是将 2 个一位二进制数 A 和 B 的数值进行比较的电路。该电路有 2 个输入端，3 个比较输出端。表 4.21 所示为其真值表。

表 4. 21 1 位数值比较器的真值表

输入		输出		
A	B	$Y_{(A>B)}$	$Y_{(A=B)}$	$Y_{(A<B)}$
0	0	0	1	0
0	1	0	0	1
1	0	1	0	0
1	1	0	1	0

2）多位数值比较器

以集成 4 位数值比较器 74LS85 为例，介绍其电路结构和特性。

74LS85 的引脚排列如图 4.25 所示，其功能表如表 4.22 所示。

从表 4.22 可以看出，除了两个 4 位二进制输入端外，还有 3 个用于扩展的级联输入端（$I_{(A<B)}$、$I_{(A=B)}$、$I_{(A>B)}$），其逻辑功能相当于在 4 位二进制比较器的最低位 A_0、B_0 后面添加了一个更低的比较数位。表 4.22 中的"×"表示无论是大于还是小于都不影响结果。

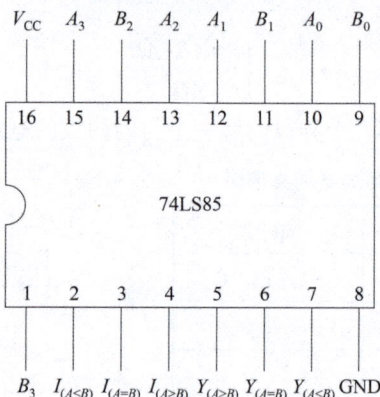

图 4.25　74LS85 的引脚排列

表 4.22　74LS85（4 位数值比较器）的功能表

数值输入								级联输入			输出		
A_3	B_3	A_2	B_2	A_1	B_1	A_0	B_0	$I_{(A>B)}$	$I_{(A=B)}$	$I_{(A<B)}$	$Y_{(A>B)}$	$Y_{(A=B)}$	$Y_{(A<B)}$
$A_3>B_3$		×	×	×	×	×	×	×	×	×	1	0	0
$A_3<B_3$		×	×	×	×	×	×	×	×	×	0	0	1
$A_3=B_3$		$A_2>B_2$		×	×	×	×	×	×	×	1	0	0
$A_3=B_3$		$A_2<B_2$		×	×	×	×	×	×	×	0	0	1
$A_3=B_3$		$A_2=B_2$		$A_1>B_1$		×	×	×	×	×	1	0	0
$A_3=B_3$		$A_2=B_2$		$A_1<B_1$		×	×	×	×	×	0	0	1
$A_3=B_3$		$A_2=B_2$		$A_1=B_1$		$A_0>B_0$		×	×	×	1	0	0
$A_3=B_3$		$A_2=B_2$		$A_1=B_1$		$A_0<B_0$		×	×	×	0	0	1
$A_3=B_3$		$A_2=B_2$		$A_1=B_1$		$A_0=B_0$		1	0	0	1	0	0
$A_3=B_3$		$A_2=B_2$		$A_1=B_1$		$A_0=B_0$		0	1	0	0	1	0
$A_3=B_3$		$A_2=B_2$		$A_1=B_1$		$A_0=B_0$		0	0	1	0	0	1

根据以上内容，设计 8 位数值比较器，写出真值表，设计电路结构，验证电路功能。

检查评估

1. 任务问答

（1）某组合逻辑电路如图 4.26 所示，试写出其逻辑表达式并分析其功能。

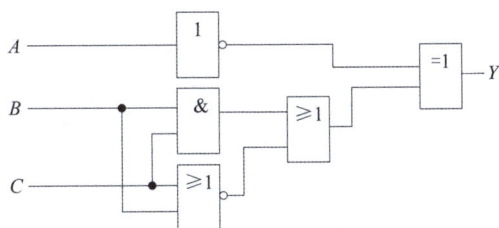

图 4.26 某组合逻辑电路

（2）试用与非门设计一个三变量奇偶校验电路，当输入的 3 个变量中有奇数个 1 时，输出为 1，否则为 0。

（3）试用 74LS138（3 线–8 线译码器）和尽可能少的门电路设计全加器。

2. 任务评估

任务评估如表 4.23 所示。

表 4.23　任务评估

工作任务				
小组号		工作组成员		
工作时间		完成总时长		
工作任务描述				
小组分工	姓名	工作任务		
任务实施步骤				
序号	工作内容		计划时间	操作员
验收评定		验收人签名		

小结反思 NEWSL

1. 绘制思维导图。

2. 在任务实施中遇到哪些问题？是否解决？如何解决？填入表 4.24 中。

表 4.24　总结反思

遇到的问题	
解决方法	
问题反思	

任务 4.4　制作加法器

任务描述

制作加法器电路。

本次任务：准确设计和制作抢答器电路。

任务提交：检测结论、任务问答、学习要点、思维导图、检查评估表。

本任务参考学时：4学时。通过本任务学习可以收获：

专业知识

1. 分析抢答器电路的功能。
2. 根据抢答器电路的电路功能写出抢答器电路的逻辑表达式。
3. 掌握逻辑表达式化简的方法。
4. 掌握抢答器电路的设计和测试。

专业技能

1. 能够完成电路功能分析。
2. 能够根据电路功能写出表达式。
3. 能够根据表达式设计电路图。

职业素养

1. 通过电路设计，提高科学素养。
2. 养成良好的安全作业意识。
3. 能够团结同学、积极协作。

知识储备

4.4.1 竞争冒险产生的原因

所谓竞争是指组合逻辑电路中，同一输入信号经过不同途径传输后到达同一门输入端的时间有先有后的现象。

所谓冒险，是指由于竞争而使电路的输出发生瞬时错误的现象。

如图4.27（a）所示，理想情况下电路有稳定输出：$Y = A \cdot \bar{A} = 0$，但实际上门电路有延迟。

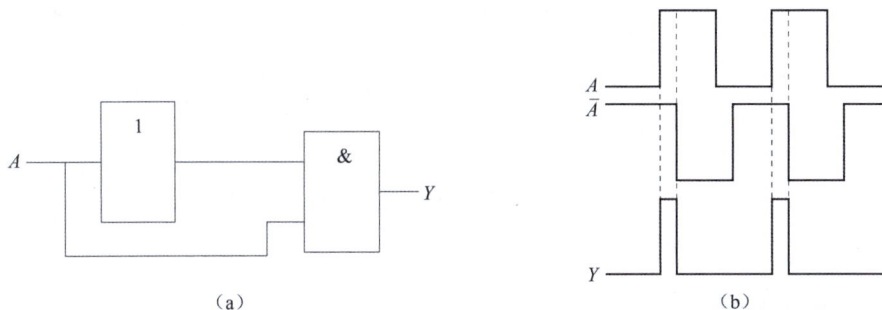

图 4.27　组合逻辑电路
（a）逻辑图；（b）波形

如图4.27（b）所示，$\bar{A}$滞后于输入A，结果使与门的输出Y出现了"毛刺"，这就是由竞争造成的错误输出，这种宽度很窄的脉冲，人们形象地称其为毛刺。一旦出现了毛刺，若下级负载对毛刺敏感，则毛刺将使负载电路发生误动作，破坏逻辑关系。

4.4.2 竞争冒险的识别

1）代数法

如果给一个逻辑表达式中的某些变量赋予一定的值（0 或 1）时，剩余的变量可化简成 $Y=A+\bar{A}$ 或 $Y=A\cdot\bar{A}$ 的形式，则变量 A 可能引起冒险现象。

【例 4.5】判断逻辑函数 $Y=\bar{A}B+\bar{B}\,\bar{C}+AC$ 是否存在冒险现象。

解： 由于当 $A=C=0$ 时，函数 $Y=B+\bar{B}$，所以变量 B 的变化可能引起函数的冒险现象。

2）卡诺图法

在卡诺图中，逻辑函数的"与或"式中每一个"乘积项"都对应着一个卡诺圈。如果两个卡诺圈存在着相切的部分，且相切部分又没有被其他卡诺圈所包含，则该函数存在冒险现象。

判断逻辑函数 $Y=ABC+BD+ACD$ 是否存在冒险现象。

解：（1）先画出该函数的卡诺图，如图 4.28 所示。

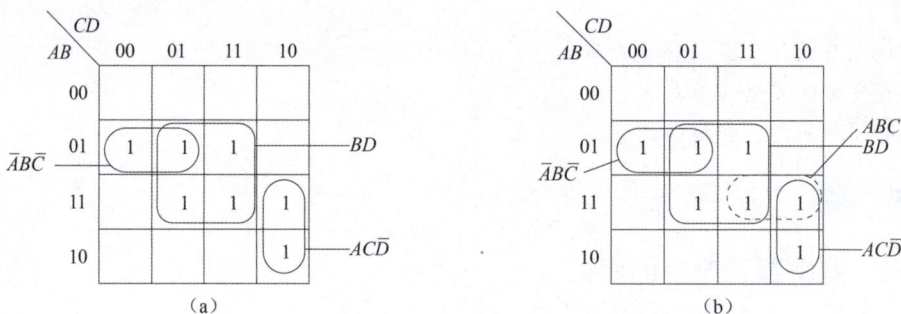

图 4.28　卡诺图

（2）找出相切的卡诺圈，看相切的部分是否被其他卡诺圈包含。

从图 4.28 中可看出，卡诺圈 BD 和 ACD 相切，相切的部分如图 4.28（b）中虚线圈所示，其并未被其他卡诺圈包含，所以该函数存在冒险现象。

3）实验法

在电路输入端加入所有可能发生的状态变化的波形，观察输出端是否出现高电平窄脉冲或低电平窄脉冲，这种方法比较直观可靠。

4）使用计算机辅助分析手段判断

通过在计算机上运行数字电路的模拟程序，能够迅速查出电路是否存在竞争冒险现象（目前已有这类成熟的程序可供选用）。

4.4.3 竞争冒险的消除

1）增加乘积项

如果能让有冒险现象的函数不出现 $Y=A+A$ 或 $Y=A\cdot A$ 的形式，或者在卡诺图中设法将相切的卡诺圈包围上，就可以避免冒险现象的发生。对于中、大规模集成电路，由于其内部结构无法改变，所以这种方法不适用。

2）在输出端并联电容

如果在电路的输出端并联一个小电容，如图 4.29 所示，就足以把很窄的毛刺去掉。由于电容对高频电路的影响较大，所以此法只适用于工作在频率不高的电路。

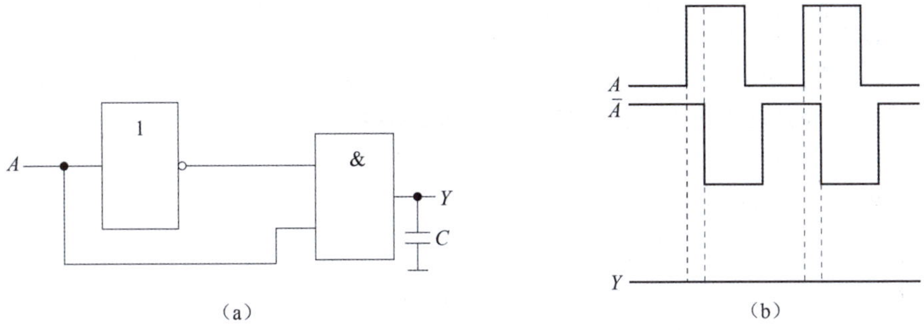

图 4.29　输出端并联小电容

（a）电路图；（b）波形

任务实施

实施设备与器材

电子实训台，电子元件，常用与非门等逻辑电路芯片 CD4011（74LS00）×2、CD4012（74LS20）×1、CD4070×1，芯片底座，导线等。

实施内容与步骤

确定加法器的电路功能，根据电路功能确定加法器的关系表达式。

根据加法器电路的逻辑表达式确定真值表或者选择采用卡诺图化简。

根据化简结果选择合适的电路逻辑和基本门电路。

1. 确定加法器电路的功能

（1）验证半加器和全加器的逻辑功能。

（2）了解二进制数的运算规律。

1）测试半加器逻辑功能

（1）测试与非门组成的半加器逻辑功能。

从 CD4011 和 CD4012 中任选 5 个与非门，按图 4.30 接线，组成半加器。根据表 4.25 对输入端 A、B 的要求输入高低电平，测出相应的输出端的状态，结果填入表 4.25 中。

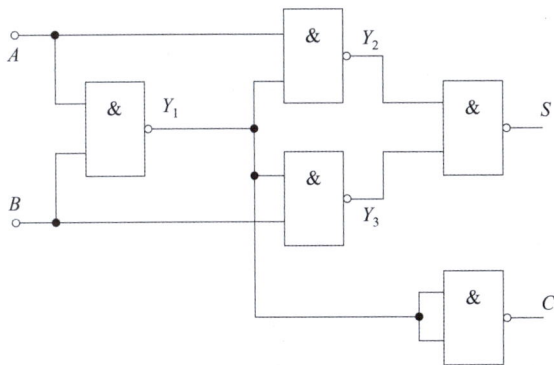

图 4.30　半加器电路

表 4.25　半加器功能测试

输入端		输出端	
A	B	S	C
0	0		
0	1		
1	0		
1	1		

（2）测试异或门和与非门组成的半加器逻辑功能。

异或门 CD4070 的引脚排列如图 4.31 所示。

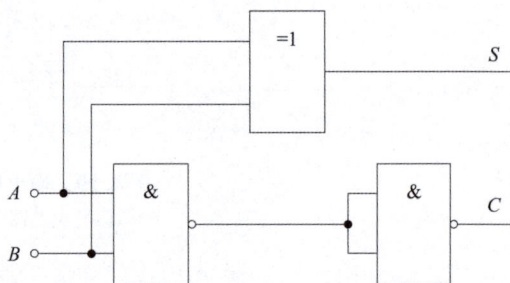

按图 4.32 接线，用异或门和与非门组成半加器，并根据表 4.26 对输入端 A、B 的要求输入高低电平，测出相应的输出端的状态，结果填入表 4.26 中。

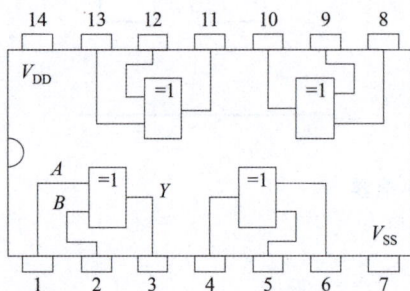

图 4.31　异或门 CD4070 的引脚排列　　　　图 4.32　异或门和与非门组成的半加器

表 4.26　全加器功能测试

输入端		输出端	
A	B	S	C
0	0		
0	1		
1	0		
1	1		

2）测试全加器的逻辑功能

从 CD4011×2 和 CD4012×1 中任选 9 个与非门，按图 4.33 接线，组成全加器。并根据表 4.27 对输入端 A_i、B_i、C_{i-1} 的要求输入高低电平，测出相应的输出端的状态，结果填入表 4.27 中。

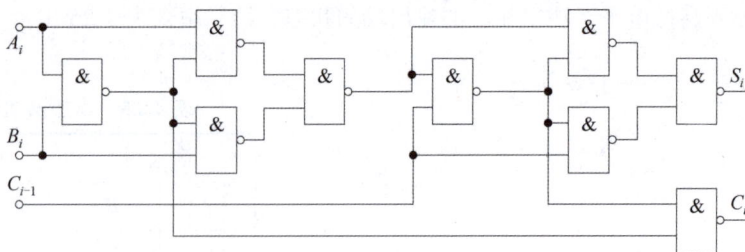

图 4.33　与非门组成的全加器

2. 测试异或门和与非门组成的全加器逻辑功能

根据全加器的逻辑表达式，进行化简。自己画出用异或门和与非门组成的全加器。并根据表 4.28 对输入端 A_i、B_i、C_{i-1} 的要求输入高低电平，测出相应的输出端的状态，结果填入表 4.28 中。

表4.27 与非全加器功能测试				
输入端			输出端	
A_i	B_i	C_{i-1}	S_i	C_i
0	0	0		
0	0	1		
0	1	0		
0	1	1		
1	0	0		
1	0	1		
1	1	0		
1	1	1		

表4.28 异或全加器功能测试				
输入端			输出端	
A_i	B_i	C_{i-1}	S_i	C_i
0	0	1		
0	1	0		
0	1	1		
1	0	0		
1	0	1		
1	1	0		
1	1	1		
0	0	0		

检查评估

1. 任务问答

（1）在对电路的功能进行分析时，如何保证书写的逻辑表达式不漏项？

（2）在对逻辑表达式化简时，如何选择采用卡诺图化简还是公式法化简？

2. 任务评估

任务评估如表4.29所示。

表4.29 任务评估

工作任务			
小组号		工作组成员	
工作时间		完成总时长	
工作任务描述			
小组分工	姓名	工作任务	

任务实施步骤			
序号	工作内容	计划时间	操作员
验收评定		验收人签名	

小结反思

1. 绘制思维导图。

2. 在任务实施中遇到哪些问题？是否解决？如何解决？填入表 4.30 中。

表 4.30　总结反思

遇到的问题	
解决方法	
问题反思	

项目5　制作任意进制计数器

项目描述

在数字电路中不仅需要对数字信号进行各种运算及处理，而且还经常要求将这些数字信号或运算结果保存起来，这就要求数字电路具有记忆功能。触发器是一种最简单的时序逻辑电路，本任务就使用时序逻辑电路构成任意进制计数器。

项目流程

要完成这个电路的安装任务，需要掌握该电路的基本特点，即触发器、时序逻辑电路的分析和设计方法、计数器的基本知识、寄存器的基本知识四部分。为了掌握这四部分电路的安装和工作原理，需要对以下内容进行学习：

1. 基本 RS 触发器。2. 其他类型触发器。3. 加法器电路。

为了完成电路设计和安装，按照以下步骤进行学习。

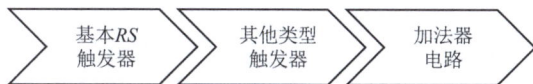

基本RS触发器　→　其他类型触发器　→　加法器电路

任务 5.1　触发器

任务描述

在数字电路中，不仅需要对数字信号进行各种运算或处理，而且还经常要求将这些数字信号或运算结果保存起来，这就要求数字电路具有记忆功能。触发器是一种简单的时序逻辑电路，触发器有两个输出端：Q 和 $\overline{Q}$，是构成复杂时序逻辑电路的基本单元，具有以下几个特点：

（1）触发器有两个稳定的输出状态：0 和 1。规定：当 $Q \neq \overline{Q}$ 时，Q 端的状态作为整个触发器的状态，即当 $Q=1$，$\overline{Q}=0$ 时，触发器为 1 态；当 $Q=0$，$\overline{Q}=1$ 时，触发器为 0 态。

（2）触发器具有状态记忆功能，即触发器的输入信号不起作用（为无效电平）时，其输出端状态保持不变，这样一个触发器能够记忆一位二进制数码 0 和 1，或反映数字电路的两个逻辑状态 0 和 1。

（3）在输入信号作用下，触发器的状态可以翻转，这表示触发器能接收信息。触发器接收触发输入信号之前的输出状态称为现态，用 Q^n 表示；触发器接收触发信号之后的输出状态称为次态，用 Q^{n+1} 表示，现态和次态是两个相邻离散时间里触发器输出端的状态。

触发器种类繁多，根据不同的分类角度有多种分类方法，其中常见分类为：

（1）根据次态是否受脉冲信号控制，可将触发器分为时钟触发器和基本触发器。

（2）按照逻辑功能不同，可分为 RS 触发器、JK 触发器、D 触发器、T 触发器等。

（3）按照电路结构不同，可分为同步触发器、主从触发器、维持阻塞触发器、边沿触发器。

（4）按照触发器所使用开关器件的不同，可分为 TTL 触发器和 CMOS 触发器。它们广泛应用于计数器、运算器、寄存器等电子部件。

本次任务：准确安装。

任务提交：检测结论、任务问答、学习要点、思维导图、检查评估表。

学习导航

本任务参考学时：4 学时。通过本任务学习可以收获：

专业知识

1. 掌握基本 RS 触发器的特性。
2. 掌握 D 触发器的基本工作原理和特性。
3. 掌握其他触发器的特性和功能。
4. 掌握不同类型触发器之间转换的方法。

专业技能

1. 能够分析基本 RS 触发器的特性。
2. 能够分析其他基本触发器的特性。
3. 能够完成不同触发器电路的转换。

职业素养

1. 通过分析电路各种触发器的基本结构和特性，提升逻辑思维能力。
2. 养成良好的安全作业意识。
3. 能够团结同学、积极协作。

知识储备

5.1.1 基本 RS 触发器

具有保持、置 0、置 1 功能的触发器称为 RS 触发器，因为是构成其他各种功能触发器的基本组成部分，故也称基本 RS 触发器。基本 RS 触发器可由两个与非门交叉耦合而成，如图 5.1（a）所示，图 5.1（b）所示为基本 RS 触发器的逻辑符号，还可以由两个或非门组成。

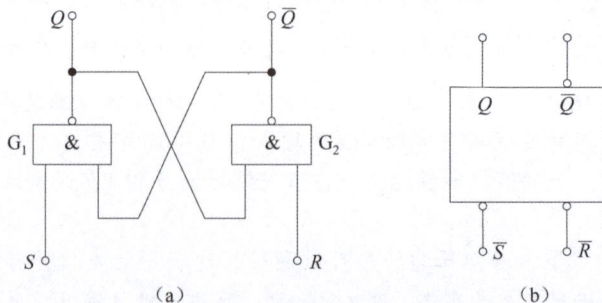

图 5.1　基本 RS 触发器

（a）逻辑电路；（b）逻辑符号

现在以两个与非门组成的基本 RS 触发器为例，分析其工作原理。

在图 5.1（a）中，Q 和 $\bar{Q}$ 通常是两个互补的信号输出端。$\bar{R}$、$\bar{S}$ 是信号输入端，是整体符号，字母上面的非号表示整体符号是低电平有效。

由于基本 RS 触发器有两个触发信号端，所以有四种可能的输入组合。

当 $\bar{R}=0$，$\bar{S}=1$ 时，$\bar{Q}=1$，又因为 $\bar{S}=1$，所以 $Q=0$，触发器处于"0"态，且当 $\bar{R}$ 端信号撤销以后，$Q=0$ 的状态能够保持不变。由于该输入组合是 $\bar{R}$ 端输入有效电平，最终将触发器置为"0"态，所以称 $\bar{R}$ 端为置 0 输入端或复位端。

当 $\bar{R}=1$，$\bar{S}=0$ 时，$Q=1$，又因为 $\bar{R}=1$，所以 $\bar{Q}=0$，触发器处于"1"态，且当 $\bar{S}$ 端信号撤销以后，$Q=1$ 的状态能够保持不变。由于该输入组合是 $\bar{S}$ 端输入有效电平，最终将触发器置为"1"态，所以称 $\bar{S}$ 端为置 1 输入端或置位端。

当 $\bar{R}=1$，$\bar{S}=1$ 时，相当于该电路无有效输入信号，故触发器将保持原来的状态，即体现触发器的保持功能。

当 $\bar{R}=0$，$\bar{S}=0$ 时，可以推出 $Q=\bar{Q}=1$，是一个不定状态。若同时撤去触发信号，无法推断其次态，次态将取决于门电路的传输延迟时间。因此不允许在两个输入端同时加入有效信号，$\bar{R}+\bar{S}=1$ 是基本 RS 触发器的约束方程。

综合以上分析，触发器的次态不仅取决于触发输入信号，还与触发器的现态有关，由此可列出表征触发器次态 Q^{n+1} 与现态 Q^n 和触发输入信号 $\bar{R}$、$\bar{S}$ 之间关系的表格，如表 5.1 所示，称之为特性表。

由表 5.1 可以得到基本 RS 触发器特性表的简化形式，如表 5.2 所示。

表 5.1　基本 RS 触发器的特性表

$\bar{R}$	$\bar{S}$	Q^n	Q^{n+1}
0	0	0	不定
0	0	1	不定
0	1	0	0
0	1	1	0
1	0	0	1
1	0	1	1
1	1	0	0
1	1	1	1

表 5.2　基本 RS 触发器的简化特性表

$\bar{R}$	$\bar{S}$	Q^{n+1}	功能描述
0	0	不定	不允许
0	1	0	置 0
1	0	1	置 1
1	1	Q^n	保持

在特性表的基础上，可推导出基本 RS 触发器的特性方程

$$\begin{cases} Q^{n+1}=\bar{S}+\bar{R}Q^n \\ \bar{R}+\bar{S}=1 \text{（约束条件）} \end{cases}$$

基本 RS 触发器的特点：

（1）结构简单，是构成其他触发器的基本单元。

（2）具有置 0、置 1 和保持的逻辑功能。

（3）输出受电平直接控制，即在输入信号作用时间内，其电平直接控制触发器输出端的状态，这是基本 RS 触发器的动作特点。因此，又将 $\bar{R}$ 和 $\bar{S}$ 称为直接复位端和直接置位端，并且也

常将 $\bar{R}$ 和 $\bar{S}$ 分别用 $\bar{R}_D$ 和 $\bar{S}_D$ 表示。电平直接控制导致该电路抗干扰能力下降。

(4) $\bar{R}$ 和 $\bar{S}$ 之间有约束，这限制了基本 RS 触发器的使用。

5.1.2 其他功能触发器

由于基本 RS 触发器由电平直接控制，易受外界干扰，因此引入了时钟触发器。时钟触发器的次态不仅受输入触发信号的控制，而且还受时钟脉冲信号的控制，这就改进了基本 RS 触发器电平直接控制的弊端。时钟脉冲信号通常为矩形波，如图 5.2 所示。

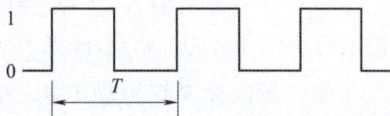

图 5.2　时钟脉冲信号

从图 5.2 中可以看出，CP 的一个周期由四个时间段组成：高电平（1）部分、低电平（0）部分、脉冲上升沿（0→1）和脉冲下降沿（1→0）。通常，时钟触发器的控制方式有高电平控制、上升沿控制和下降沿控制三种。

1. 高电平控制方式

在 CP 高电平其间，输入触发信号起作用；在 CP 低电平其间，即使有触发信号也不改变触发器的状态。但是，若在一个高电平其间，触发信号有变化，触发器状态就相应有变化，CP 脉冲失去同步作用，同时造成触发器的空翻。因此，高电平控制方式要求 CP 脉冲尽量窄，这就限制了这种方式的使用。

2. 上升沿控制方式

在这种控制方式中，触发信号只在 CP 上升沿起作用，从而控制输出状态。

3. 下降沿控制方式

在这种控制方式中，触发信号只在 CP 下降沿起作用，从而控制输出状态。

由于 CP 信号在一个周期内只有一个上升沿和一个下降沿，且持续时间很短，因此上升沿和下降沿两种控制方式不会有空翻现象，从而应用最为广泛。

下面分别介绍几种常见的时钟触发器。

图 5.3 所示为同步 RS 触发器，即高电平控制，从图中可以看出，当 $CP=0$ 时，门 G_3、G_4 的输出都是 1，输入 S、R 不起作用；当 $CP=1$ 时，输入 S、R 经过门 G_3、G_4 的输出为 $\bar{R}$、$\bar{S}$，同步 RS 触发器变为基本 RS 触发器。

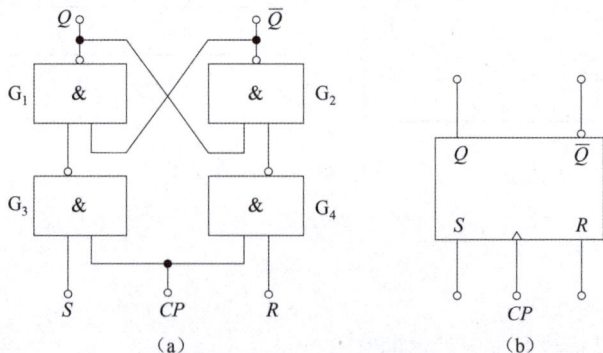

图 5.3　同步 RS 触发器
（a）逻辑电路；（b）逻辑符号

由于同步 RS 触发器在 $CP=1$ 其间正常工作时，仍须满足约束方程 $RS=0$，为此，可以稍微改动一下电路，将输入端 R 经过一个非门与输入端 S 连接在一起作为整个触发器的输入端 D，如图 5.4 所示。这样连接之后，无论输入端 D 是 0 还是 1，对于 G_1、G_2、G_3 和 G_4 组成的同步 RS 触发器来说，一直满足 $RS=0$。不过触发器的逻辑功能也发生了变化，$D=0$ 时，$X=0$。

$D=1$ 时，$X=1$，即这个触发器只具有置 0 和置 1 的功能，称为 D 触发器，加之该触发器受同步信号的控制，也称同步 D 触发器。

同步 D 触发器的特性方程为

$$Q^{n+1}=D$$

如图 5.5 所示主从 RS 触发器，由两个时钟脉冲信号反相的同步触发器级联而成。整个触发器的工作分为两步进行，当 $CP=1$ 时，G_1、G_2、G_3、G_4 组成的从触发器（同步 D 触发器）被封锁，Q 端状态保持不变；G_5、G_6、G_7、G_8 组成的主触发器（同步 RS 触发器）受输入端 R、S 的控制。当 CP 下降沿到来时，主触发器封锁，不再受输入端 R、S 的控制；从触发器接受主触发器的控制。$CP=0$ 其间，由于主触发器被封锁，Q_M^{n+1} 保持不变，所以整个触发器的状态也保持不变，即主从 RS 触发器的特性方程为

$$\begin{cases} Q^{n+1}=S+\overline{R}Q^n \\ RS=0 \quad (约束条件) \end{cases}$$

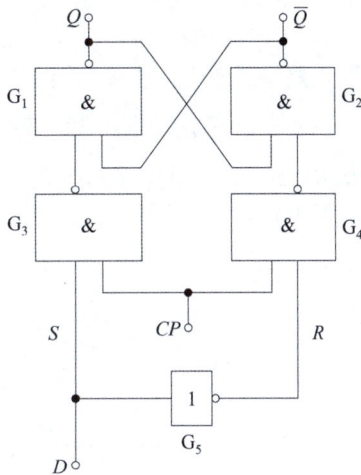

图 5.4 同步 D 触发器

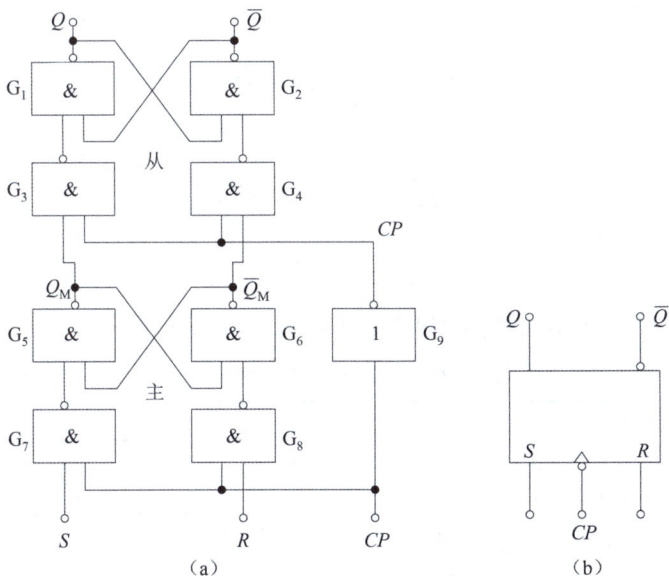

图 5.5 主从 RS 触发器
(a) 逻辑电路；(b) 逻辑符号

从同步 RS 触发器到主从 RS 触发器这一演变，克服了 $CP=1$ 其间触发器输出状态可能多次翻转的问题。但由于主触发器本身是同步 RS 触发器，所以在 $CP=1$ 其间 Q_M、$\overline{Q}_M$ 的状态仍然会

随 R、S 状态的变化而多次改变，而且输入信号仍需遵守约束条件 $RS=0$。

为了使用方便，希望即使出现 $S=R=1$ 的情况，触发器的次态也是确定的，因而对 RS 触发器的电路做了改进，改接成图 5.6 所示电路。

该触发器有 J、K 两个信号输入端，对比图 5.5 和图 5.6 可知，这相当于 $S=J\overline{Q^n}$，$R=KQ^n$ 的主从 RS 触发器。所以 $R\cdot S=J\overline{Q^n}\cdot KQ^n=0$，不管 J、K 如何取值，始终满足 RS 触发器的约束条件，即不存在约束条件。

$$S^{n+1}=S+\overline{R}Q^n=J\overline{Q^n}+\overline{KQ^n}\cdot Q^n=J\overline{Q^n}+\overline{K}Q^n$$

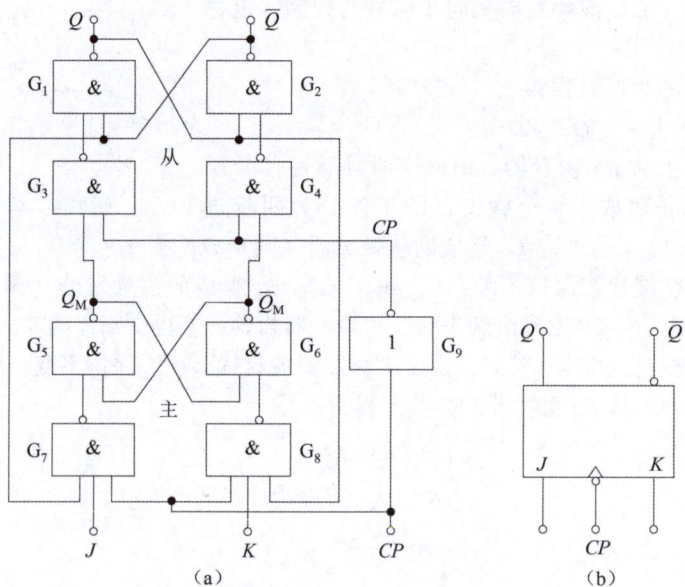

图 5.6　主从 JK 触发器

（a）逻辑电路；（b）逻辑符号

将 $S=J\overline{Q^n}$，$R=KQ^n$ 代入主从 RS 触发器的特性方程可得
即主从 JK 触发器的特性方程为

$$Q^{n+1}=J\overline{Q^n}+\overline{K}Q^n$$

通过特性方程，不难推出该触发器的特性表（表 5.3）和逻辑功能。

表 5.3　主从 JK 触发器的特性表

J	K	Q^n	Q^{n+1}		逻辑功能
0	0	0	0	$Q^{n+1}=Q^n$	保持
0	0	1	1		
0	1	0	0	$Q^{n+1}=0$	置 0
0	1	1	0		
1	0	0	1	$Q^{n+1}=1$	置 1
1	0	1	1		
1	1	0	1	$Q^{n+1}=\overline{Q^n}$	翻转
1	1	1	0		

具有置0、置1、保持和翻转功能的触发器称为 JK 触发器，由于图5.6所示触发器是主从电路结构，所以称其为主从 JK 触发器。

【例5.1】 设下降沿触发的主从 JK 触发器的时钟脉冲和 J、K 信号的波形如图5.7所示，请画出输出端 Q 的波形。设触发器的初始状态为0。

解： 如图5.7所示，主从触发器的输出状态变化，虽然发生在 CP 下降沿，但只有在 $CP=1$ 其间的全部时间里输入状态始终未变的情况下，用 CP 下降沿到达时输入的状态决定触发器的次态才肯定是对的。否则，就可能出错，故不能单纯地把它视为一个下降沿触发的触发器。为提高触发器的可靠性，增强抗干扰能力，人们研制出了各种边沿触发电路，它们的次态仅仅取决于 CP 信号下降沿（或上升沿）到达时输入信号的状态。而在此之前和之后输入信号状态的变化对触发器的次态没有影响。

较常用的边沿触发器是边沿 JK 触发器和边沿 D 触发器，边沿触发器有上升沿和下降沿两种触发方式。下降沿 D 触发器的逻辑符号如图5.8所示，上升沿 D 触发器的逻辑符号如图5.9所示。

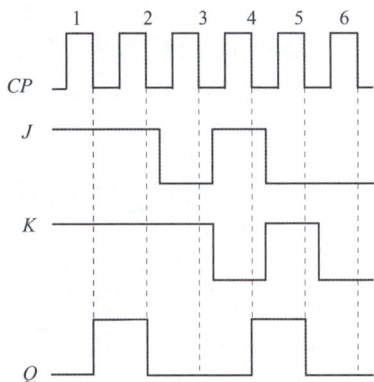

图5.7 J、K 信号的波形

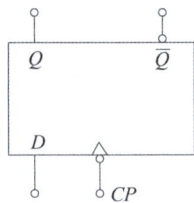

图5.8 下降沿 D 触发器的逻辑符号　　**图5.9 上升沿 D 触发器的逻辑符号**

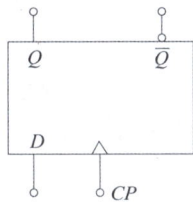

边沿 D 触发器具有以下特点：

（1）CP 边沿触发。在 CP 脉冲上升沿（或下降沿）时刻，触发器按照特性方程 $Q^{n+1}=D$ 转换状态，实际上是加在 D 端的信号被锁存起来，并送到输出端。

（2）抗干扰能力极强。因为是边沿触发，只要在触发沿附近一个极短的时间内，加在 D 端的输入信号保持稳定，触发器就能够可靠地接收，在其他时间里输入信号对触发器不起作用。

（3）没有翻转功能。在某些情况下，使用起来不如 JK 触发器方便，因为 JK 触发器在时钟脉冲作用下，根据 J、K 取值不同，具有保持、置0、置1、翻转四种功能。

实际应用中，有时只需要具有保持和翻转功能的触发器，这又促使了 T 触发器的问世。将 JK 触发器的两个输入端连接在一起作为一个输入端，就相当于把 JK 触发器的保持、翻转功能独立出来一样。图5.10所示为 T 触发器的逻辑符号，表5.4所示为 T 触发器的特性表。

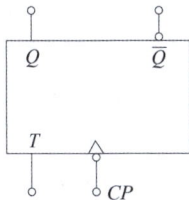

图5.10 T 触发器的逻辑符号

表5.4 T 触发器的特性表

T	Q^n	Q^{n+1}		逻辑功能
0	0	0	$Q^{n+1}=Q^n$	保持
0	1	1		
1	0	1	$Q^{n+1}=\overline{Q^n}$	翻转
1	1	0		

将 $T=J=K$ 代入主从 JK 触发器特性方程，即得

$$Q^{n+1} = J\overline{Q^n} + \overline{K}Q^n = T\overline{Q^n} + \overline{T}Q^n$$

即 T 触发器的特性方程为

$$Q^{n+1} = T\overline{Q^n} + \overline{T}Q^n$$

此外，在 T 触发器中，若令 $T=1$，则 $Q^{n+1} = \overline{Q^n}$，即此时的触发器每来一个时钟脉冲就翻转一次，只具有翻转功能的触发器称为 T' 触发器。T' 触发器的特性方程为

$$Q^{n+1} = \overline{Q^n}$$

5.1.3　不同逻辑功能触发器之间的转换

实际生产的触发器，只有 JK 型和 D 型两种，而在设计和应用时，经常需要具有其他逻辑功能的触发器，这就需要能够进行不同逻辑功能触发器之间的转换。

在转换时，可以遵循以下步骤：

（1）写出已有触发器和待求触发器的特性方程。

（2）变换待求触发器的特性方程，使其形式与已有触发器的特性方程一致。

（3）根据方程相等原则（变量相同、系数相等），比较已有和待求触发器的特性方程，求出转换逻辑。

（4）画电路图。

1. JK 触发器转换为 D、T、T' 触发器

1）JK 触发器转换为 D 触发器

JK 触发器的特性方程为

$$Q^{n+1} = J\overline{Q^n} + \overline{K}Q^n$$

D 触发器的特性方程为

$$Q^{n+1} = D$$

变换两式，使其形式一致

$$Q^{n+1} = D = D(Q^n + \overline{Q^n}) = DQ^n + D\overline{Q^n}$$

经比较式可得

$$\begin{cases} J = D \\ K = \overline{D} \end{cases}$$

据此，可得到 JK 触发器转换为 D 触发器的电路图，如图 5.11 所示。

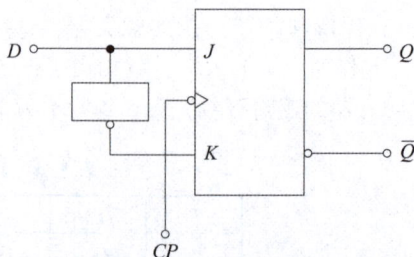

图 5.11　JK 触发器转换为 D 触发器的电路图

2）JK 触发器转换为 T 触发器

比较 T 触发器的特性方程 $Q^{n+1}=\overline{Q}^n$ 和 JK 触发器的特性方程 $Q^{n+1}=J\overline{Q}^n+\overline{K}Q^n$，可得

$$\begin{cases}J=T\\K=T\end{cases}$$

据此，可得到 JK 触发器转换为 T 触发器的逻辑图，如图5.12所示。

3）JK 触发器转换为 T' 触发器

比较 T' 触发器的特性方程 $Q^{n+1}=\overline{Q}^n$ 和 JK 触发器的特性方程 $Q^{n+1}=J\overline{Q}^n+\overline{K}Q^n$，可得

$$\begin{cases}J=1\\K=1\end{cases}$$

据此，可得到 JK 触发器转换为 T' 触发器的电路图，如图5.13所示。

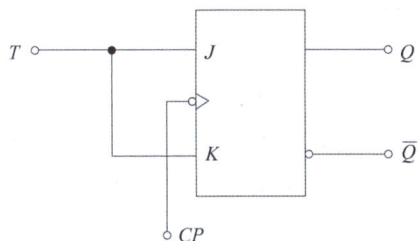

图5.12 *JK* 触发器转换为 *T* 触发器的电路图　　图5.13 *JK* 触发器转换为 *T'* 触发器的电路图

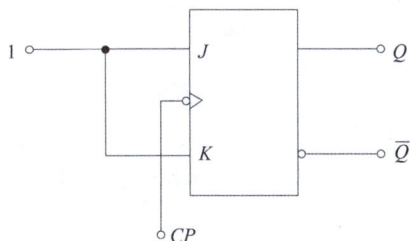

2. *D* 触发器转换为 *JK*、*T*、*T'* 触发器

用同样的方法，可得到3个转换电路图，分别如图5.14、图5.15、图5.16所示。

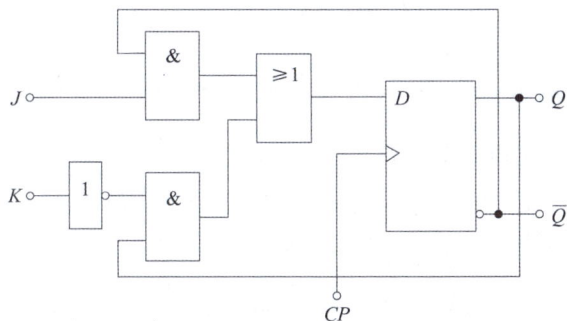

图5.14 *D* 触发器转换为 *JK* 触发器的电路图

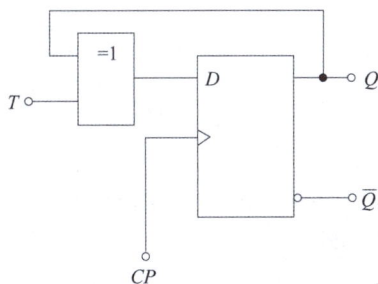

图5.15 *D* 触发器转换为 *T* 触发器的电路图　　图5.16 *D* 触发器转换为 *T'* 触发器的电路图

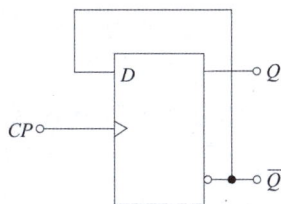

任务实施

实施设备与器材

（1）+5 V 直流电源。

（2）逻辑电平开关。

（3）逻辑电平显示器。

（4）直流电压表。

（5）单脉冲源。

（6）连续脉冲源。

（7）示波器。

（8）CD4011×1，CD4027×1，CD4013×1。

实施内容与步骤

1. 基本 RS 触发器逻辑功能测试

在集成电路 CD4011 中任选两个与非门，按图 5.17 组成测试电路，并按表 5.5 的要求输入高低电平，用万用表或逻辑电平显示器测出相应输出端的状态，结果填入表 5.5 中。

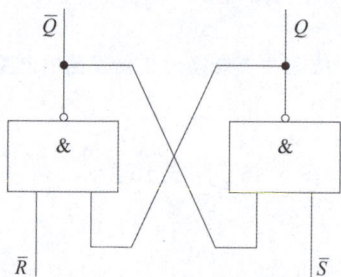

图 5.17　基本 RS 触发器

表 5.5　基本 RS 触发器功能测试

$\overline{R}$	$\overline{S}$	Q	$\overline{Q}$	触发器出状态
0	0			
0	1			
1	0			
1	1			

2. 集成 JK 触发器的逻辑功能测试

CMOS 集成双上升沿 JK 触发器 CD4027 的引脚排列及逻辑符号如图 5.18 所示，从 CD4027 中任选一个 JK 触发器，按下列步骤和要求进行测试：

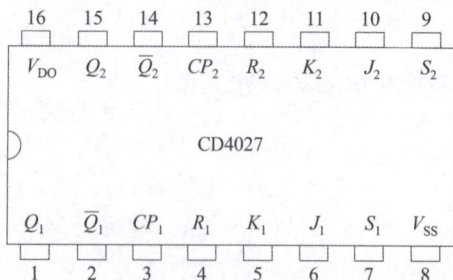

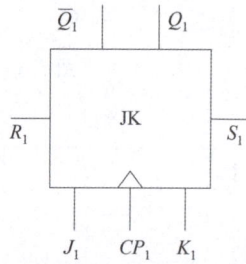

（a）　　　　　　　　　　（b）

图 5.18　CMOS 集成双上升沿 JK 触发器 CD4027 引脚排列及逻辑符号

（a）CD4027 引脚排列；（b）逻辑符号

1）异步置位和复位功能的测试

按表 5.6 中的要求，将触发器 JK 和 CP 端置任意状态，对 R、S 端输入相应的逻辑电平，测出相应的输出端的逻辑状态，结果填入表5.6中。

表5.6　JK触发器异步置位和复位功能测试

CP	J	K	R	S	Q	$\overline{Q}$
×	×	×	0	1		
×	×	×	1	0		

2）逻辑功能测试

（1）按表5.7中的要求，先将触发器置1或0（然后让 $R=S=0$ 不起作用），再从 CP 端加入单脉冲，J、K 加入相应的高低电平，测出 Q 端的状态，结果填入表5.7中。

表5.7　JK触发器逻辑功能测试

CP		0	↑	↓	0	↑	↓	0	↓	↓	0	↑	↓
J		0	0	0	0	0	0	1	1	1	1	1	1
K		0	0	0	1	1	1	0	0	0	1	1	1
Q	1												
	0												

注：表格中箭头↑表示 CP 脉冲上升沿，箭头↓表示 CP 脉冲下降沿。

（2）将 JK 触发器接成计数器状态（既 $J=K=1$，$R=S=0$），然后给 CP 端加入连续脉冲，用示波器观察 Q 及 $\overline{Q}$ 的波形，并在图5.19中画出，注意它们间的相位关系。

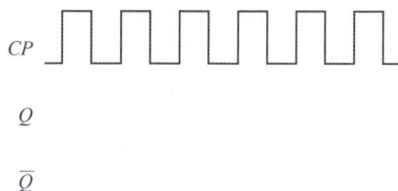

图5.19　JK触发器的波形

3. 集成D触发器的逻辑功能测试

CMOS 集成双上升沿 D 触发器的 CD4013 引脚排列及逻辑符号如图 5.20 所示，从 CD4013 中任选一个 D 触发器，按下列步骤和要求进行测试：

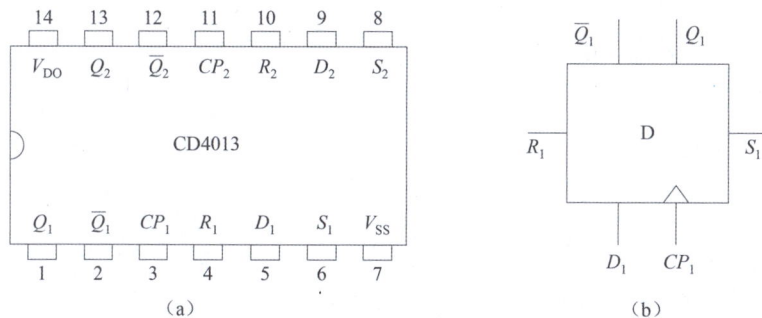

图5.20　CMOS集成双上升沿D触发器的CD4013的引脚排列及逻辑符号

（a）CD4013 的引脚排列；（b）逻辑符号

1）异步置位和复位功能的测试

按表 5.8 中的要求，将触发器 D 端和 CP 端置任意状态，对 R、S 端输入相应的逻辑电平，测出相应输出端的逻辑状态，结果填入表 5.8 中。

表 5.8　D 触发器异步置位和复位功能测试

CP	D	R	S	Q	$\overline{Q}$
×	×	0	1		
×	×	1	0		

2）逻辑功能测试

按表 5.9 中的要求，先将触发器 D 端接入对应的高低电平，再将触发器置 1 或 0，然后让 $R=S=0$ 不起作用，从 CP 端加入单脉冲，测出不同条件下输入三个单脉冲时 Q 端的状态，结果填入表 5.9 中。

表 5.9　D 触发器逻辑功能测试

D	0						1					
CP	↑	↓	↑	↓	↑	↓	↑	↓	↑	↓	↑	↓
Q 端状态												
Q 端初始状态			$Q=1$						$Q=0$			

4. 触发器间的转换

（1）将 D 触发器按图 5.21 进行连接，转换为计数器 T'。

（2）在 CP 端加点动正脉冲（观察端反转次数和端输入正脉冲个数之间的关系）并填表 5.10。

表 5.10　计数器功能测试

CP	个数	0	1		2		3		4	
	变化	0	↑	↓	↑	↓	↑	↓	↓	↑
Q 状态		0								

（3）CP 端加入连续脉冲，用示波器观察 Q 及 $\overline{Q}$ 的波形，并在图 5.22 中画出，注意它们间的相位关系。

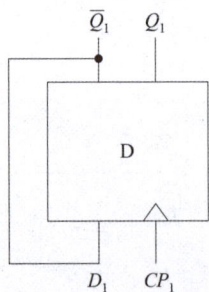

图 5.21　计数器 T'

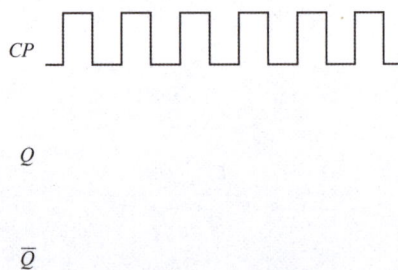

图 5.22　T' 触发器的波形

1. 任务问答

（1）基本 RS 触发器和主从 RS 触发器在功能上有什么区别？

（2）D 触发器和 T 触发器的基本功能有什么区别？

（3）在设计电路时，如何确定选用的触发器的种类？

2. 任务评估

任务评估如表 5.11 所示。

表 5.11　任务评估

工作任务			
小组号		工作组成员	
工作时间		完成总时长	
工作任务描述			
小组分工	姓名	工作任务	
任务实施步骤			
序号	工作内容	计划时间	操作员
验收评定		验收人签名	

小结反思 NEW!

1. 绘制思维导图。

2. 在任务实施中遇到哪些问题？是否解决？如何解决？填入表 5.12 中。

表 5.12　总结反思

遇到的问题	
解决方法	
问题反思	

任务 5.2　时序逻辑电路设计

任务描述

　　时序逻辑电路分析的目的是：根据给定的时序逻辑电路图，求出该电路状态转换的规律以及输出变化的规律，从而确定该时序电路的逻辑功能和工作特性。

　　任务提交：检测结论、任务问答、学习要点、思维导图、检查评估表。

学习导航

　　本任务参考学时：4 学时。通过本任务学习可以收获：

专业知识

1. 掌握时序逻辑电路的分析步骤。
2. 掌握时序逻辑电路的设计方法。

专业技能

1. 能够准确分析时序逻辑电路的功能。
2. 能够根据功能要求设计时序逻辑电路。
3. 能够选择合适的元件组成相应的功能电路。

职业素养

1. 通过电路分析，提升思维能力。
2. 养成良好的安全作业意识。
3. 能够团结同学、积极协作。

知识储备

时序逻辑电路分析一般遵循以下步骤：

1. 根据给定时序电路图写出下列各逻辑方程式

（1）各个触发器的时钟信号 CP 的逻辑表达式。
（2）时序电路的输出方程。
（3）各个触发器的驱动方程（即各触发器输入信号的逻辑表达式）。

2. 得到每个触发器的状态方程

将驱动方程代入各个触发器的特性方程中，得到每个触发器的状态方程。这些状态方程组成整个电路的状态方程组。

3. 画出电路的状态转换图或时序图

根据状态方程和输出方程，列出电路的状态转换表，并画出电路的状态转换图或时序图。

4. 确定电路的逻辑功能

观察状态转换图中各逻辑变量之间的关系，从而确定电路的逻辑功能。

【例5.2】试分析图5.23所示时序电路的逻辑功能。

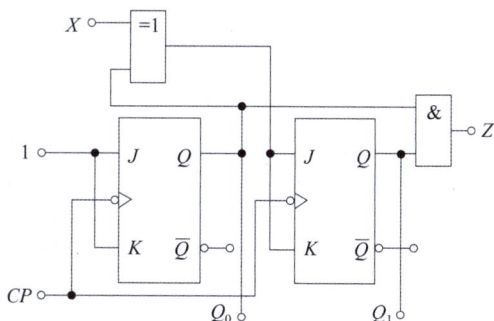

图 5.23　时序电路

解：

（1）写出各逻辑方程式。

①这是一个同步时序电路。同步时序电路是指各触发器使用相同的 CP 脉冲。本例两个 JK 触发器均受 CP 脉冲下降沿触发。各触发器 CP 信号的逻辑表达式不必写出。

②输出方程：$Z=Q_0^n Q_1^n$。

③驱动方程：$J_0=K_0=1$；
$$J_1=K_1=X\oplus Q_0^n。$$

（2）各触发器状态方程。

$$Q_0^{n+1}=J_0\overline{Q_0^n}+\overline{K_0}Q_0^n=\overline{Q_0^n}$$

$$Q_1^{n+1}=J_1\overline{Q_1^n}+\overline{K_1}Q_1^n=X\oplus Q_0^n\oplus Q_1^n$$

（3）列状态转换表（表5.13），画状态转换图（图5.24）和时序图（图5.25）。

表 5.13　例 5.2 的状态转换表

Q_1^n	Q_0^n	X	Q_1^{n+1}	Q_0^{n+1}	Z
0	0	0	0	1	0
0	1	0	1	0	0
1	0	0	1	1	0
1	1	0	0	0	1
0	0	1	1	1	0
0	1	1	0	0	0
1	0	1	0	1	0
1	1	1	1	0	1

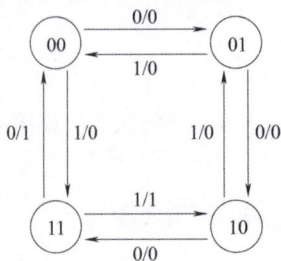

图 5.24　例 5.2 的状态转换图

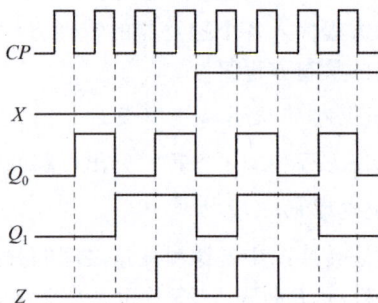

图 5.25　例 5.2 的时序图

（4）逻辑功能分析。

由状态转换图可知，此电路是一个可控四进制同步计数器。当 $X=0$ 时，进行加法计数，Z 是进位信号；当 $X=1$ 时，进行减法计数，Z 是借位信号。

【例5.3】试分析图5.26所示时序电路的逻辑功能。

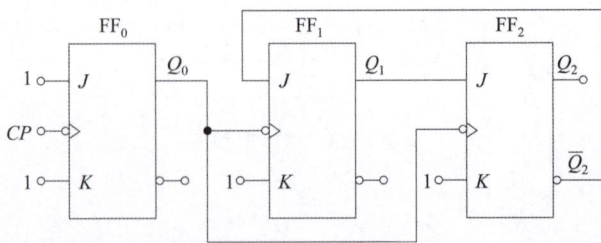

图 5.26　时序电路

（1）写出各逻辑方程式。

①这是一个异步电路，需要写出各触发器的时钟方程。

$$CP_0 = CP \qquad CP_1 = CP_2 = Q_0 \ (\downarrow 有效)$$

②驱动方程：$J_0 = K_0 = 1$

$$J_1 = \overline{Q}_2^n \qquad K_1 = 1$$
$$J_2 = Q_2^n \qquad K_2 = 1$$

（2）各触发器状态方程：$Q_0^{n+1} = \overline{Q}_2^n \quad CP \downarrow 有效$

$$Q_1^{n+1} = J_1\overline{Q}_1^n + \overline{K}_1 Q_1^n = \overline{Q}_1^n \overline{Q}_2^n \qquad Q_0 \downarrow 有效$$
$$Q_2^{n+1} = J_2\overline{Q}_2^n + \overline{K}_2 Q_2^n = Q_1^n \overline{Q}_2^n \qquad Q_0 \downarrow 有效$$

（3）列状态转换表（表5.14），画状态转换图（图5.27）和时序图（图5.28）。

表 5.14　例 5.3 的状态转换表

Q_2^n	Q_1^n	Q_0^n	Q_2^{n+1}	Q_1^{n+1}	Q_0^{n+1}	CP_0	CP_1	CP_2
0	0	0	0	0	1	$\downarrow$		
0	0	1	0	1	0	$\downarrow$	$\downarrow$	$\downarrow$
0	1	0	0	1	1	$\downarrow$		
0	1	1	1	0	0	$\downarrow$	$\downarrow$	$\downarrow$
1	0	0	1	0	1	$\downarrow$		
1	0	1	0	0	0	$\downarrow$	$\downarrow$	$\downarrow$
1	1	0	1	1	1	$\downarrow$		
1	1	1	0	0	0	$\downarrow$	$\downarrow$	$\downarrow$

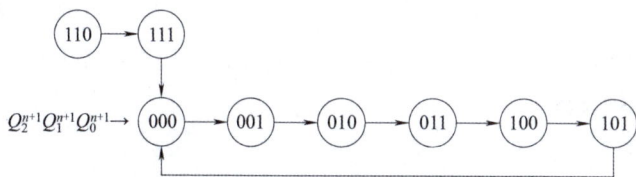

图 5.27　例 5.3 的状态转换图

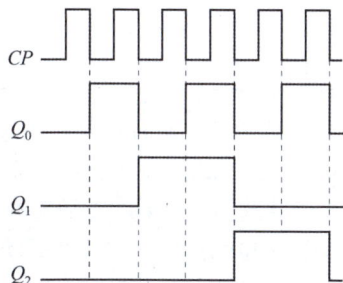

图 5.28　例 5.3 的时序图

（4）逻辑功能分析。

由状态转换图可看出，这是一个 3 位二进制异步加法计数器，计数范围从 000 到 101 构成计数环。110 和 111 为多余项，由于它们能自动进入计数环，所以该电路具有自启动功能。

时序电路设计是时序逻辑电路分析的逆过程，即根据给定的逻辑功能要求，选择适当的逻辑器件，设计出符合要求的时序逻辑电路。

同步时序逻辑电路的设计步骤如下：

（1）进行逻辑抽象，建立原始状态转换图。

具体做法如下：

①分析给定的逻辑功能，确定输入、输出变量及该电路包含的状态并进行编号。

②分别以上述状态为现态，分析每一个可能的输入组合作用下应转入哪个状态及相应的输出，便于得出原始状态转换图。

（2）状态化简。

（3）状态编码并画出用二进制数进行编码的状态转换图及状态转换表。

（4）选择触发器的类型及个数。

一般选择 JK 触发器和 D 触发器，前者功能齐全、使用灵活，后者控制简单、设计容易。触发器的个数 n 一般按下式确定

$$2^{n-1}<M<2^n \quad (M \text{ 是电路包含的状态个数})$$

（5）求电路的输出方程及驱动方程。

（6）画逻辑电路图，并检查自启功能。

【例 5.4】 试设计一个同步时序电路，其状态转换图如图 5.29 所示。

排列：$Q_2^n Q_1^n Q_0^n$。

解： 由于题目已给出二进制编码的状态转换图，所以可以从第（3）步做起。

（1）由状态转换图可得状态转换表，如表 5.15 所示。

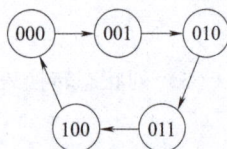

图 5.29 例 5.4 的状态转换图

表 5.15 例 5.4 的状态转换表

Q_2^n	Q_1^n	Q_0^n	Q_2^{n+1}	Q_1^{n+1}	Q_0^{n+1}
0	0	0	0	0	1
0	0	1	0	1	0
0	1	0	0	1	1
0	1	1	1	0	0
1	0	0	0	0	0
1	0	1	×	×	×
1	1	0	×	×	×
1	1	1	×	×	×

（2）选择触发器的类型及个数。

本例所列状态有 5 个，所以需要采用 3 个触发器。同时由于 JK 触发器功能比较齐全且使用灵活，因此选用 3 个下降沿触发的 JK 触发器。

（3）求电路的输出方程及驱动方程。

由状态转换表写出输出方程并化简得

$$Q_0^{n+1} = \overline{Q_2^n}\,\overline{Q_1^n}\,\overline{Q_0^n} + \overline{Q_2^n}Q_1^n\overline{Q_0^n} = \overline{Q_2^n}\,\overline{Q_0^n}$$

$$Q_1^{n+1} = \overline{Q_2^n}\,\overline{Q_1^n}Q_0^n + \overline{Q_2^n}Q_1^n\overline{Q_0^n} = \overline{Q_2^n}\,\overline{Q_1^n}Q_0^n + \overline{Q_0^n + Q_2^n}Q_1^n$$

$$Q_2^{n+1} = \overline{Q_2^n}Q_1^n Q_0^n = Q_1^n Q_0^n \overline{Q_2^n}$$

分别将这 3 个输出方程与 JK 触发器的特性方程 $Q^{n+1} = J\overline{Q^n} + \overline{K}Q^n$ 进行比较，可得触发器的驱动方程

$$J_0 = \overline{Q_2^n} \qquad\qquad K_0 = 1$$

$$J_1 = Q_0^n \overline{Q_2^n} \qquad\qquad K_1 = Q_0^n + Q_2^n$$

$$J_2 = Q_1^n Q_0^n \qquad\qquad K_2 = 1$$

（4）画逻辑电路图。

根据以上分析可设计出逻辑电路图，如图5.30所示。

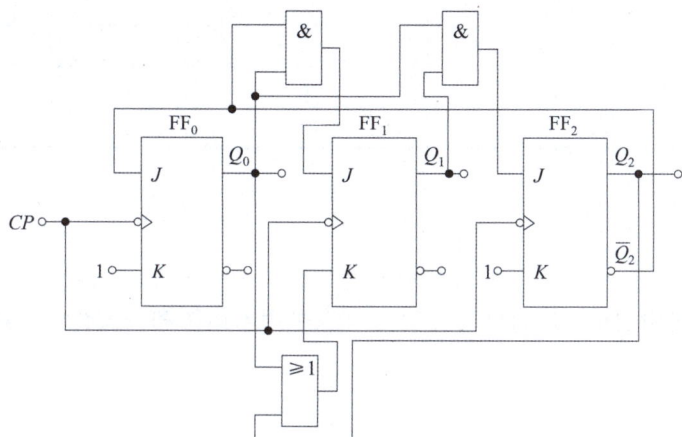

图5.30 例5.4的逻辑电路图

分别将无效状态101、110、111代入输出方程；可推得它们的次态皆为000；因此该电路具有自启功能。

任务实施

实施设备与器材

电子实训台、电子元件、各种基本触发器、各种与非门功能电路。

实施内容与步骤

测试如图5.31所示时序电路的逻辑功能。

用提供的电路模块搭建电路或在仿真软件上搭建电路，在电路实物或者仿真中验证电路功能，将电路运行结果填入表5.16中。

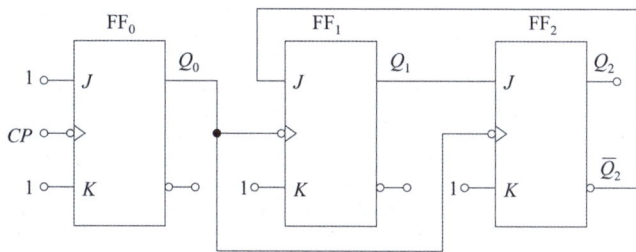

图5.31 时序电路

表5.16 电路运行结果

Q_2^n	Q_1^n	Q_0^n	Q_2^{n+1}	Q_1^{n+1}	Q_0^{n+1}	CP_0	CP_1	CP_2
0	0	0				↓		
						↓		
						↓		
						↓		

Q_2^n	Q_1^n	Q_0^n	Q_2^{n+1}	Q_1^{n+1}	Q_0^{n+1}	CP_0	CP_1	CP_2
						↓		
						↓		
						↓		
						↓		

检查评估

1. 任务问答

设计同步时序逻辑电路,进行状态化简时可以采用卡诺图和公式化简。在化简时如何选取化简的方式和方法?

2. 任务评估

任务评估如表 5.17 所示。

表 5.17　任务评估

工作任务			
小组号		工作组成员	
工作时间		完成总时长	
工作任务描述			
小组分工	姓名	工作任务	
任务实施步骤			
序号	工作内容	计划时间	操作员
验收评定		验收人签名	

小结反思 NEWST

1. 绘制思维导图。

2. 在任务实施中遇到哪些问题？是否解决？如何解决？填入表 5.18 中。

表 5.18　总结反思

遇到的问题	
解决方法	
问题反思	

任务 5.3　计数器

任务描述

本次任务：准确安装多进制计数器电路。

任务提交：检测结论、任务问答、学习要点、思维导图、检查评估表。

学习导航

本任务参考学时：4 学时。通过本任务学习可以收获：

📝 **专业知识**

1. 掌握计数器电路的设计方法。
2. 掌握二进制计数器的基本原则。
3. 掌握同步加法计数器、异步计数器和减法计数器的设计方法。
4. 掌握十进制计数器和 N 进制计数器的设计方法。

📝 **专业技能**

1. 能够分析不同二进制计数器的方法和原则。
2. 能够分析和设计十进制及 N 进制的计数器。
3. 能够选择合适的元件设计、搭建和验证不同进制的计数器。

🎤 **职业素养**

1. 通过设计电路，激发学生的创新思维。
2. 养成良好的安全作业意识。
3. 能够团结同学、积极协作。

知识储备 💻

计数器是用来统计输入脉冲个数的时序逻辑电路；它输入的是脉冲信号，输出的是二进制数码；其内部主要由触发器构成，用途广泛；除计数外，还可以实现分频、定时、测量和产生节拍脉冲等。

计数器的种类很多，按数的进制，可分为二进制计数器和非二进制计数器（如十进制和六十进制计数器等）；按计数时数值是递增还是递减，可分为加法计数器、减法计数器和可逆计数器；按计数器中各触发器翻转是否共用一个 CP 脉冲，可分为同步计数器和异步计数器；此外，计数器按照使用的开关元件，还可分为 TL 和 CMOS 计数器两大类。

5.3.1 二进制计数器

1. 二进制异步计数器

如图 5.32 所示由三个上升沿触发的 D 触发器组成的三位二进制异步加法计数器。由于图中各个 D 触发器的 $\overline{Q}$ 端已经连至 D 端；所以这三个触发器具有翻转计数的功能。同时各 $\overline{Q}$ 端又与高位触发器的脉冲输入端相连；所以，各触发器翻转不同步；这是个异步时序电路。结合 D 触发器的翻转特点，不难得出其状态图和时序图，分别如图 5.33 和图 5.34 所示。

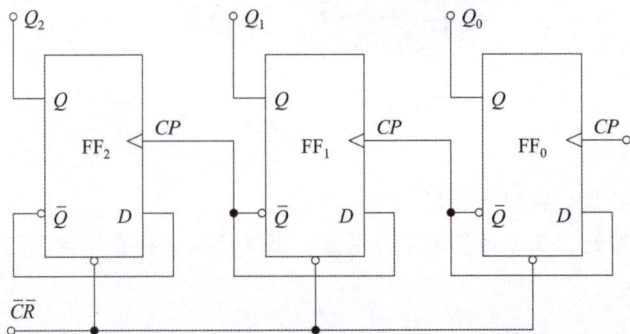

图 5.32　三位二进制异步加法计数器

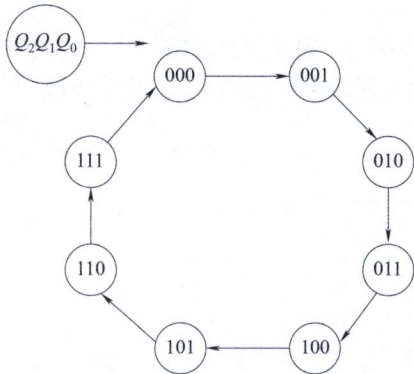

图 5.33　三位二进制异步加法计数器的状态图

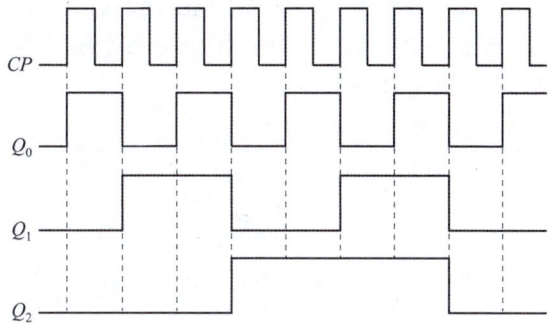

图 5.34　三位二进制异步加法计数器的时序图

由状态图可以清楚地看到，从初态 000 开始，每输入一个计数脉冲，计数器的状态按二进制数规律递增 1，输入第 8 个计数脉冲后，计数器又回到初态 000。

从时序图可以看到：Q_0、Q_1、Q_2 的周期分别是计数脉冲周期的 2 倍、4 倍、8 倍，也即 Q_0、Q_1、Q_2 分别对 CP 波形进行了二分频、四分频、八分频，因而计数器也可作为分频器使用。

如果将图 5.32 中触发器 FF_1 和 FF_2 的脉冲分别改为 Q_0、Q_1，如图 5.35 所示，不难分析得出该图的时序图，如图 5.36 所示，按照 Q_2、Q_1、Q_0 的顺序，可以看出这是三位二进制异步减法计数器。

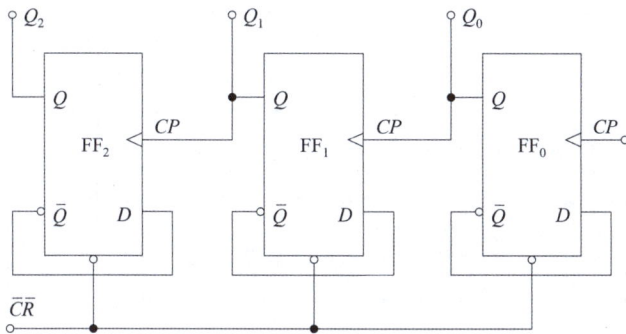

图 5.35　二进制减法计数器

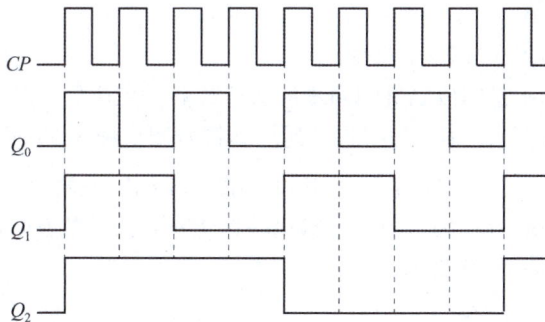

图 5.36　三位二进制异步减法计数器的时序图

2. 二进制同步计数器

为提高计数速度，可采用同步计数器。图 5.37 所示为用 JK 触发器组成的三位二进制同步加法计数器。由于 CP 脉冲同时作用于各个触发器，所有触发器的翻转是同时进行的，因此工作速度一般要比异步计数器高。

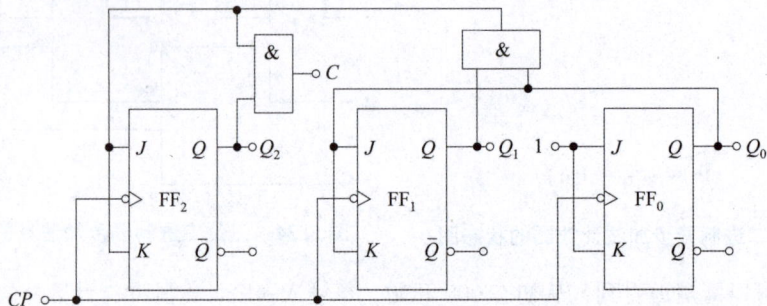

图 5.37　三位二进制同步加法计数器

应当指出的是，同步计数器的电路结构较异步计数器复杂，需要增加一些输入控制电路，因而其工作速度也要受这些控制电路的传输延迟时间的限制。

在二进制同步加法计数器的电路基础上，如果用低位触发器的 $\overline{Q}$ 端去驱动高位触发器，将得到二进制同步减法计数器，如图 5.38 所示。

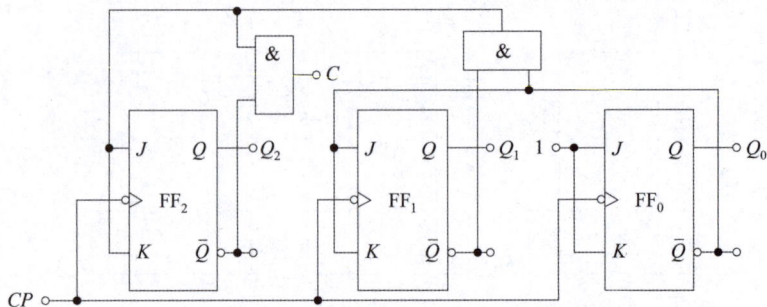

图 5.38　三位二进制同步减法计数器

3. 集成二进制计数器

集成四位二进制同步加法计数器 74LS161。

集成数字电路 74LS161 是四位二进制同步加法计数器，其基本工作原理与前面介绍的三位二进制同步加法计数器相同。74LS161 的引脚排列图和符号图如图 5.39 所示，图中，CP 为计数脉冲输入端；$\overline{CR}$ 为清零端；$\overline{LD}$ 为预置数控制端；CT_T 和 CT_P 为两个计数器工作状态控制端；$D_0 \sim D_3$ 为并行输入数据端；CO 为进位信号输出端；$Q_0 \sim Q_3$ 为计数器状态输出端。

74LS161 的功能表如表 5.19 所示。

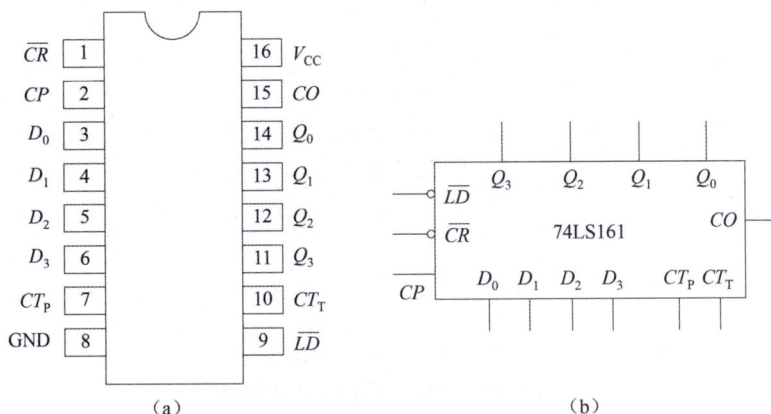

图 5.39　74LS161 的引脚排列图和符号

（a）引脚排列图；（b）符号图

表 5.19　74LS161 的功能表

输入信号（条件）									输出信号（结果）				备注
$\overline{CR}$	$\overline{LD}$	CT_T	CT_P	CP	D_3	D_2	D_1	D_0	Q_3	Q_2	Q_1	Q_0	
0	×	×	×	×	×	×	×	×	0	0	0	0	清零
1	0	×	×	↑	D_3	D_2	D_1	D_0	D_3	D_2	D_1	D_0	预置数
1	1	1	1	↑	×	×	×	×	加法计数				十六进制
1	1	0	×	×	×	×	×	×	保持				
1	1	×	0	×	×	×	×	×	保持				

由表 5.19 可看出，74LS161 是一个具有异步清零、同步置数、可保持状态不变的四位二进制加法计数器。

74LS163 与 74LS161 功能非常相似，只是 74LS163 是同步清零。

5.3.2　十进制计数器

十进制计数器是在二进制计数器的基础上演变而来的，其输出结果通常是 8421BCD 码，所以也称二-十进制计数器。下面仅以异步十进制加法计数器来做介绍。

十进制的编码方式有多种，最常用的是 8421 编码方式，是取四位二进制编码中 16 个状态的前 10 个状态 0000~1001 来表示十进制数的 0~9 这 10 个数码的。也就是当计数器计数到第 9 个脉冲后，若再来 1 个脉冲，计数器的状态必须由 1001 变到 0000，完成一个循环的变化。

图 5.40 所示为异步十进制加法计数器的一种，用 JK 触发器来构成。当加以第 9 个计数脉冲时，Q_3、Q_2、Q_1、Q_0 的状态应为 1001，由于现在增加了与非门，且该与非门的输出 $G = \overline{Q_3^n Q_1^n}$，因此当第 10 个脉冲作用后，会使 $G = 0$，而 G 的输出又接至 $Q_0 \sim Q_3$ 的直接置零端，所以它又使 $Q_0 \sim Q_3$ 置 0。其结果是 $Q_3 Q_2 Q_1 Q_0$ 的 = 1010 的状态一经出现，又立即自行复位为 0000，这一方法称为反馈归零法。

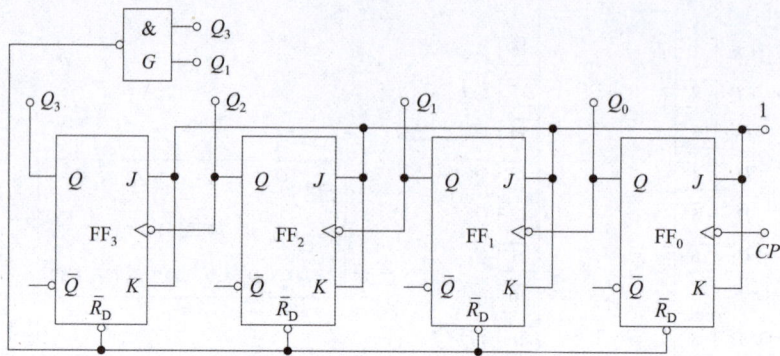

图 5.40　异步十进制加法计数器

5.3.3　N 进制计数器

n 位二进制计数器可以组成 $2n$ 进制的计数器，如四进制、八进制等。但在实际应用中，需要的往往不是 $2n$ 进制的计数器，如五进制、七进制等。组成方法一般有两种：一种是用时钟触发器和门电路进行设计；另一种是用集成计数器构成，称为反馈归零法和预置数复位法。这两种方法的基本思想是：利用计数器的直接置零端或预置数端的清零功能，截取计数过程中的某一个中间状态来控制清零端或预置数端，使计数器从该状态返回到零而重新开始计数，这样就弃掉了后面的一些状态，把模较大的计数器改成了模较小的计数器（所谓模，是指计数器中循环状态的个数）。

用预置数复位法获得 N 进制计数器的主要步骤：首先写出状态 S_{n-1} 的二进制代码；然后求出预置数复位法的逻辑表达式；最后画出连线图。

【例 5.5】利用预置数复位法，外加一个与非门，使 74LS161 构成十二进制计数器。

解：74LS161 是一个十六进制同步加法计数器。

（1）写出状态 S_{n-1} 的二进制代码。

$$S_{n-1} = S_{12-1} = S_{11} = 1011 = Q_3Q_2Q_1Q_0$$

（2）与非门输入端与 $Q_0 \sim Q_3$ 之间的连线规律。

把上式中 S_{n-1} 状态为 1 的各个触发器 Q 端与与非门的输入端相连。

（3）画连线图，如图 5.41 所示。

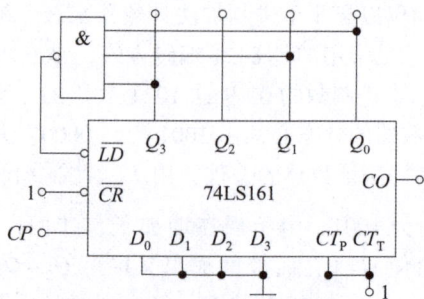

图 5.41　例 5.5 的连线图

5.3.4 计数器容量的扩展

集成计数器一般都设有级联用的输入端和输出端,只要把它们正确连接起来,便可得到容量更大的计数器。各计数器之间的连接方式可分为串行进位方式、并行进位方式、整体清零方式和整体置数方式。其中,常用的串行进位方式是以低位片的进位输出信号作为高位片的时钟输入信号;并行进位方式是以低位片的进位输出信号作为高位片的工作状态控制信号(计数的使能信号),两片的 CP 输入端同时接计数脉冲输入信号。

一般而言,把一个 N_1 进制计数器和一个 N_2 进制计数器串接起来,便可以构成 $N = N_1 \times N_2$ 进制计数器,其框图如图 5.42 所示。

图 5.42　计数器容量扩展框图

在许多情况下,一般先把集成计数器级连起来扩大容量之后,再用反馈归零或预置数复位法使计数器的容量减小,获得所需进制的计数器。例如,要获得 $N = 180$ 进制的计数器,可先把两片 74LS161 级联起来构成 256 进制计数器,再用预置数复位法即可得到 180 进制同步加法计数器,如图 5.43 所示。

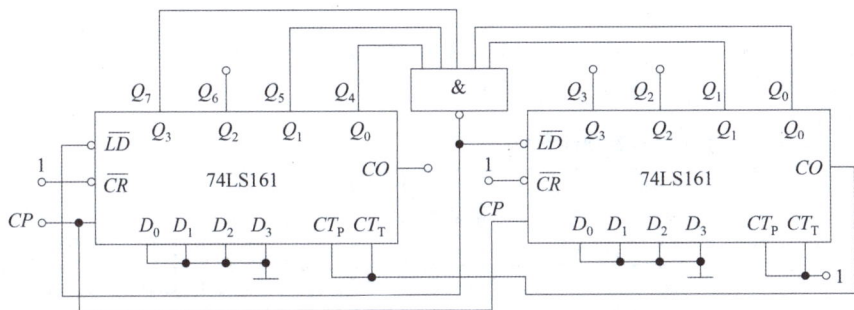

图 5.43　两片 74LS161 级联成 180 进制计数器

任务实施

实施的目的

(1)熟悉计数器的工作原理,掌握计数器逻辑功能的测试方法。

(2)了解实际集成计数电路的使用方法。

实施设备与器材

(1)+5 V 直流电源。

(2)逻辑电平开关。

(3)逻辑电平显示器。

(4)单脉冲源。

(5)连续脉冲源。

(6)示波器。

（7）CD4027×2、CD4510×1。

实施内容与步骤

1. 异步二进制减法计数器

（1）利用集成电路 CD4027 中的 *JK* 触发器，按图 5.44 组成异步二进制减法计数器，将各触发器的输出端 Q_A、Q_B、Q_C 接到逻辑电平显示器上，清零端接到逻辑电平开关，实验中需要清零时，将开关打至高电平清零，然后打回低电平位置（各触发器的 S 端应接低电平不动），*J*、*K* 应接"1"，成计数器状态，虽然图中未画接线，但不能悬空。

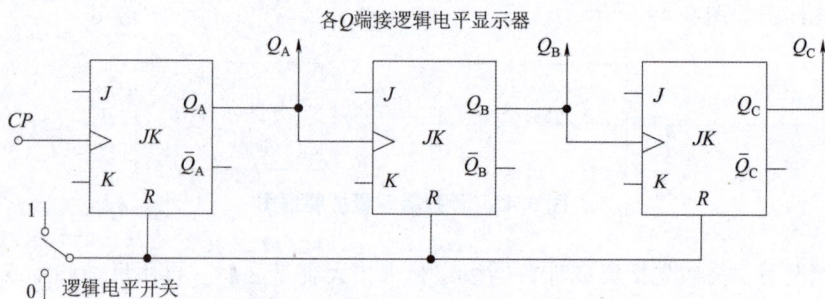

图 5.44　异步二进制减法计数器

（2）在计数端加入单脉冲（点动脉冲），观察逻辑电平显示器的显示，并将结果填入表 5.20 中。

（3）在计数脉冲端加入连续脉冲，用示波器观察各触发器 *Q* 端的输出波形，要交替观测，对准相位关系，将观测的波形画在图 5.45 中。

表 5.20　减法计数器功能测量

CP 数	二进制码			十进制数
	Q_A	Q_B	Q_C	
0	1	1	1	7
1				
2				
3				
4				
5				
6				
7				
8				

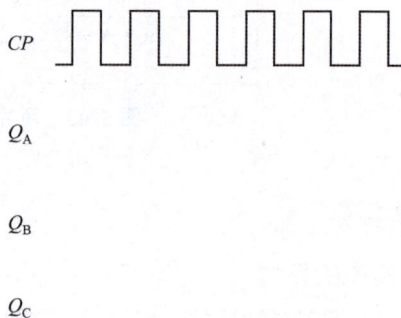

图 5.45　二进制减法计数器波形

2. 异步二进制加法计数器

按图 5.46 接线，利用集成电路 CD4027 中的 *JK* 触发器组成异步二进制加法计数器，按减法计数器的测试步骤，完成表 5.21 的测试和图 5.47 波形的绘制。

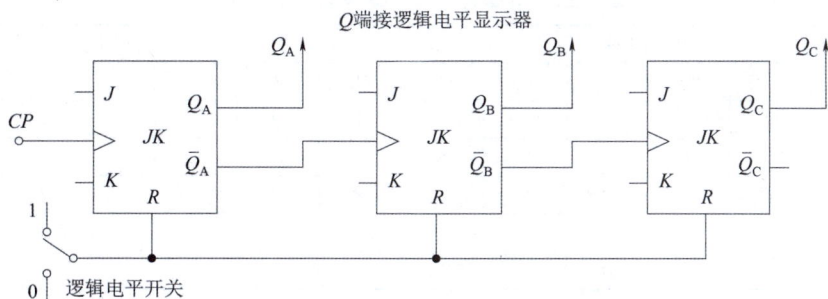

*Q*端接逻辑电平显示器

图 5.46　二进制加法计数器

表 5.21　加法计数器功能测试

CP 数	二进制码			十进制数
	Q_A	Q_B	Q_C	
0	0	0	0	0
1				
2				
3				
4				
5				
6				
7				
8				

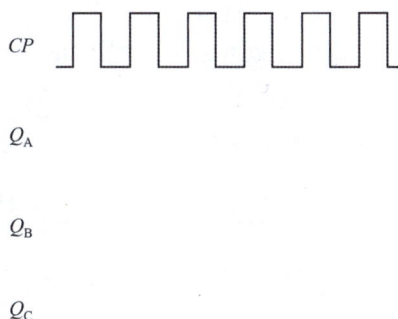

图 5.47　二进制加法计数器波形

3. 可预置数的同步十进制加/减计数器 CD4510 逻辑功能测试

CD4510 的引脚排列如图 5.48 所示，将输出端 $Q_1 \sim Q_4$ 接到逻辑电平显示器上，按表 5.22 中的要求对各功能端进行接线、测试，并将结果填入表 5.22 中。

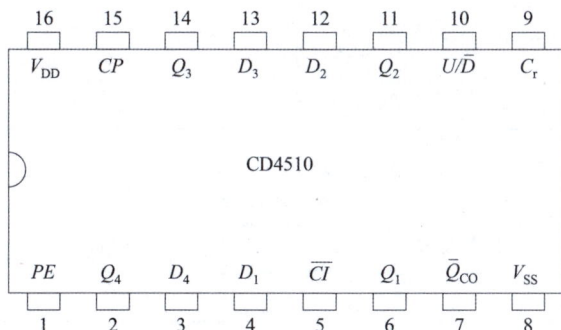

图 5.48　CD4510 的引脚排列

$D_1 \sim D_4$：预置数输入端；$Q_1 \sim Q_4$：BCD 输出端；PE：预置数控制端；$\overline{CI}$ 数据保持端；C_r：清零端；$\overline{Q_{CO}}$：进位输出端；$U/\overline{D}$：加减计数控制端；CP：脉冲输入端。

表 5.22   计数器 CD4510 逻辑功能测试

输入信号（条件）									输出信号（结果）			
CP	$\overline{CI}$	$U/\overline{D}$	PE	C_r	D_1	D_2	D_3	D_4				
×	×	×	1	0	0	1	1	0				
×	×	×	×	1	×	×	×	×				
×	1	×	0	0	×	×	×	×				
↑↓	0	1	0	0	×	×	×	×				
↑↓	0	0	0	0	×	×	×	×				

检查评估

1. 任务问答

（1）不同进制计数器在设计时应如何设计？

（2）异步计数器和同步计数器的区别有哪些？

2. 任务评估

任务评估如表 5.23 所示。

表 5.23   任务评估

工作任务			
小组号		工作组成员	
工作时间		完成总时长	
工作任务描述			
小组分工	姓名	工作任务	
任务实施步骤			
序号	工作内容	计划时间	操作员
验收评定		验收人签名	

小结反思 NEWSL

1. 绘制思维导图。

2. 在任务实施中遇到哪些问题？是否解决？如何解决？填入表5.24中。

表5.24　总结反思

遇到的问题	
解决方法	
问题反思	

任务5.4　脉冲波形发生器

任务描述

　　在数字电路应用系统中，常需要脉冲信号，获得脉冲信号的方法通常有两种：一种是利用脉冲振荡器直接产生，如多谐振荡器；另一种是利用脉冲整形电路，如单稳态触发器和施密特触发器等，其中，施密特触发器主要用以将变化缓慢的或快速变化的非矩形脉冲变换成上升沿和下降沿都很陡峭的矩形脉冲，而单稳态触发器则是主要用以将宽度不符合要求的脉冲变换成符合要求的矩形脉冲。

　　本次任务：制作多谐振荡器和单稳态触发器。

任务提交：检测结论、任务问答、学习要点、思维导图、检查评估表。

学习导航

本任务参考学时：4 学时，通过本任务学习可以收获：

专业知识

1. 掌握多谐振荡器的特性。
2. 掌握单稳态触发器、施密特触发器的结构和构成。
3. 掌握 555 定时器的基本特性和电路结构。

专业技能

1. 能够分析多谐振荡器的结构和基本功能。
2. 能够分析单稳态触发器和施密特触发器的基本结构。
3. 能够根据需要设计 555 定时器的功能电路。

职业素养

1. 通过对各种振荡电路的原理分析和设计，提升分析能力。
2. 养成良好的安全作业意识。
3. 能够团结同学、积极协作。

知识储备

多谐振荡器也称无稳态电路，它不需要外界输入触发信号就能自动地周期性地产生矩形脉冲。由于矩形脉冲中的谐波分量很多，因此称为多谐振荡器。多谐振荡器可用分立元件组成，也可用集成电路组成。

5.4.1 TTL 与非门构成的多谐振荡器

1. 电路组成

图 5.49 所示为 TTL 与非门构成的多谐振荡器，其中 u_k 是控制端，当 u_k 为高电平时振荡器振荡；当 u_k 为低电平时，振荡器停止振荡。G_1、G_2 可以产生高低电平，C_1、C_2 形成正反馈网络，R_1、R_2 可以调节振荡周期，并用来确定 TTL 与非门的静态工作点，使与非门工作在转折区。

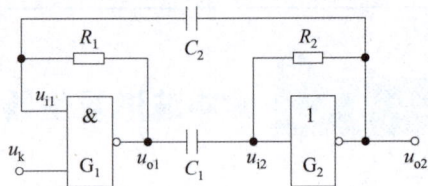

图 5.49　TTL 与非门构成的多谐振荡器

2. 工作原理

接通电源时，由于某种原因（如外界干扰、内部噪声或电源波动）使 G_1 门输入电压 u_{i1} 产生微小的正向波动，G_1、G_2 门都工作在转折区，使 u_{o1} 产生很大的负跳变，电容上的电压不会突变，通过 G_2 门使 u_{o2} 产生更大的正跳变，反馈到 G_1 门就会产生下列正反馈过程。

$$u_{i1} \longrightarrow u_{o1}\downarrow \longrightarrow u_{i2}\downarrow \longrightarrow u_{o2}\uparrow$$

该过程使 G_1 门输出 u_{o1} 迅速跳变为低电平，G_2 门输出 u_{o2} 迅速跳变为高电平，电路进入第一个暂稳态。此后，u_{o2} 通过 R_2、电源通过 G_2 门输入端向电容 C_1 充电，使 G_2 门输入 u_{i2} 电位升高，同时电容 C_2 通过 R_1、G_1 门输出工作管放电，使 G_1 门输入 U_{i1} 电位降低。由于 C_1 充电速度快，首先使 u_{i2} 上升到 G_2 门的阈值电平 U_{TH}，使 G_2 门输出产生负跳变，反馈到 G_1 门，使 G_1 门输入 u_{i1} 负跳变，G_1 门输出 u_{o1} 正跳变；使 G_2 门输入 u_{i2} 正跳变，G_2 门输出 u_{o2} 产生更大负跳变，正反馈过程为

$$u_{i2} \longrightarrow u_{o2}\downarrow \longrightarrow u_{i1}\downarrow \longrightarrow u_{o1}\uparrow$$

因此，G_2 门迅速跳变成低电平，G_1 门迅速跳变成高电平，电路第一个暂稳态结束进入另一个暂稳态。第一个暂稳态持续时间为电容 C_1 充电所需时间 $T_1 \approx R_2 C_1$，此时 u_{o1} 通过 R_1、电源通过 G_1 门输入端向电容 C_2 充电，使 G_1 门输入 u_{i1} 电位升高，同时电容 C_1 通过 R_2、G_2 门输出工作管放电，使 G_2 门输入 u_{i2} 电位降低。C_2 充电速度快，首先使 u_{i1} 上升到 G_1 门的阈值电平 U_{TH} 使 G_1 门输出产生负跳变，使 u_{i2} 产生负跳变，G_2 门输出 u_{o2} 正跳变，反馈到 G_1 门输入端，产生正反馈，使 G_1 门输出为低电平，G_2 门输出为高电平，电路第二暂稳态结束进入第一暂稳态。电容 C_2 充电所需时间 $T_2 \approx R_1 C_2$，这样周而复始，产生周期性矩形脉冲输出。其工作波形如图 5.50 所示。

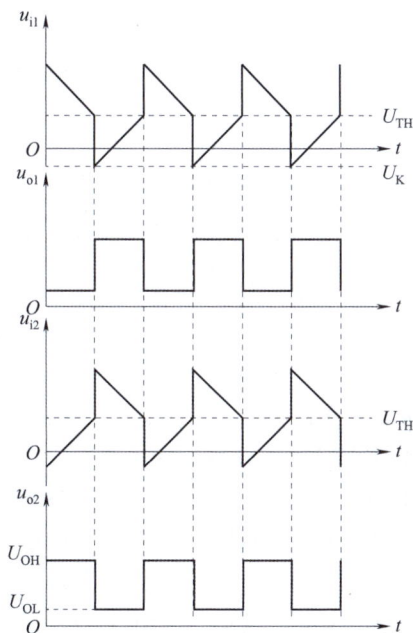

图 5.50　TTL 与非门构成的多谐振荡器的工作波形

3. 振荡周期

由于充电时间比放电时间快，所以暂稳态维持时间取决于两个电容的充电时间。

若 $R_1 = R_2 = R$，$C_1 = C_2 = C$，则振荡周期 T 可以用下式进行估算。

$$T = 2RC\ln\frac{U_{OH} - U_{iK}}{U_{OH} - U_T}$$

从门电路手册中查得，$U_{iK} = -1\ V$，$U_T = 1.4\ V$，$U_{OH} = 3.6\ V$ 代入上式可得

$$T \approx 1.4RC$$

5.4.2　石英晶体多谐振荡器

在许多数字系统中，常常用到频率十分稳定的脉冲信号，由 TTL 门电路组成的多谐振荡器既受时间常数 RC 的影响，也与阈值电压 U_{TH} 有关系，而决定振荡频率是否稳定的主要因素 U_{TH} 容易受温度、电源电压变化的影响，因此振荡频率稳定性较差。目前广泛采用的稳频方法是在多谐振荡器的反馈回路中串入石英晶体，构成石英晶体振荡器。

图 5.51 所示为石英晶体的结构、符号和电抗频率特性。

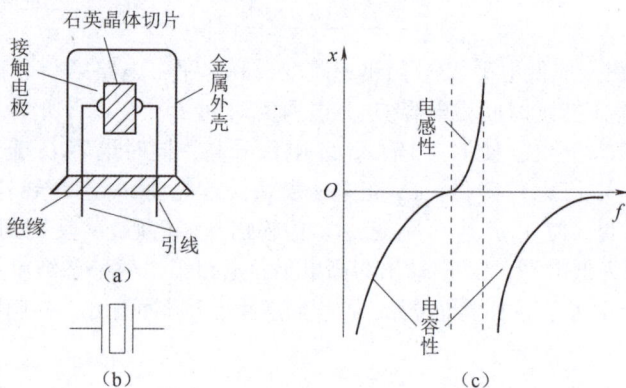

图 5.51　石英晶体的结构、符号和电抗频率特性

（a）结构；（b）符号；（c）电抗频率特性

由图 5.51（c）可以看出，石英晶体具有极好的选频特性，而且频率特性非常稳定。当将石英晶体接入 TTL 门电路组成的多谐振荡器反馈回路中后（图 5.52），因为石英晶体在外加频率为 f_0 时电抗最小，电压信号最容易通过它而形成正反馈通路，所以振荡器的工作频率必然为 f_0。其他频率的电压信号经过石英晶体后严重衰减，不足以产生振荡。在电路接通电源以后，门 G_1、G_2 的输入端 u_{i1} 和 u_{i2} 必然有噪声电压存在，而噪声电压的

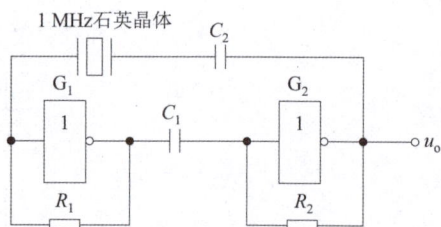

图 5.52　石英晶体多谐振荡器

频谱很宽，其中一定含有 f_0 频率的电压成分。这个电压成分开始时可能极小，但经过电路正反馈作用的增强，立即就能达到使门电路在饱和与截止状态间转化所需要的输入信号幅度。

f_0 称为石英晶体的固有振荡频率，它只与石英晶体切割方向、外形和尺寸有关，不受外围电路参数的影响。石英晶体谐振频率稳定度可达 $10^{-10} \sim 10^{-11}$，足以满足大多数数字系统对脉冲频率稳定度的要求。

5.4.3　多谐振荡器的应用

1. 分频电路

多谐振荡器可以作为脉冲信号源，也可用作为分频电路，如图 5.53 所示。CMOS 石英晶体多谐振荡器产生频率为 32 768 Hz 的基准信号，经 15 级异步计数器分频后，便可以得到稳定度很高的频率为 1 Hz 的信号，这种信号可以用作各种计时系统的基准信号源。

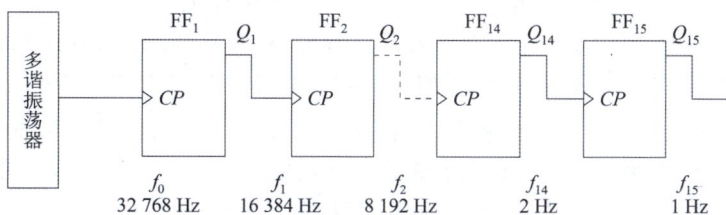

图 5.53　多谐振荡器分频电路

2. 防盗报警电路

如图 5.54 所示防盗报警电路，该电路由 555 定时器（其性质在 5.4.6 节中详细说明）、多谐振荡器、铜丝、扬声器等组成。铜丝放置于盗窃者必经之处，如门、窗等。当接通开关 S 时，由于铜丝位于复位端 4 与地之间，555 定时器复位，输出低电平，扬声器不发声。当铜丝被触断时，4 端获得高电平，555 定时器构成多谐振荡器开始工作，由 3 端输出一个一定频率的矩形波电压，经耦合电容后供给扬声器进而发出报警声。

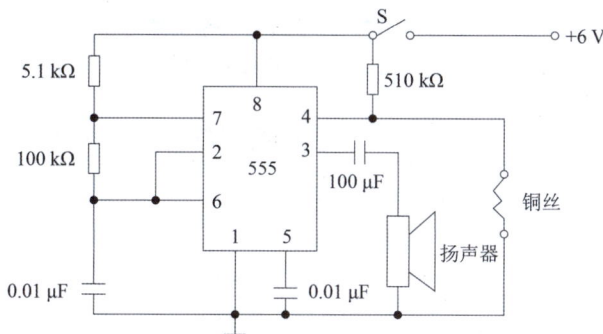

图 5.54　防盗报警电路

另外，多谐振荡器还可用来构成模拟声响电路，制作简易门铃、液位控制器及简易的测温报警器等。

5.4.4　单稳态触发器

单稳态触发器只有一个稳态，另一状态出现时因不能长久称为暂稳态，从稳态进入暂稳态的时刻由输入信号的有效沿决定，暂稳态持续的时间由单稳态触发器本身的时间常数决定，经过暂稳态后电路自动返回稳态。

单稳态触发器常用于脉冲波形的变形、延时和定时。

单稳态触发器可以用门电路组成，也可以用集成单稳态触发器器件组成。无论用哪一类器件，都需要外接电阻和电容元件，用 RC 电路的充放电过程来决定暂稳态持续时间的长短。

1. 集成单稳态触发器

根据电路的工作状态，集成单稳态触发器可分为不可重复触发型和可重复触发型。在进入暂稳态期间，若有触发脉冲再次作用，电路工作状态不变，只有暂稳态结束后，下一个输入触发脉冲才会起作用，这种单稳态触发器称为不可重复触发型，如国产 74121、74221、74LS221 等。若在进入暂稳态期间，有触发脉冲再次作用时电路工作状态回到刚被触发时的起始状态，使暂稳态延长，这种单稳态触发器称为可重复触发型，如 74122、74123、CC14528 等。

下面以 TTL 集成单稳态触发器电路 74121 为例介绍其功能及应用。

74121 是一种不可重复触发的单稳态触发器，图 5.55（a）所示为 74121 的逻辑图，由单稳态电路和门 1、门 2 组成的触发输入电路两部分组成。门 1 为低电平输入有效的或非门，门 2 为施密特触发器触发的与门。$\overline{A_1}$、$\overline{A_2}$ 和 B 是触发信号输入端，Q 和 $\overline{Q}$ 是单稳态电路的互补输出端。C_{ext}、R_{ext}/C_{ext} 为外接定时电容和电阻的外引线端，C_{int} 为内部定时电阻的引出端。图 5.55（b）所示为其引脚图。表 5.25 所示为 74121 的功能表。

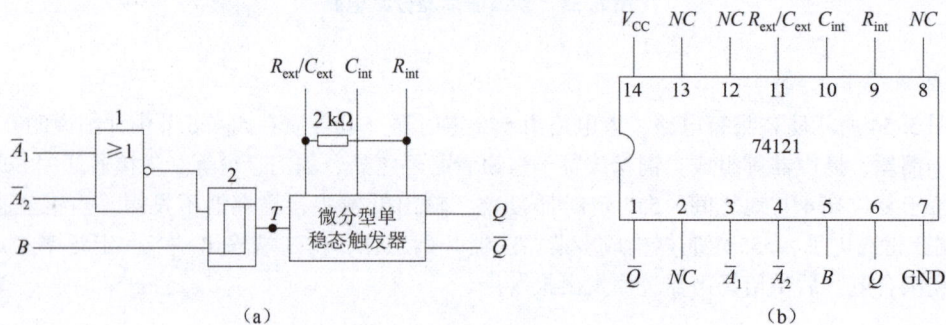

图 5.55　74121 逻辑图和引脚图

（a）逻辑图；（b）引脚图

表 5.25　74121 的功能表

输入			输出	
$\overline{A_1}$	$\overline{A_2}$	B	Q	$\overline{Q}$
0	×	1	0	1
×	0	1	0	1
×	×	0	0	1
1	1	×	0	1
1	↓	1	⊓	⊔
↓	1	1	⊓	⊔
↓	↓	1	⊓	⊔
0	×	↑	⊓	⊔
×	0	↑	⊓	⊔

若将 10、11 脚之间接上适当的电容 C，11 脚与 14 脚之间接上适当的电阻 R（或将内部电阻 R_{int} 接到 V_{CC}，即将 9、14 脚相接）电路即可正常工作。由表 5.25 可知：稳态时，$Q=0$，$\overline{Q}=1$。

要使单稳态翻转（由稳态进入暂稳态），即图 5.55 所示电路在 T 点产生正跳变，有三种方法：

（1）两个输入端 $\overline{A_1}$、$\overline{A_2}$ 中至少有一个是低电平，使门 1 输出为高电平，而 B 输入端由低电平变为高电平，即 B 有上升沿。

（2）B 端为高电平，$\overline{A_1}$、$\overline{A_2}$ 中有一个高电平，而另一个由高电平变为低电平，即有下降沿。

（3）B 端为高电平，$\overline{A_1}$、$\overline{A_2}$ 同时由高电平向低电平变化。

因此，图 5.55 电路提供了两种触发方式：一种在输入 B 端采用上升沿触发；另一种是输入 A 端采用下降沿触发。

单稳态电路一旦触发翻转，输出的脉冲宽度（即暂稳态持续的时间）仅与定时元件 R、C 有关，输出脉冲宽度 $t_W \approx 0.7RC$，其中，R 可以是外接电阻或内接电阻（一般为 $2 \sim 40\ \mathrm{k}\Omega$），$C$ 为外接电容。

2. 单稳态触发器的应用

1）用于脉冲整形

单稳态触发器能把不规则的波形变换成为幅度和宽度都相等的脉冲信号，如图 5.56 所示，输入的尖脉冲波形 u_i 经过单稳态触发器后变为输出 u_o 的矩形波。

2）用于脉冲延时和定时

由于单稳态触发器能产生一定脉宽 t_p 的脉冲波形，因此用此脉冲控制与非门，只有在 t_p 期间输入 A 信号才有效，才有正常的输出，从而实现延时和定时的作用，如图 5.57 所示。

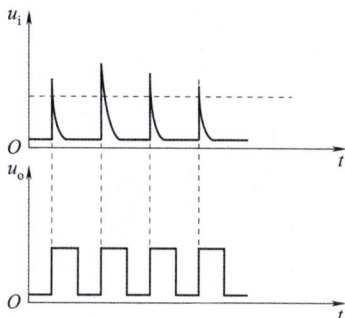

图 5.56　单稳态触发器用于整形

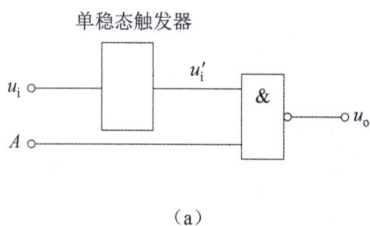

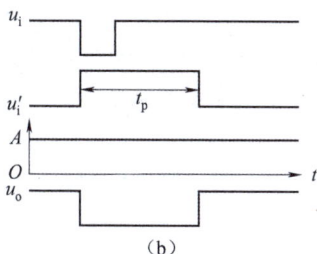

（a）　　　　　　　　　　　　　（b）

图 5.57　单稳态触发器用于延时和定时

（a）电路图；（b）波形图

5.4.5　施密特触发器

施密特触发器是一种脉冲信号的整形电路，有两个稳定的工作状态，即输出 u_o 为 "1" 或 "0" 均可稳定。它具有以下工作特点：

（1）施密特触发器属于电位触发，缓慢变化的信号也可作触发输入信号，输出状态的翻转和保持都依赖于输入信号的大小。

（2）施密特触发器具有滞回特性，对于正向和反向变化的输入信号整形时，分别有不同的临界阈值电压。

图 5.58 所示为典型施密特触发器的触发特性。

当输入电压上升时和下降时特性曲线的转折点对应的输入电压 U_{T+} 和 U_{T-} 是不同的，其中，U_{T+} 称为正向阈值电压，U_{T-} 称为负向阈值电压，U_{T+} 和 U_{T-} 之差称为回差电压，用 ΔU_T 表示，即

$$\Delta U_T = U_{T+} - U_{T-}$$

集成施密特触发器具有较好的性能，其正向阈值电压 U_{T+} 和负向阈值电压 U_{T-} 也很稳定，具有很强的抗干扰能力，使用十分方便。工业上使用的集成施密特触发器产品很多，如 CMOS 六施密特反相器 C40106，TTL 六施密特反相器 74LS14，施密特四二输入与非门

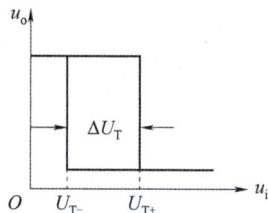

图 5.58　典型施密特触发器的触发特性

74LS132、54LS132 等。图 5.59 所示为 CC40106、74LS132 的外引脚排列。

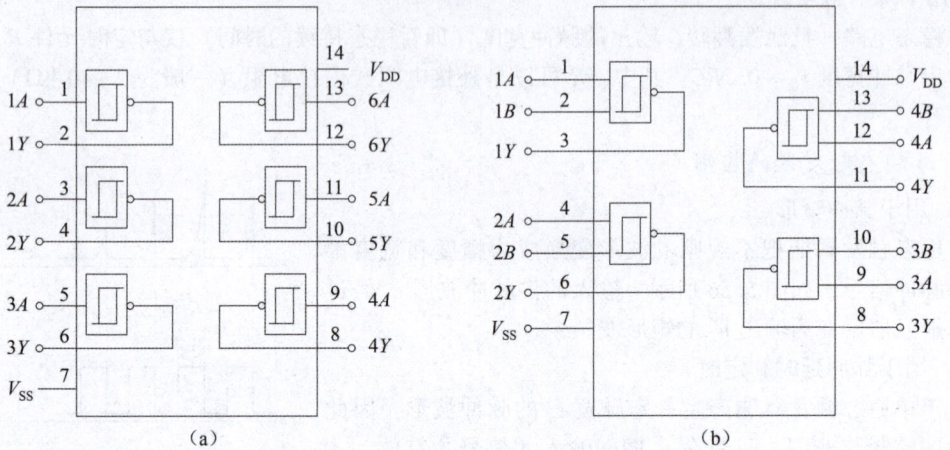

图 5.59　CC40106、74LS132 的外引脚排列

(a) CC40106；(b) 74LS132

集成施密特触发器的主要静态参数可以通过手册查出。表 5.26 和表 5.27 分别所示为 CC40106、74LS132 的主要参数值。

表 5.26　CC40106 的主要静态参数

参数名称	符号	测试条件	参数	
		V_{DD}	最小值	最大值
上限阈值电压/V	U_{T+}	5	2.2	3.6
		10	4.6	7.1
		15	6.8	10.8
下限阈值电压/V	U_{T-}	5	0.9	2.8
		10	2.5	5.2
		15	4	7.4
回差电压/V	ΔU_T	5	0.3	1.6
		10	1.2	3.4
		15	1.6	5

表 5.27　74LS132 的主要参数值

典型延迟时间/ns	典型门功耗/mW	典型 U_{T+}/V	典型 U_{T-}/V	典型回差 ΔU_T/V
15	8.8	1.6	0.8	0.8

施密特触发器的应用非常广泛，主要用于波形变换、波形整形以及脉冲幅度鉴别等。

1. 用于波形变换

由于施密特触发器的输出只有高、低电平两种状态，而且输出状态转换时输出电压波形的边缘十分陡峭，因此利用施密特触发器可以把缓慢变化的电压信号转换成比较理想的矩形脉冲，如图 5.60 所示。

2. 用于波形整形

在数字系统中，矩形脉冲信号经过传输以后往往发生波形畸变，将一个不规则的或者发生畸变的波形经过施密特触发器电路，可以得到良好的波形，这就是施密特触发器的整形功能，如图 5.61 所示。

3. 用于脉冲幅度鉴别

利用施密特触发器，可以从输入幅度不等的一系列脉冲信号中，去掉幅度较小的脉冲，保留幅度超过 U_{T+} 的脉冲，这就是幅度鉴别，幅度鉴别对于输入信号到达一定值需要给出超限报警信号时是非常有用的，如图 5.62 所示。

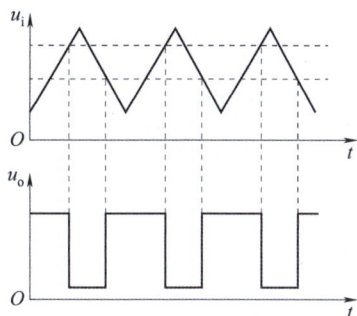

图 5.60 施密特触发器用于波形变换

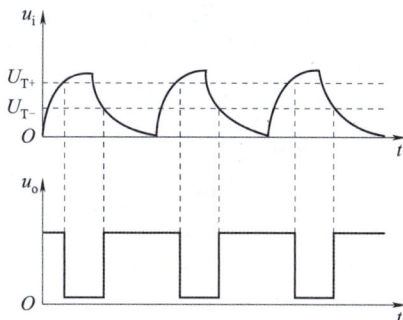

图 5.61 施密特触发器用于波形整形

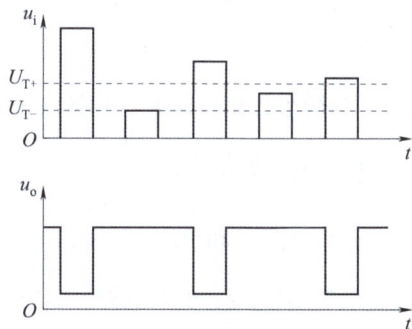

图 5.62 施密特触发器用于脉冲幅度鉴别

5.4.6 555 定时器及其应用

555 定时器是一种结构简单、使用方便灵活、用途广泛的多功能电路，该电路只需外接少量的阻容元件就可以构成单稳态触发器、多谐振荡器和施密特触发器。它的电源电压范围宽（双极型 555 定时器为 5~16 V，CMOS 555 定时器为 3~18 V），可提供与 TTL 及 CMOS 数字电路兼容的接口电平，还可输出一定功率，驱动微电机、指示灯、扬声器等，因而在波形的产生与变换、测量与控制等许多领域中都得到了广泛的应用。

目前国内外各电子器件公司生产了各自的 555 定时器产品，虽然产品的型号各异，但所有双极型产品型号的最后三个数码都是 555，所有 CMOS 产品型号的最后四个数码都是 7555，它们的结构、工作原理以及外部引脚排列基本相同。

1. 555 定时器的结构及其特性

555 定时器的内部电路图和引脚图如图 5.63 所示，它由分压器、比较器 C_1 和 C_2、基本 RS 触发器和放电三极管 V 等部分组成。

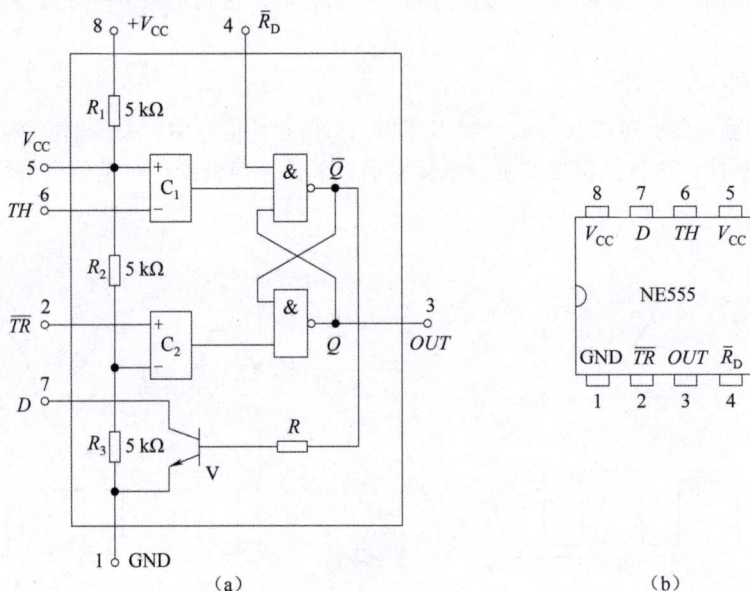

图 5.63　555 定时器的内部电路图及引脚图

（a）内部电路图；（b）引脚图

1）分压器

分压器由 3 个 5 kΩ 电阻组成，为两个由集成运算放大器构成的电压比较器 C_1 和 C_2 提供了基准电平，当 5 脚悬空时，电压比较器 C_1 的基准电平 $U_{R_1} = \dfrac{2}{3} V_{CC}$，比较器 C_2 的基准电平 $U_{R_2} = \dfrac{1}{3} V_{CC}$，改变 5 脚的电压可改变电压比较器 C_1 和 C_2 的基准电平。当 5 脚不外接其他电阻或者其他电平时，该脚不可悬空，需通过 0.01 μF 左右的电容接地，以防止高频干扰信号影响 5 脚的电位值。

2）比较器

两个运算放大器组成电压比较器。

当 $TH > U_{R_1}$、$\overline{TR} > U_{R_2}$ 时，比较器 C_1 的输出 $U_{C_1} = 1$，比较器 C_2 的输出 $U_{C_2} = 1$，基本 RS 触发器被置成 $Q = 0$，同时输出端 OUT 为 0。

当 $TH < U_{R_1}$、$\overline{TR} < U_{R_2}$ 时，$U_{C_1} = 1$，$U_{C_2} = 0$，基本 RS 触发器被置成 1 状态，$Q = 1$，输出端 OUT 为 1。

当 $TH < U_{R_1}$、$\overline{TR} > U_{R_2}$ 时，$U_{C_1} = 1$，$U_{C_2} = 1$，基本 RS 触发器保持原状态不变。

3）基本 RS 触发器

基本 RS 触发器由两个与非门组成，它的状态由两个比较器的输出控制。根据基本 RS 触发器的工作原理，以确定触发器的输出端 Q 为 1 还是 0。

4）直接复位（置零）端 $\overline{R}_\mathrm{D}$

4 脚为直接复位端 $\overline{R}_\mathrm{D}$，当 $\overline{R}_\mathrm{D}=1$ 时，与非门正常工作；若 $\overline{R}_\mathrm{D}=0$，则与非门输出端恒为 1，从而使 3 脚输出端 OUT 为 0。可见，正常工作时，4 脚应该接高电平，通常将它与 8 脚的正电源接在一起。

5）放电管 V

放电管 V 工作在开关工作状态，放电端 D 是三极管的集电极（或 MDS 管的漏极），放电端 D 与地（GND 或 V_SS）之间近似一个开关，当 $OUT=0$ 时，V 饱和导通，D 与地之间开关闭合（接通）；当 $OUT=1$ 时，V 截止，D 与地之间的开关断开。如果将放电三极管的集电极经过一个外接电阻接到电源上，即可组成一个反相器。

根据上述分析，可以得到 555 定时器的功能表，如表 5.28 所示。

表 5.28　555 定时器的功能表

输入信号（条件）			输出信号（结果）	
$\overline{R}_\mathrm{D}$	TH	$\overline{TR}$	OUT	D
0	×	×	0	与地之间的开关闭合
1	$>\dfrac{2}{3}V_\mathrm{CC}$	$>\dfrac{1}{3}V_\mathrm{CC}$	0	与地之间的开关闭合
1	×	$<\dfrac{1}{3}V_\mathrm{CC}$	1	与地之间的开关断开
1	$<\dfrac{2}{3}V_\mathrm{CC}$	$>\dfrac{1}{3}V_\mathrm{CC}$	状态保持不变	状态保持不变

2. 由 555 定时器构成的多谐振荡器

图 5.64（a）所示为 555 定时器构成的多谐振荡器，电路中将高电平触发端 TH 和低电平触发端 $\overline{TR}$ 短接，并在放电回路中串入电阻 R_2。其中电阻 R_1 和 R_2 以及 C 作为振荡器的定时元件，决定输出矩形波的脉冲宽度和周期。其工作波形如图 5.64（b）所示。

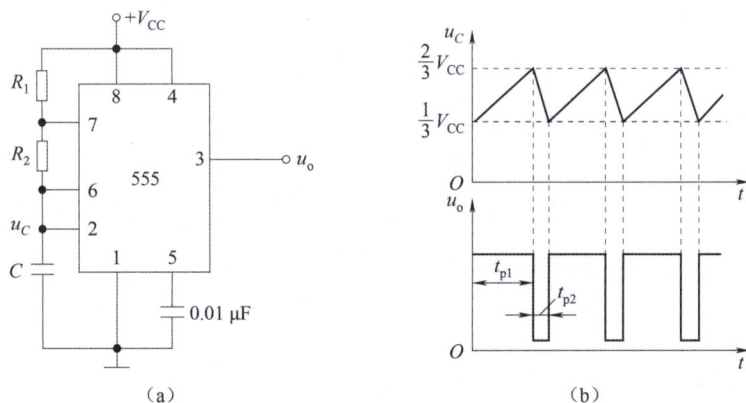

（a）　　　　　　　　　　（b）

图 5.64　多谐振荡器电路图和工作波形

（a）电路图；（b）工作波形

下面具体分析工作原理。

由于接通电源后，电容器两端电压 $u_c=0$，故 TH 端与 $\overline{TR}$ 端均为低电平，输出 u_o 为高电平，放电管 V 截止。当电源刚接通时，电源经 R_1、R_2 对电容 C 充电，使其电压 u_c 按指数规律上升，当 u_c 上升到 $2/3u_c$ 时，TH 起作用，输出端 OUT 为低电平，放电管 V 导通，把 u_c 从 $1/3V_{CC}$ 上升到 $2/3V_{CC}$ 这段时间内的状态称为第一暂稳态，其维持时间的长短与电容的充电时间有关。充电时间常数是

$$\tau_{充}=(R_1+R_2)C$$

由于放电管 V 导通，电容 C 通过电阻 R_2 和放电管放电，电路进入第二暂稳态，放电时间常数

$$\tau_{放}=R_2C$$

随着 C 的放电，u_c 下降，当 u_c 下降到 $1/3V_{CC}$ 输出端 OUT 为高电平，放电管 V 截止，电容 C 放电结束，V_{CC} 再次对电容 C 充电，电路翻转到第一暂态，如此反复，则输出可得矩形波形。

由以上分析可知，电路靠电容 C 充电来维持第一暂稳态，其持续时间为 t_1，电路靠电容 C 放电来维持第二暂态，其持续时间为 t_2。电路一旦起振后，u_c 电压总是在 $(1/3\sim2/3)V_{CC}$ 变化。

电路振荡周期 T 按下式计算。

$$T=t_1+t_2$$

t_1 由电容 C 充电过程来完成。其中：$u_c(0_+)=1/3V_{CC}$，$u_c(\infty)=+V_{CC}$，$\tau_{充}=(R_1+R_2)C$，因此

$$t_1=(R_1+R_2)C\ln\dfrac{V_{CC}-\dfrac{1}{3}V_{CC}}{V_{CC}-\dfrac{2}{3}V_{CC}}=(R_1+R_2)C\ln2$$

t_2 由电容 C 放电过程来完成。其中：$u_c(0_+)=2/3V_{CC}$，$u_c(\infty)=0$，$\tau_{放}=R_2C$，因此

$$t_2=R_2C\ln\dfrac{0-\dfrac{1}{3}V_{CC}}{0-\dfrac{2}{3}V_{CC}}=R_2C\ln2$$

$$T=t_1+t_2=(R_1+R_2)C\ln2+R_2C\ln2=(R_1+2R_2)C\ln2$$

电路振荡频率为

$$f=\frac{1}{T}=\frac{1}{(R_1+2R_2)C\ln2}\approx\frac{1.44}{(R_1+2R_2)C}$$

3. 由 555 定时器构成的单稳态触发器

1）电路组成

如图 5.65（a）所示用 555 构成的单稳态触发器，图中，R、C 为外接定时元件，输入触发信号 u_i 接在低触发端 $\overline{TR}$ 端，电路产生的矩形波信号由 3 脚输出。

2）工作原理

（1）电路的稳态。

静态时，触发器信号 u_i 为高电平，u_o 为低电平，放电管饱和导通，这是一种稳态，假设 $u_o=1$ 为高电平，这种状态是不稳定的，因为电源 $+V_{CC}$ 经电阻 R 对电容 C 充电，电容两端电压 u_c 上升，当 u_c 上升到 $2/3V_{CC}$ 后，TH 端为高电平，u_o 变为低电平，放电管 V 饱和导通，电容 C 被旁路，无法再充电，电路处于稳定状态。

（2）在外加触发信号作用下，电路从稳态翻转到暂稳态。

在触发脉冲 $u_i<1/3V_{CC}$ 作用下，输出 u_o 为高电平，放电管 V 截止，电路进入暂稳态，定时

开始。在暂稳态期间，电源$+V_{CC}$经R和C到地，对电容充电，充电时间常数$\tau=RC$，u_C按指数规律上升，趋向$+V_{CC}$值。

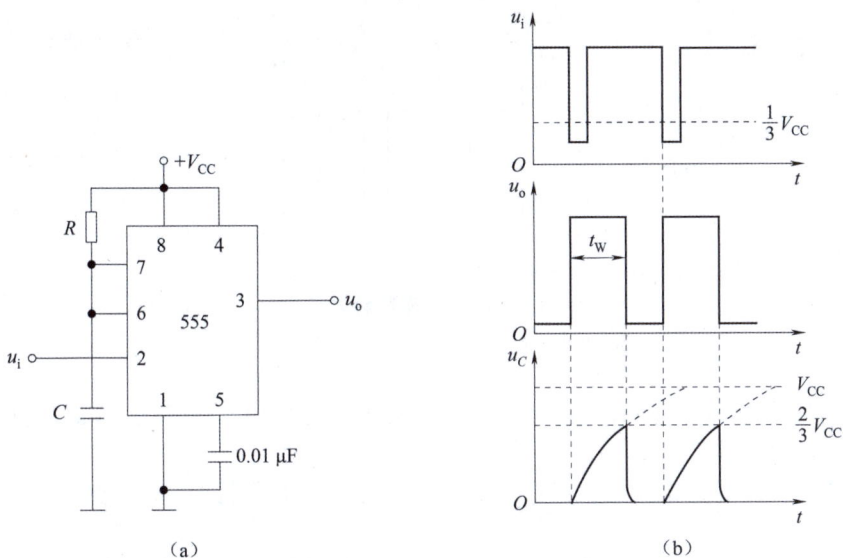

图 5.65 单稳态触发器电路图和工作波形

（a）单稳态触发器电路；（b）工作波形

（3）自动返回过程。

当电容两端电压u_C上升到$(2/3)V_{CC}$后，TH端为高电平，此时触发脉冲已经消失，$\overline{TR}$端为高电平，输出u_o为低电平。放电管V导通，电容C充电结束，即暂稳态结束。

（4）恢复过程。

由于放电管V导通，电容C经放电管放电，u_C迅速下降到0，这时TH端为低电平，$\overline{TR}$端为高电平，基本RS触发器状态不变，保持$Q=0$，输出u_o为低电平。

当第二个触发脉冲到来时，又重复上述过程。工作波形如图5.65（b）所示。

3）输出脉冲宽度t_W

输出脉冲宽度按下式计算。

$$t_W=\tau\ln\frac{u_C(\infty)-u_C(0_+)}{u_C(\infty)-u_C(t_W)}$$

式中，$\tau=RC$，$u_C(\infty)=+V_{CC}$，$u_C(0_+)=0$，$u_C(t_W)=2/3V_{CC}$代入上式求得

$$t_W=RC\ln\frac{V_{CC}-0}{V_{CC}-2/3V_{CC}}=RC\ln3\approx1.1RC$$

根据上式可以看出，输出脉冲宽度t_W与定时元件R、C大小有关，而与电源电压、输入脉冲宽度无关。改变定时元件R和C可改变输出脉冲宽度t_W。如果利用外接电路改变V_{CO}端（5引脚）的电位，则可以改变单稳态电路的翻转电平，使暂稳态持续时间t_W改变。

4. 由 555 定时器构成的施密特触发器

将555定时器的输入端6脚、2脚相连作为输入端u_i。将直接复位端4脚（对应$\overline{R_D}$）与电源8脚（对应V_{CC}）连在一起，1脚接地，信号u_o由3脚输出，便构成了如图5.66（a）所示的施密特触发器。

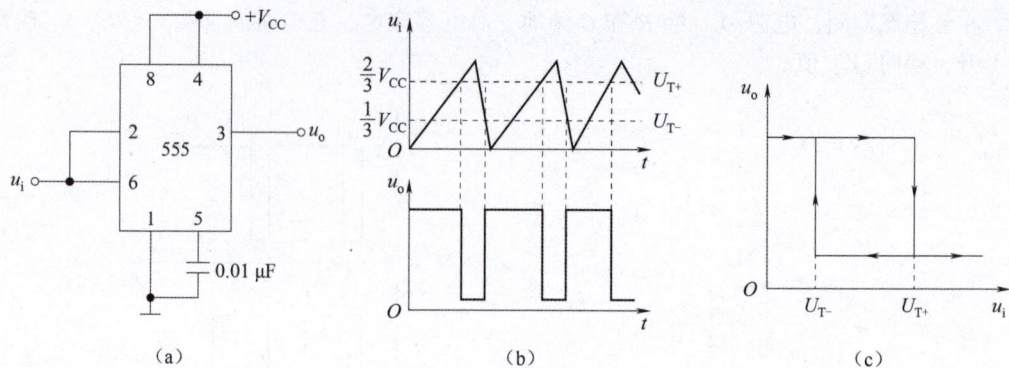

图 5.66 施密特触发器

（a）电路；（b）工作波形；（c）电压传输特性

若输入信号 u_i 如图 5.66（b）所示，结合 555 定时器的功能表可知，当 $u_i < \dfrac{1}{3}V_{CC}$ 时，定时器输出为高电平。随着 u_i 的上升，当 $\dfrac{2}{3}V_{CC} > u_i > \dfrac{1}{3}V_{CC}$，定时器保持原状态不变，输出仍然为高电平；当 $u_i > \dfrac{2}{3}V_{CC}$ 时，定时器状态改变，输出变为低电平。随着 u_i 的下降，当 $\dfrac{2}{3}V_{CC} > u_i > \dfrac{1}{3}V_{CC}$ 时，定时器保持原状态不变，输出仍然为低电平。当 $u_i < \dfrac{1}{3}V_{CC}$ 时，定时器状态改变，输出变为高电平。

显然，555 定时器构成的施密特触发器，u_i 上升时引起电路状态改变，由输出高电平翻转为输出低电平的输入电压称为上限阈值电压，$U_{T+} = \dfrac{2}{3}V_{CC}$；下降时引起电路由输出低电平翻转为输出高电平的输入电压称为下限阈值电压，$U_{T-} = \dfrac{1}{3}V_{CC}$。两者之差即回差电压

$$\Delta U_T = U_{T+} - U_{T-} = \frac{1}{3}V_{CC}$$

施密特触发器的电压传输特性称为回差特性，如图 5.66（c）所示。回差特性是施密特触发器的固有特性。在实际应用中，可根据实际需要增大或减小回差电压 ΔU_T。在引脚 5 外加一电压，可以达到改变回差电压的目的，读者可自行进行分析。

任务实施

实施设备与器材

电子实训台、电子元件。

（1）+5 V 直流电源。

（2）示波器。

（3）逻辑电平显示器。

（4）数字频率计。

（5）单脉冲源。

（6）数控智能函数信号发生器。

（7）555×2，1N4148×2 电位器，电阻、电容若干。

实施内容与步骤

1. 555 电路简介

555 定时器内部电路和引脚图如图 5.63 所示，其功能表如表 5.28 所示。

555 定时器主要是与电阻、电容构成充放电电路，并由两个比较器来检测电容器上的电压，以确定输出电平的高低和放电开关管的通断。这就很方便地构成从微秒到数十分钟的延时电路，可方便地构成单稳态触发器、多谐振荡器、施密特触发器等脉冲产生或波形变换电路。

2. 构成单稳态触发器

图 5.67 所示为由 555 定时器和 RC 构成的单稳态触发器及其波形。

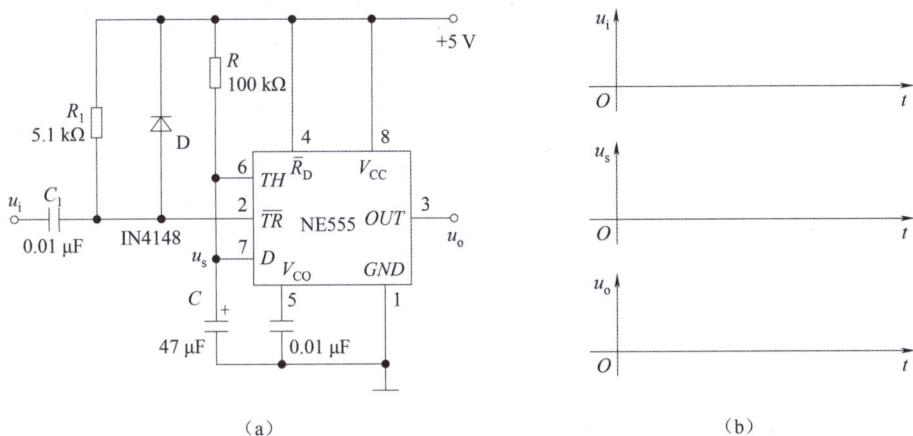

图 5.67　由 555 定时器和 RC 构成的单稳态电路及其波形

（a）单稳态电路；（b）波形

（1）按图 5.67（a）连线，取 $R=100\ \text{k}\Omega$，$C=47\ \mu\text{F}$，输入信号 u_i 由单次脉冲源提供，估测暂稳时间填入表 5.29。

表 5.29　单稳态电路参数测量

暂稳时间（用单脉冲源）		示波器测量（连续脉冲源）	
计算值	估测值（用表估测）	周期	幅值

（2）将 R 改为 $1\ \text{k}\Omega$，C 改为 $0.1\ \mu\text{F}$，输入端加 1 kHz 的连续脉冲，观测波形 u_i、u_a 和 u_o，测量幅度及暂稳时间，填入表 5.29。根据对应相位关系，画出波形图。

3. 构成多谐振荡器

按图 5.68 接线，用示波器观测 u_C 与 u_o 的波形，计算和测定输出频率，填入表 5.30，并绘制波形图。

4. 组成施密特触发器

按图 5.69 接线，输入信号由数控智能函数信号发生器提供，预先调好 V_S 的频率为 1 kHz 的正弦波信号，并将幅值调节旋钮逆时针旋到最小，接通电源，逐渐加大 V_S 的幅度，观测输出波形，测绘 V_S、V_i、V_o 的波形图。

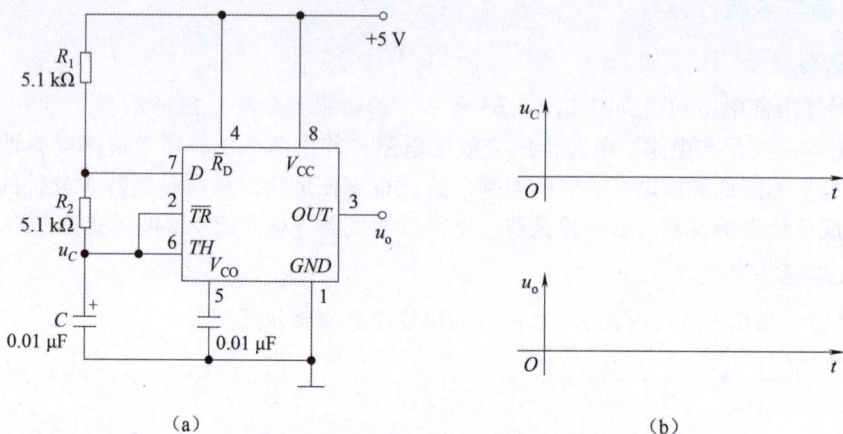

（a）

（b）

图 5.68　555 定时器构成的多谐振荡器

（a）多谐振荡器；（b）波形

表 5.30　多谐振荡器频率测量

u_o 频率	理论计算值	示波器测量值	
	$f=$	$T=$	$f=$

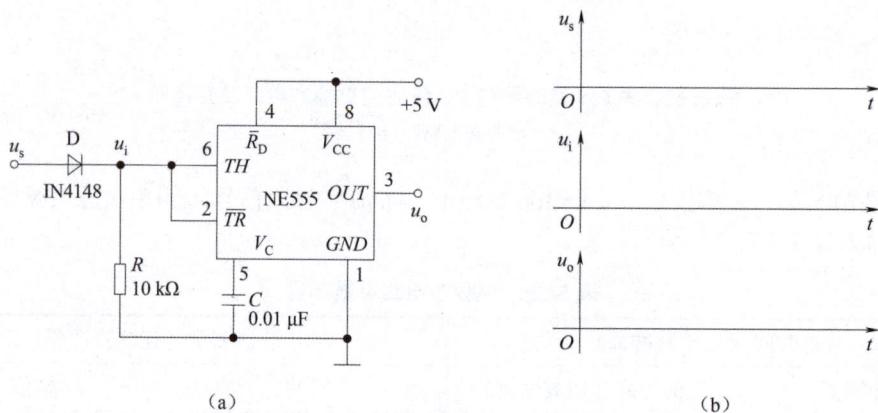

（a）

（b）

图 5.69　555 定时器构成的施密特触发器

（a）施密特触发器；（b）波形

检查评估

1. 任务问答

（1）试述多谐振荡器、单稳态触发器、施密特触发器的特点及主要用途。

（2）由 555 定时器组成的单稳态触发器电路图如图 5.70（a）所示，已知 $C=0.1\ \mu F$，$V_{CC}=12\ V$，$R=10\ k\Omega$，求输出脉冲宽度 t_W，并定性画出 u_i、u_o、u_C 的波形。

（3）如图 5.70（b）所示，试问：

①555 定时器构成什么电路？

②在给定的 u_i 作用下，画出 u_o 的波形。

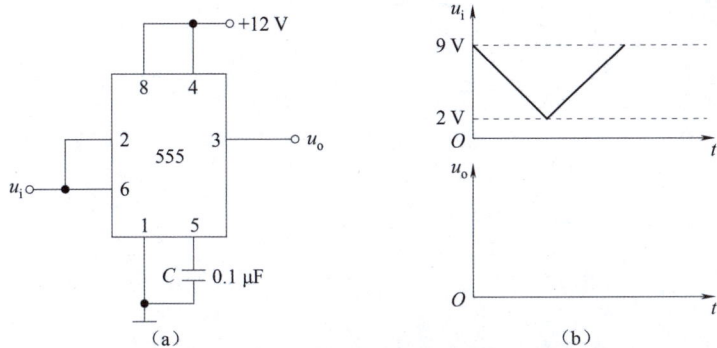

图 5.70　由 555 定时器组成的单稳态触发器
(a) 电路图；(b) 工作波形

2. 任务评估

任务评估如表 5.31 所示。

表 5.31　任务评估

工作任务				
小组号		工作组成员		
工作时间		完成总时长		
工作任务描述				
小组分工	姓名		工作任务	
任务实施步骤				
序号	工作内容		计划时间	操作员
验收评定			验收人签名	

1. 绘制思维导图。

2. 在任务实施中遇到哪些问题？是否解决？如何解决？填入表 5.32 中。

表 5.32　总结反思

遇到的问题	
解决方法	
问题反思	